2012年
长江防汛抗旱减灾

CHANGJIANGFANGXUNKANGHANJIANZAI(2012)

长江防汛抗旱总指挥部办公室 编

长江出版社

图书在版编目（CIP）数据

2012 年长江防汛抗旱减灾/长江防汛抗旱总指挥部办公室编.—武汉：
长江出版社,2013.3
ISBN 978-7-5492-1839-4

Ⅰ.①2… Ⅱ.①长… Ⅲ.①长江流域—洪水—概况—2012
②长江流域—减灾—概况—2012 Ⅳ.①P337.2

中国版本图书馆 CIP 数据核字(2013)第 044831 号

2012 年长江防汛抗旱减灾 　　　　　　　　　　　　长江防汛抗旱总指挥部办公室 编

责任编辑:郭利娜
装帧设计:刘斯佳
出版发行:长江出版社
地　　　址:武汉市解放大道 1863 号 　　　　　　　　　　　　　　　邮　　编:430010
E-mail:cjpub@vip.sina.com
电　　话:(027)82927763(总编室)
　　　　　(027)82926806(市场营销部)
经　　销:各地新华书店
印　　刷:武汉美盈风谷印刷有限公司
规　　格:787mm×1092mm　　　　　1/16　　　　14 印张　　　　280 千字
版　　次:2013 年 3 月第 1 版 　　　　　　　　　　2013 年 11 月第 1 次印刷
ISBN 978-7-5492-1839-4
定　　价:45.00 元

2012年长江防汛抗旱减灾

编委会

主　任	魏山忠
副主任	金兴平　王　俊　吴道喜
委　员	赵坤云　程海云　李开杰　王井泉
	王　威　陈桂亚　周新春　闵要武
	沈华中　黄　奇　杨文发　刘泽文

主　编	魏山忠
副主编	金兴平　吴道喜　程海云

各章编写人员

第一章	赵文焕　段唯鑫　訾　丽　邱　辉
	王　琳
第二章	陈桂亚　廖鸿志　宁　磊　黄　为
	黄先龙　褚明华　杜成寿　刘　松
第三章	沈华中　张文武
第四章	黄　奇　于晶晶　何志芸
第五章	沈华中　张文武　黄　奇
第六章	陈　敏
第七章	陈桂亚

前　言

　　2012年,长江流域雨情总体正常,但长江干流大部分江段及主要支流均发生不同程度的洪水,长江上中游先后出现了5次编号洪峰。其中7月下旬上游干流宜宾—寸滩江段一度全线超保证水位,朱沱站出现了1954年有实测资料以来最大洪水,7月24日三峡水库出现了成库以来最大的入库洪峰流量71200 m³/s。进入8月,登陆台风5个,与历史最高纪录持平,而且西北太平洋海域两次出现双台风并存现象,为历史罕见。"苏拉"、"达维"、"海葵"等台风相继登陆后,长江下游地区和鄱阳湖水系普降大暴雨,导致青弋江、水阳江、信江、饶河等支流发生超警戒或超保证洪水。同时,云南、四川、重庆、湖北等省市部分地区发生持续干旱,旱情严重。

　　面对流域内发生的各种灾害,党中央、国务院高度重视长江流域防汛抗旱工作,胡锦涛总书记、温家宝总理、回良玉副总理等中央领导情牵灾民,心系灾区,密切关注雨情、汛情和灾情发展。在2012年长江防汛关键时刻,温家宝总理、回良玉副总理分别亲临湖北荆州和三峡工程,视察长江汛情,听取长江防汛抗旱总指挥部(以下简称长江防总)和湖北省防汛抗旱指挥部(以下简称防指)关于防汛抗洪的工作汇报,研究部署防汛抗洪工作,并作出重要指示,极大地鼓舞了长江抗洪一线干部群众的士气。

　　国务院、国家防汛抗旱总指挥部(以下简称国家防总)多次召开专题会议,及时对防汛抗旱和减灾救灾工作进行周密部署。水利部陈雷部长、刘宁副部长多次主持召开防汛会商会,亲自部署防汛抗旱防台风工作。地方各级党委、政府和防汛抗旱指挥部高度重视防汛抗旱工作,认真落实防汛行政首长负责制,切实担当起防汛指挥的重任。灾情发生后,有关地方党政主要领导深入一线,身先士卒,靠前指挥,有力地保证了各项防汛抗旱救灾工作紧张有序地进行。

　　为有效应对长江流域汛情、旱情,在国家防总、水利部的指导下,长江防总与流域各省市防指一道,周密部署、扎实准备、及时应对、科学调度、积极协调,确保长江防汛

抗旱工作万无一失。长江防总及时启动应急响应,加强值守;坚持滚动会商,科学调度三峡等水库;及时派遣工作组,强化应急处置;加强宣传报道,正确引导舆论导向。

2012 年长江防总办共启动 6 次防汛应急响应,响应时间 51 天,防汛值班 181 天,组织会商 80 次,向三峡水库和瀑布沟水库共下达 40 道调度令,派出防汛抢险工作组、专家组 38 个、154 人次,赴新疆、西藏、云南、贵州、陕西、四川、重庆、湖南、湖北、江西、安徽、江苏等省(自治区、直辖市)指导防汛抢险工作,编发防汛简报 81 期,接待了中央电视台、新华社、凤凰卫视等 40 多家媒体的采访,尤其是积极配合中央电视台的采访,在"新闻联播"、"新闻面对面"、"新闻直播间"等栏目及时报道长江汛情 26 次。

2012 年长江流域防汛抗旱工作取得了一些新成绩,实现了一些新突破。

在 2012 年水库消落期,长江防总结合生态调度首次进行了三峡水库库尾泥沙减淤调度试验,实现了促进鱼类繁殖与减少水库库尾淤积的双赢,也为今后水库消落期生态与减淤相结合的调度积累了经验。

2012 年,长江防总组织编制的《2012 年长江上游水库群联合调度方案》成为国家防总批复的大江大河水库群联合调度方案,为开展水库群联合调度提供了依据。10 月 30 日 8 时,三峡水库连续三年成功蓄水至 175.0m。长江防总组织编制的《汉江洪水与水量调度方案》也得到国家防总的批复。这是国家防总批准的汉江流域首个防洪调度和水量调度的综合方案,对充分发挥汉江流域水利水电工程的综合效益、实现汉江流域长治久安、可持续发展具有指导意义。

2012 年,长江防总会同湖北省和河南省水利厅,成功协调两省边界的界牌水库应急供水矛盾,确保了湖北省大悟县城供水安全。

2012 年,长江防汛抗旱总指挥部办公室(以下简称长江防总办)创新防汛抢险工作组派遣工作机制,对长江防汛抢险工作组组长和人员组成提前进行了安排。一旦出现险情,按顺序"点将",显著提升了工作组组建效率,为第一时间赶赴救灾现场提供了保障。

为总结 2012 年的防汛抗旱工作经验,进一步提高防汛抗旱工作水平,长江防总办组织编写了《2012 年长江防汛抗旱减灾》。

编　者

目　录

第**1**章　暴雨与洪水

　　2012年汛期(4—10月)，长江流域降雨量与多年同期均值[①]相比基本正常，但来水量总体上正常偏多。本年度汛期开始早，两湖水系3月发生较大洪水；汛期洪水频发，7月相继发生的4次暴雨过程(6月29日至7月4日、7月6—11日、7月12—19日和7月20—22日)相应导致长江中上游干流出现4次编号洪水过程；另外，9月上旬长江上游发生的暴雨过程(8月30日至9月3日)再次导致长江上游出现第5次编号洪水[②]，长江上游出现了较典型的秋季洪水。

　　7月内相继发生4次较大洪水过程，特别是4号洪峰洪水发生期间，长江上游多条支流来水严重遭遇，上游干流朱沱河段发生超历史洪水，寸滩站为1981年来最大洪水，三峡水库最大入库流量达71200m³/s。由于三峡水库发挥了巨大的防洪作用，上游来水与中下游洪水未发生严重遭遇，沙市站未超警戒水位，城陵矶站超警戒水位1m左右。7月来水峰高量大，形成长江中上游地区的区域性较大洪水。

1.1　暴雨

1.1.1　暴雨特征

　　(1)长江流域汛期降雨基本正常，秋汛期降雨正常略偏多

　　汛期4—10月，长江流域降雨量基本正常，其中，上游、中下游降雨均基本正常。主汛期6—8月，长江流域降雨量正常略偏少，其中，上游正常略偏少，但雨量时空分布不均，中下游偏少近1成。秋汛期9—10月，长江流域降雨量正常略偏多，其中，上游基本正常，中下游偏多1成。

---

　　① 多年均值指近30年(1981—2010年)的年降雨量平均值。
　　② 根据2012年调整后的长江洪峰编号办法，长江上游寸滩水文站或三峡入库洪峰流量超过50000m³/s、长江中游城陵矶(莲花塘)水位站达到警戒水位32.5m或汉口水文站洪峰水位达到警戒水位27.3m，进行洪峰编号。

（2）长江上游汛末出现华西秋雨

9月上旬末至10月中旬，长江上游出现了较典型的华西秋雨，降雨持续时间长，降雨强度以小雨为主。

（3）长江中下游入梅、出梅时间偏晚，梅雨期长，梅雨量正常

长江中下游6月25日入梅，7月20日出梅，入梅、出梅时间偏晚；梅雨期25天，梅雨初期及7月中旬长江中下游雨带主要集中在干流附近及洞庭湖、鄱阳湖两湖水系，梅雨量与常年均值相比属正常。

（4）登陆台风较常年偏多，其中8月台风登陆频繁

截至10月底，西太平洋海域共生成台风23个，与多年同期均值持平。登陆台风共8个，较多年同期均值略偏多；其中8月台风频繁登陆我国，与历史最高纪录（1994、1995年登陆风各5个）持平。

（5）主汛期降雨的时空分布特征明显

主汛期流域多雨区时空分布特征明显，主汛期前阶段强降雨区主要位于洞庭湖、鄱阳湖两湖水系；6月末至7月上旬主雨区北抬，长江上游及汉江上游有持续降雨；7月中旬主雨区扩大，长江上游、中下游干流附近及两湖水系有强降雨；7月下旬主雨区缩至长江上游及汉江上游；8月上旬至中旬初，长江流域受台风影响主雨区位于中下游；8月中旬中后期，主雨区再次西伸至长江上游及汉江上游。

（6）暴雨集中，持续时间长，局部强度大

汛期4—10月，长江流域5次暴雨过程（6月29日至7月4日、7月6—11日、7月12—19日、7月20—22日、8月30日至9月3日）直接导致长江干流发生5次编号洪峰洪水。其中，5次暴雨过程有4次主要降雨区均位于长江上游及汉江上游，强降雨中心大多位于长江上游干流及以北地区，另外一次主雨区范围较广，包括长江上游、中下游干流附近及两湖水系。5次暴雨过程的累计雨量超过50mm的笼罩面积共约244.3万km²；累计单站最大雨量有4次位于嘉陵江，一次位于沅江；单日单站最大雨量均达到大暴雨量级，尤其是6月29日中游干流分水站280mm、7月7日渠江义兴站277mm、7月17日抚河洽湾站266mm、7月16日沅江王家湾站386mm均达到特大暴雨强度等级。

1.1.2 主要暴雨过程

（1）6月29日至7月4日暴雨过程

6月29日至7月4日，受高空槽及中低层切变线影响，长江上游干流及偏北地

区、汉江上中游有持续强降雨过程,降雨中心位于嘉陵江的渠江、三峡万县—宜昌区间及汉江石泉—白河区间。6 月 29 日,雨带呈东北—西南向由汉江上中游延伸至长江上游干流及以北地区,强度为中到大雨、局地暴雨;6 月 30 日至 7 月 1 日,雨带稍南压,降雨逐渐减弱;7 月 2—3 日,雨带重回岷沱江、嘉陵江及汉江上游,强度为大雨、局地暴雨;4 日,雨带东移南压,三峡万县—宜昌区间有暴雨、局地大暴雨,金沙江下游、嘉陵江中下游及汉江石泉—皇庄区间有中到大雨、局地暴雨或大暴雨。

(2)7 月 6—11 日暴雨过程

7 月 6—11 日,受冷空气、高空槽及中低层低涡和切变线共同影响,长江上游及汉江上游发生持续强降雨过程,过程降雨中心位于嘉陵江及汉江石泉以上地区。6—9 日,雨带呈东北—西南向维持在岷沱江、嘉陵江及汉江上游,10—11 日,雨带南压至长江上游干流附近及偏南地区,过程降雨强度多为中到大雨、局地暴雨。

(3)7 月 12—19 日暴雨过程

7 月 12—19 日,受高空槽及中低层切变线影响,长江上游、中下游干流附近及两湖水系有强降雨过程,降雨中心位于岷江、乌江、洞庭湖水系、鄂东北、陆水及鄱阳湖水系南部,尤其是洞庭湖水系的沅江,连续 4 日有大雨或暴雨。12 日,雨带近东西向位于长江干流附近及乌江。其中,乌江有暴雨,长江中游干流附近有大雨、局地暴雨;13 日,长江上游雨带明显南压,强度减弱为小雨,中下游雨带维持,且干流附近降雨强度加强为暴雨到大暴雨;14 日,上游西部出现明显降雨,中下游雨带东移南压,强度减弱;15—19 日,雨带稳定维持在长江上游及中游干流以南地区,强度上游以中雨、局地大雨或暴雨为主,中游干流以南以大到暴雨、局地大雨为主。

(4)7 月 20—22 日暴雨过程

7 月 20—22 日,受高空槽、切变线及冷空气影响,长江上游及汉江上游有强降雨过程,降雨中心位于岷沱江、嘉陵江上游及屏山—寸滩区间。20 日,雨带位于岷沱江、嘉陵江上游至汉江石泉以上一线;21 日,雨带南压,强度加强,岷沱江、嘉陵江、屏山—寸滩区间及汉江上游有大到暴雨、局地大暴雨;22 日,上游雨带扩大,笼罩整个上游地区,强度减弱,中下游雨带消失。

(5)8 月 30 日至 9 月 3 日暴雨过程

8 月 30 日至 9 月 3 日,受高空槽、切变线及冷空气影响,长江上游及汉江上游有强降雨过程,降雨中心位于嘉陵江中下游及汉江白河以上地区。8 月 30—31 日,雨带稳定维持在长江上游干流及偏北地区、汉江上游,强度逐渐增强,强降雨区范围逐渐扩

大;9月1日,雨带扩大至整个长江上游及汉江上中游,长江上游干流附近及汉江白河以上地区有暴雨;2—3日,雨带快速东移至中下游干流附近及两湖水系,强度逐渐减弱。

1.1.3　降雨统计

针对上述 5 次暴雨过程,从中心落区、单日及累计面雨量、单站最大日雨量及笼罩面积等方面分别统计,长江流域 5 次暴雨过程笼罩面积统计见表 1.1.1,6 月 29 日至 7 月 4 日分区面雨量统计见表 1.1.2,7 月 6—11 日分区面雨量统计见表 1.1.3,7 月 12—19 日分区面雨量统计见表 1.1.4,7 月 20—22 日分区面雨量统计见表 1.1.5,8 月 30 日至 9 月 3 日分区面雨量统计见表 1.1.6,长江流域 5 次暴雨过程特征统计见表 1.1.7。

表 1.1.1　　　　　　　　长江流域 5 次暴雨过程笼罩面积统计表　　　　　　（单位:万 km²）

过程起止日期　降雨分级	6 月 29 日至 7 月 4 日	7 月 6—11 日	7 月 12—19 日	7 月 20—22 日	8 月 30 日至 9 月 3 日
≥50mm	53.9	31.1	99.8	20.2	39.3
≥100mm	18.7	7.6	48.1	5.7	10.7
≥200mm	3.0	1.7	10.1	0.3	2.1
≥300mm	0.5	0.1	0.7	—	0.5

表 1.1.2　　　　　　　　6 月 29 日至 7 月 4 日分区面雨量统计表　　　　　　（单位:mm）

区间	日期	6 月 29 日	6 月 30 日	7 月 1 日	7 月 2 日	7 月 3 日	7 月 4 日	累计
长江上游	金沙江下游	7.1	5.8	1.2	3.5	4.6	13.4	35.6
	岷沱江流域	16.9	3.3	5.6	11.9	15.3	0.9	53.9
	嘉陵江流域	8.4	13.4	8.1	14.1	19.2	16.7	79.9
	屏山—寸滩区间	18.7	3.5	0.1	2.1	5.2	9.3	38.9
	乌江流域	2.4	1.1	1.0	0.0	0.0	6.2	10.7
	寸滩—万县区间	1.5	5.7	0.4	0.0	2.8	14.0	24.4
	万县—宜昌区间	24.9	23.5	3.3	0.0	4.3	68.5	124.5
汉江上中游	石泉以上	15.5	0.8	4.2	34.4	19.9	6.8	81.6
	石泉—白河	19.6	16.2	7.6	12.0	33.0	37.2	125.6
	白河—丹江口	11.6	17.7	2.9	13.1	8.0	25.6	78.9
	丹江口—皇庄	13.8	10.9	5.1	6.3	3.9	27.9	67.9

表 1.1.3　　　　　　　　　　7月6—11日分区面雨量统计表　　　　　　　　（单位:mm）

区间		7月6日	7月7日	7月8日	7月9日	7月10日	7月11日	累计
长江上游	金沙江下游	0.9	0.4	0.7	2.1	2.7	5.7	12.5
	岷沱江流域	7.4	7.7	5.2	9.2	2.0	4.2	35.7
	嘉陵江流域	13.1	18.6	12.1	11.3	6.0	7.0	68.1
	屏山—寸滩区间	0.7	0.6	1.8	3.6	2.8	14.9	24.4
	乌江流域	0.0	0.0	0.0	0.1	8.3	28.9	37.3
	寸滩—万县区间	0.0	0.9	0.0	0.3	9.1	13.5	23.8
	万县—宜昌区间	2.2	1.4	0.0	0.4	15.5	27.0	46.5
汉江上游	石泉以上	16.1	31.3	31.5	11.5	0.4	0.1	90.9
	石泉—白河	7.7	5.0	4.0	12.2	5.7	0.4	35.0
	白河—丹江口	0.5	0.5	13.1	18.6	0.4	0.9	34.0

表 1.1.4　　　　　　　　　　7月12—19日分区面雨量统计表　　　　　　　　（单位:mm）

区间		12日	13日	14日	15日	16日	17日	18日	19日	累计
长江上游干流	金沙江下游	8.7	11.0	6.0	10.1	10.0	8.5	5.7	5.4	65.4
	岷沱江流域	1.0	0.2	11.5	7.8	11.4	14.0	6.6	4.3	56.8
	嘉陵江流域	0.7	1.0	3.0	0.6	7.0	9.5	1.3	1.8	24.9
	屏山—寸滩区间	5.3	0.1	0.3	11.2	11.0	6.3	11.6	2.6	48.4
	乌江流域	33.7	4.5	0.6	16.5	23.9	13.8	19.1	4.8	116.9
	寸滩—万县区间	11.5	4.9	0.2	0.5	1.1	1.8	2.1	2.4	24.5
	万县—宜昌区间	17.2	3.8	0.6	0.2	1.1	0.8	2.3	0.7	26.7
长江中游干流	清江	21.2	21.7	0.5	1.8	1.4	5.6	4.9	3.7	60.8
	江汉平原	21.7	44.3	0.1	0.0	1.7	1.3	2.2	8.6	79.9
	陆水	28.8	38.8	3.2	0.0	6.8	18.4	12.8	3.7	112.5
	鄂东北	29.7	59.6	3.4	0.0	4.0	4.7	0.4	3.6	105.4
	武汉	58.5	100.6	0.0	0.0	2.5	1.4	0.0	9.0	172.0
洞庭湖水系	澧水	24.0	53.7	0.5	3.5	14.8	35.8	19.7	9.0	161.0
	沅江	7.8	10.9	9.3	19.2	36.5	33.1	20.5	2.8	140.1
	资水	0.3	7.0	31.6	22.7	57.9	20.5	15.4	0.9	156.3
	湘江	0.0	0.6	22.4	8.3	32.4	9.5	14.9	4.3	92.4
	洞庭湖区	11.7	22.0	1.2	3.1	29.6	14.1	14.6	1.3	97.6

续表

区间 日期		12 日	13 日	14 日	15 日	16 日	17 日	18 日	19 日	累计
鄱阳湖水系	修水	0.2	4.6	7.4	0.5	16.2	16.3	11.1	0.6	56.9
	赣江、抚河	0.0	0.0	13.0	24.5	28.6	21.4	13.7	4.8	106.0
	信江、饶河	2.6	3.5	24.1	43.5	12.4	18.9	7.3	2.8	115.1
	鄱阳湖区	0.1	2.6	4.7	3.1	25.2	24.7	6.5	5.6	72.5
长江下游干流		15.3	40.0	23.4	0.0	3.4	5.9	0.0	0.1	88.1

表 1.1.5　　　　　　　　7 月 20—22 日分区面雨量统计表　　　　　　（单位：mm）

区间 日期		7 月 20 日	7 月 21 日	7 月 22 日	累计
长江上游	金沙江下游	1.9	7.6	14.9	24.4
	岷沱江流域	7.7	26.0	8.3	42.0
	嘉陵江流域	11.5	17.7	6.8	36.0
	屏山—寸滩区间	1.2	29.5	27.0	57.7
	乌江流域	0.3	0.9	18.4	19.6
	寸滩—万县区间	0.0	0.1	8.2	8.3
	万县—宜昌区间	2.8	1.4	8.0	12.2
汉江上游	石泉以上	4.2	26.8	0.1	31.1
	石泉—白河	0.5	24.8	0.1	25.4
	白河—丹江口	0.1	17.5	0.1	17.7

表 1.1.6　　　　　　　8 月 30 日至 9 月 3 日分区面雨量统计表　　　　（单位：mm）

区间 日期		8 月 30 日	8 月 31 日	9 月 1 日	9 月 2 日	9 月 3 日	累计
长江上游	金沙江下游	2.4	6.2	13.5	2.8	1.3	26.2
	岷沱江流域	5.4	7.5	7.9	0.0	0.6	21.4
	嘉陵江流域	26.0	27.7	18.4	0.0	0.0	72.1
	屏山—寸滩区间	7.4	18.6	31.6	0.0	0.0	57.6
	乌江流域	6.8	2.0	11.2	0.6	0.2	20.8
	寸滩—万县区间	2.5	4.6	43.7	0.3	0.0	51.1
	万县—宜昌区间	2.0	0.7	26.9	3.9	0.0	33.5

续表

区间 \ 日期	8月30日	8月31日	9月1日	9月2日	9月3日	累计
汉江上游　石泉以上	19.8	65.1	36.5	0.0	0.0	121.4
汉江上游　石泉—白河	15.3	19.9	34.9	0.3	0.0	70.4
汉江上游　白河—丹江口	3.4	15.4	12.6	0.2	0.0	31.6

表 1.1.7　　　　　　　　长江流域 5 次暴雨过程特征统计表

序号	暴雨过程起止日期	主要降雨落区	强降雨中心	累计最大面雨量	单日最大面雨量	累计单站最大雨量	单日单站最大雨量
1	6月29日至7月4日	长江上游干流及偏北地区、汉江上中游	嘉陵江的渠江、三峡万县—宜昌、汉江石泉—白河	汉江石泉—白河125.6mm	7月4日,三峡万县—宜昌68.5mm	渠江风滩站331mm	6月29日,长江中游干流分水站280mm
2	7月6—11日	长江上游、汉江上游	嘉陵江、汉江石泉以上	汉江石泉以上90.9mm	7月8日,汉江石泉以上31.5mm	嘉陵江桃园站318mm	7月7日,渠江义兴站277mm
3	7月12—19日	长江上游干流、长江中下游干流附近、两湖水系	岷江、乌江、洞庭湖水系、鄂东北、陆水、鄱阳湖水系南部	资水156.3mm	7月13日,鄂东北59.6mm	沅江矮寨站437mm	7月16日,沅江王家湾站386mm
4	7月20—22日	长江上游、汉江上游	岷沱江、嘉陵江上游、屏山—寸滩区间	屏山—寸滩区间57.7mm	7月21日,屏山—寸滩区间29.5mm,汉江石泉以上26.8mm	嘉陵江广坪站270mm	7月21日,沱江高梁镇站198mm
5	8月30日至9月3日	长江上游、汉江上游	嘉陵江中下游及汉江白河以上地区	汉江石泉以上121.4mm	8月31日,汉江石泉以上65.1mm	嘉陵江仪陇气象站454mm	8月31日,嘉陵江桃园站240mm

长江流域 6 月 29 日至 7 月 4 日降雨过程累计雨量见图 1.1.1,7 月 6—11 日降雨过程累计雨量见图 1.1.2,7 月 12—19 日降雨过程累计雨量见图 1.1.3,7 月 20—22日降雨过程累计雨量见图 1.1.4,8 月 30 日至 9 月 3 日降雨过程累计雨量见图 1.1.5。

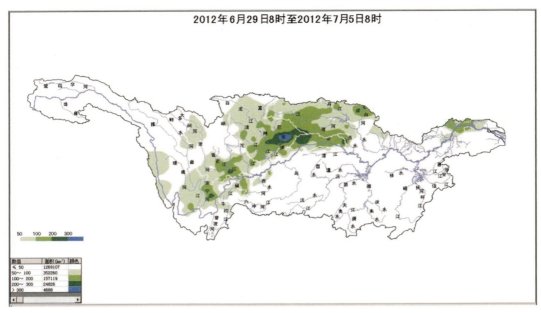

图 1.1.1　长江流域 6 月 29 日至 7 月 4 日降雨过程累计雨量图

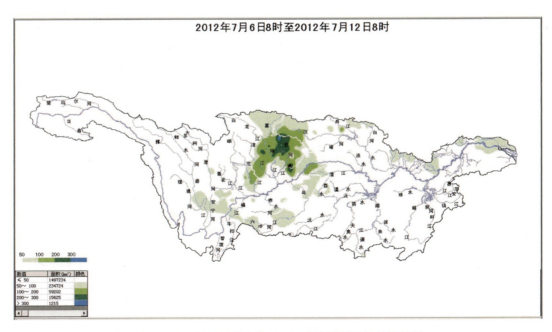

图 1.1.2　长江流域 7 月 6—11 日降雨过程累计雨量图

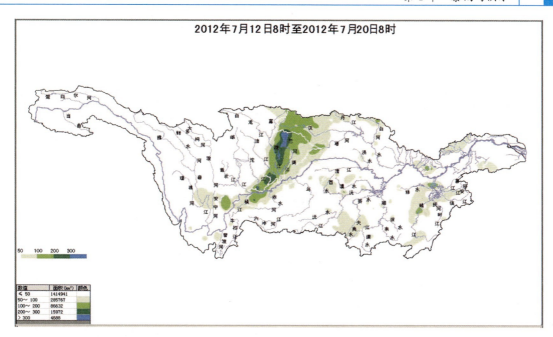

图 1.1.3   长江流域 7 月 12—19 日降雨过程累计雨量图

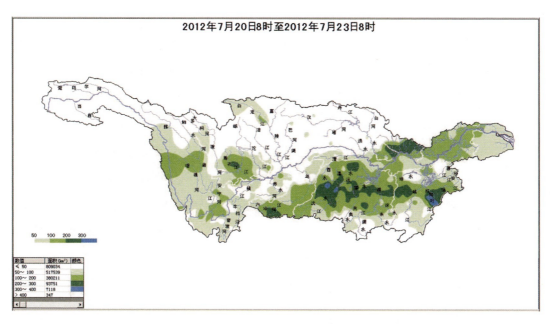

图 1.1.4   长江流域 7 月 20—22 日降雨过程累计雨量图

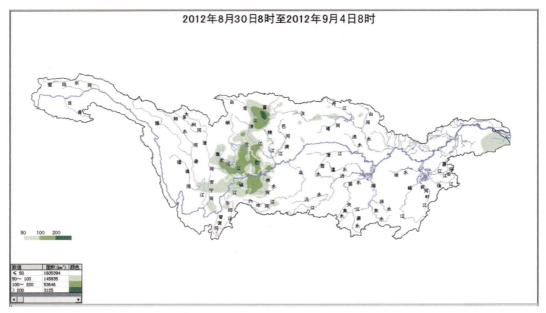

图 1.1.5　长江流域 8 月 30 日至 9 月 3 日降雨过程累计雨量图

从上述图及表可见：①降雨主雨区相对集中。4 次暴雨过程的主雨区均位于长江上游及汉江上游，强降雨中心大多位于长江上游干流及以北地区，另一次暴雨过程的主雨区范围较广，包括长江上游干流、长江中下游干流附近及两湖水系，强降雨中心范围也较大，分布在岷江、乌江、鄂东北、陆水、洞庭湖水系、鄱阳湖水系南部等地区。②降雨强度大、范围广。第 1、2、3、5 次暴雨过程累计雨量超过 300mm 的笼罩面积分别为 0.5 万 km^2、0.1 万 km^2、0.7 万 km^2、0.5 万 km^2，5 次暴雨过程累计雨量超过 50mm 的笼罩面积分别为 53.9 万 km^2、31.1 万 km^2、99.8 万 km^2、20.2 万 km^2、39.3 万 km^2。③5 次暴雨过程累计单站最大雨量有 4 次位于嘉陵江，1 次位于沅江。④5 次暴雨过程单日单站最大雨量强度大，均达到大暴雨量级，尤其是 6 月 29 日长江中游干流分水站 280mm、7 月 7 日渠江义兴站 277mm、7 月 17 日抚河的洽湾站 266mm、7 月 16 日沅江王家湾站 386mm 均达到特大暴雨量级。

1.1.4　主要暴雨过程天气形势

（1）6 月 29 日至 7 月 4 日暴雨

此次暴雨过程期间，高层 500hPa 环流形势场上，欧亚地区中高纬度为经向环流，西太平洋副热带高压强盛，西伸脊点最西至东经 108°，脊线位置位于北纬 26°附近，高压环流 6 月 29 日至 7 月 1 日控制长江流域大部地区，7 月 2—4 日控制长江中下游干流及以南地区。位于贝加尔湖的高空槽在其东移的过程中于 6 月 29—30 日底部横扫长江上游偏北地区及汉江上中游,7 月 2—4 日其高空槽底部陆续分裂出两个高空小槽,从而影响长江上游及汉江上中游地区。中层 700hPa 环流形势场上,切变线于 6 月 29—30 日、7 月 1—4 日分别南压至嘉岷中下游、汉江中游一带,长江上游及汉江上中游大部区域空气水汽较湿润,西南暖湿气流逐渐加强。低层 850hPa 环流形势场上,嘉陵江中下游附近地区大多有低涡环流出现,水汽场及西南暖湿气流同 700hPa 层。高空槽配合中低层切变低涡,长江上游干流及偏北地区、汉江上中游出现持续强降雨过程。

(2)7 月 6—11 日暴雨

500hPa 层环流形势场上,欧亚地区中高纬度为经向环流,西太平洋副热带高压前期强盛,西伸脊点最西伸至东经 107°,脊线位置位于北纬 24°附近,高空反气旋环流 10 日之前控制乌江及长江中下游绝大部分地区,长江上游北部及汉江上游不断有小槽移过,10—11 日随着贝加尔湖附近的低槽发展加强东移南压影响长江上游及汉江上游,副热带高压东退南压。中层 700hPa 环流形势场上,嘉陵江、岷江及汉江上游一线有切变线维持,且于 10 日开始东移南压,副热带高压外围的西南暖湿气流为降雨区提供水汽输送。低层 850hPa 环流形势场上,嘉陵江中下游至汉江上中游有切变低涡,且低值系统区水汽场较湿润。在地面图上,8 日黄河上游出现闭合冷高压,冷空气逐日南下影响长江上游及汉江上游。冷空气、高空槽配合中低层低涡和切变线,长江上游及汉江上游出现持续强降雨过程。

(3)7 月 12—19 日暴雨

500hPa 层环流形势场上,欧亚地区中高纬度为经向环流,西太平洋副热带高压偏东偏南,主体偏东位于海洋上,西伸脊点最西伸至东经 110°,脊线位置位于北纬 19°附近;东北低涡先加强后减弱并缓慢东移,且在 16 日其底部分裂出低压,整个过程 12—18 日明显影响长江流域,贝加尔湖西北部的低压槽在加强并东移南下的过程中其底部于 16 日开始影响长江上游。中层 700hPa 环流形势场上,12 日,长江流域干流稍偏北一线有切变线生成;13 日,长江流域干流切变线西侧明显南压至乌江,且整个切变线南侧西南暖湿气流明显加强;14—15 日,切变线略东移南压,辐合减弱;16 日开始,上游有低压闭合环流形成,中下游切变线位置几乎维持不变。低层 850hPa 环流形势场上,切变线位置与中层近似相同,流域南部的西南暖湿气流分别于 13 日、16—17 日明显加强,为强降雨提供了充足的水汽条件。高空槽配合中低层切变线及

西南急流,长江上游干流、长江中下游干流附近及两湖水系出现强降雨过程。

(4)7 月 20—22 日暴雨

500hPa 层环流形势场上,西太平洋副热带高压脊线位于北纬 27°附近,长江上中游大部分时间处于副热带高压外围的西南暖湿气流中;欧亚地区中高纬度为经向环流,主要呈现两槽一脊型,西西伯利亚—巴尔克什湖附近维持阻塞高压,中西伯利亚—贝加尔湖附近为一宽广深厚的低压槽,我国北纬 30°~40°之间,即黄河中下游、淮河、长江上游、汉江一线一直处于该低压槽底部或前部,低槽底部西风气流带动冷空气影响长江上中游地区的岷沱江、嘉陵江和汉江上游,同时副热带高压外围的西南暖湿气流为长江上游提供了充足的水汽条件。中层 700hPa 环流形势场上,四川盆地西北部大部分时间有切变低涡维持,低层 850hPa 环流形势场上,四川盆地有低涡系统配合。在地面图上,20 日 20 时,地面冷锋位于银川—舟曲—阿坝一线,并逐渐东移南压入侵长江上游。高低空天气系统耦合为本次暴雨的发生发展创造了良好的环境条件。

(5)8 月 30 日至 9 月 3 日暴雨

8 月 30 日开始,高层 500hPa 环流形势场上,欧亚地区中高纬度为经向环流,主要呈现三槽两脊型,西西伯利亚—里海附近为一高压脊,贝加尔湖以东—我国华北一线为一弱高压脊,中西伯利亚—贝加尔湖以西—我国新疆为一宽广深厚的低压槽,长江上游、汉江一线一直处于该低压槽底部或前部。贝加尔湖低槽底部冷空气东传,影响长江上游的岷沱江、嘉陵江、汉江上游以及长江中游干流。同时 9 月 2 日之前西太平洋副热带高压控制长江中下游地区,副热带高压外围的西南暖湿气流源源不断地为长江上游提供充足的水汽。9 月 3 日,贝加尔湖低槽东移至我国东北,西西伯利亚高压东移至贝加尔湖附近,我国高空 500hPa 环流基本呈现西高东低的形势,长江上游、汉江上游降雨基本结束。

中低层 700hPa、850hPa 环流形势场上,嘉陵江、汉江上游有切变低涡维持。在地面图上,31 日 8 时,地面冷锋位于平凉—天水—九寨沟一线,9 月 1 日冷锋维持略有东移,影响嘉陵江、汉江上游和长江中游干流。高低空天气系统的耦合为本次暴雨的发生、发展创造了有利条件。

1.2 洪水

2012 年汛期长江流域来水总体偏多,长江干流大部分江段及主要支流都发生了不同程度的洪水,洪水发生范围广、局部地区洪涝严重、部分地区发生超保或历史最高纪录的洪水,但长江上游与中下游洪水未严重遭遇。长江干流发生 5 次编号洪峰洪水,其中 1 号、2 号、4 号、5 号洪峰发生在上游,3 号洪峰主要由洞庭湖来水形成,发生在中游。在长江 4 号洪峰形成期间,长江上游干游宜宾—寸滩江段全线超过保证水位,其中朱沱站超历史最高水位。3 号、4 号洪峰导致长江中游石首—螺山江段超警戒水位,最大超警幅度 0.21～1.03m。

1.2.1 洪水特征

2012 年汛期,长江流域洪水主要表现有以下几个方面的特征。

(1)汛期开始早,两湖水系 3 月发生较大洪水,汛前底水较高

3 月上旬,受降雨影响,长江中下游两湖多条支流来水出现不同程度的增加,其中洞庭湖水系湘江上游老埠头、归阳站在 3 月 6 日出现超警戒洪水,湘江、赣江来水在历史同期最大流量排序中分别位列第 7 位、第 4 位,抚河、信江、乐安河、昌江也发生不同程度的洪水。3 月初两湖地区就发生洪水,近年来较为罕见。4 月、5 月,两湖地区多条支流又多次发生超警戒洪水,导致长江干流主要站点汛前底水较高,3—5 月长江中下游干流主要站点水位较多年同期偏高 1m 左右。

(2)主汛期洪水频发,长江流域多次发生编号洪峰洪水

主汛期长江流域多次发生洪水,特别是 7 月,一个月内 4 次编号洪峰接踵而至,较为少见。1 号、2 号洪峰发生在 7 月上中旬,三峡水库入库洪峰流量分别为 56000 m^3/s、55500 m^3/s。7 月中旬,两湖地区特别是洞庭湖发生较大洪水过程,部分站点出现超警戒(超保证)水位,长江流域形成 3 号洪峰。7 月下旬,长江上游干支流来水发生了严重遭遇,形成 4 号洪峰,长江干流朱沱站出现了有实测资料以来最大洪水,重现期接近 50 年,寸滩站出现了 1981 年以来最大洪水,三峡水库发生成库以来最大洪水,但由于三峡水库的拦洪作用,控制下泄流量仅 43000 m^3/s 左右(27 日最高库水位出现以后,出库流量加大至 45000 m^3/s 左右),避免了上游来水与两湖地区形成的 3 号洪峰遭遇。

(3)三峡水库发生成库以来最大洪水,水库发挥巨大防洪作用

4 号洪水发生期间,三峡水库入库洪峰流量达 71200 m^3/s,为成库以来最大入库洪水,三峡水库在拦蓄 1 号、2 号、4 号、5 号洪水过程中,均发挥了较大的拦蓄作用,特别是 4 号洪峰,将入库流量削减至 43000 m^3/s,削峰率达 40%。经分析,1 号、2 号、4 号洪峰期间,三峡水库拦蓄洪水降低了长江中游各站水位 1～2m,避免了长江荆江

江段出现接近保证水位的高水位,缩短了超警江段 240 多 km,有效减轻了长江中下游的防洪压力。

(4)长江上游发生明显秋汛

9 月上旬长江上游来水形成 5 号洪峰,三峡水库入库洪峰流量 51500m³/s,9 月下旬至 10 月上旬长江上游发生连续阴雨天气,导致三峡水库入库流量一直维持在 20000m³/s 左右波动,持续时间长达 20 余天。

1.2.2 水情发展过程

(1)1—3 月

长江流域水情总体平稳,3 月上旬两湖地区发生较大洪水;3 月下旬金沙江出现罕见枯水,屏山站 3 月 27 日 0 时出现水位 278.15m,相应流量 847m³/s,为 1939 年建站以来最低水位、最小流量;长江上游干流寸滩站 1—3 月最大、最小流量分别为 5090m³/s(1 月 10 日 0 时)、3020m³/s(2 月 17 日 5 时)。三峡水库入库流量 1—2 月波动缓退,3 月小幅上升,1—3 月最大、最小入库流量分别为 5900m³/s(1 月 7 日 2 时)、3700m³/s(2 月 20 日 20 时);出库流量基本维持在 6000m³/s 左右波动;库水位 1—3 月持续下降,由 1 月 1 日 8 时的 174.66m 下降至 4 月 1 日 8 时的 163.94m,水位累计降低 10.72m,向下游补水 97.89 亿 m³,平均补水 1250m³/s。

受三峡调度影响,宜昌站流量平稳,大部分时间维持在 6000m³/s 左右波动;长江中下游干流荆江河段水位平稳波动;螺山以下河段主要站点 1—2 月水位较为平稳,3 月在两湖及区间增量来水影响下,干流各站水位出现一次上涨,于 3 月中旬先后现峰转退,其中汉口、大通站洪峰水位分别为 18.23m(12 日 9 时)、9.33m(14 日 9 时)。

3 月上旬受降雨影响,长江中下游两湖水系多条支流来水出现不同程度的增加,其中洞庭湖湘江上游老埠头、归阳站于 3 月 6 日出现超警戒洪水,洪峰水位分别超警戒 0.28m、1.22m,湘潭站于 3 月 8 日 8 时出现最大流量 9100m³/s,居历史同期最大流量第 7 位;鄱阳湖赣江外洲站于 3 月 10 日 10 时出现最大流量 10500m³/s,居历史同期最大流量第 4 位,抚河李家渡、信江梅港、乐安河虎山、昌江渡峰坑站分别出现最大流量为 2960m³/s(3 月 6 日 9 时)、5330m³/s(3 月 6 日 14 时)、2110m³/s(3 月 6 日 0 时 27 分)、1630m³/s(3 月 5 日 5 时)的涨水过程。3 月 8 日 8 时鄱阳湖"五河"出现最大合成流量 19000m³/s。

（2）4 月

4 月,长江上游来水平稳,两湖出现超警戒洪水。长江上游主要支流来水总体平稳波动,长江上游干流寸滩站流量上、中旬维持在 3600～4500m³/s 之间波动,下旬流量波动上涨,29 日 20 时涨至 4780m³/s 后转退。

三峡水库库水位波动下降,月末库水位为 163.04m(4 月 30 日 23 时),较月初(163.94m,4 月 1 日 1 时)降低 0.90m,蓄水量减少 7.07 亿 m³,月平均向下游补水 293m³/s;入库流量上、中旬维持在 4900～6800m³/s 之间,下旬流量上涨,4 月 30 日 20 时涨至 8350m³/s;出库流量上中旬在 6000m³/s 左右波动,下旬逐渐增至 7500m³/s 左右。

受三峡水库调度影响,宜昌站流量上、中旬维持在 6000m³/s 左右波动,下旬流量逐渐上涨,24 日之后在 7500m³/s 左右波动;荆江河段沙市—监利江段水位过程与宜昌来水相对应,沙市站月底出现最高水位 32.66m(30 日 9 时 10 分);螺山—汉口江段水位过程总体上为上旬平缓、中下旬持续上涨,九江—大通江段水位过程总体上为上旬退水、中下旬转涨。汉口、大通站月最高水位分别为 19.04m(30 日 23 时)、9.13m(30 日 23 时)。

长江中下游两湖大部分支流均出现涨水过程,其中乐安河虎山站、昌江渡峰坑站出现超警戒洪水。洞庭湖水系澧水石门站中旬涨至月最大流量 1560m³/s(13 日 8 时)后转退;资水桃江站月中、月末各出现一次涨水过程,月最大流量为 2530m³/s(4 月 30 日 23 时);湘江湘潭站自 7 日起持续涨水,28 日 8 时涨至月最大流量 7250m³/s 后转退。鄱阳湖水系赣江外洲站自 10 日起持续涨水,中旬维持平稳波动,24 日起继续上涨,30 日 10 时 40 分涨至月最大流量 7160m³/s;信江梅港站、抚河李家渡站、修河虬津站、潦水万家埠站均出现涨水过程,月最大流量分别为 2820m³/s(30 日 18 时)、2060m³/s(14 日 4 时)、1210m³/s(30 日 20 时)、1340m³/s(25 日 3 时);昌江渡峰坑站于 25 日 8 时 30 分洪峰水位 29.82m,超警戒水位(28.5m)1.32m;乐安河虎山站下旬有两次快速涨水过程,洪峰水位分别为 26.44m(25 日 15 时)、27.20m(30 日 0 时 30 分),分别超警戒水位 0.44m、1.20m(警戒水位 26m)。

（3）5 月

5 月,长江上游干流出现小幅涨水过程,中下游两湖各支流涨水频繁,部分支流出现超警戒水位。

金沙江屏山站流量波动增加,月最大流量 3240m³/s(30 日 3 时);长江上游岷江、

嘉陵江、乌江出现多次小幅涨水过程,高场、北碚、武隆站月最大流量分别为 4300m³/s(14 日 21 时)、7250m³/s(29 日 21 时 15 分)、6150m³/s(13 日 15 时 15 分)。长江上游干流寸滩站流量中旬后明显增加,月底出现较大涨水过程,月最大流量 15200m³/s(30 日 22 时)。

三峡水库库水位波动下降,6 月 1 日 8 时库水位为 152.75m,较 5 月初(162.97m,5 月 1 日 8 时)降低 10.22m,蓄水量减少 70.77 亿 m³,月平均向下游补水 2640m³/s;入库流量出现 3 次小幅涨水过程,月最大入库流量 25000m³/s(29 日 14 时);出库流量波动增加,31 日 20 时出现最大出库流量 23800m³/s。

宜昌站流量总体呈波动上涨态势,31 日 20 时出现月最大流量 24800m³/s;荆江河段水位上涨,沙市站月最高水位 38.53m(31 日 23 时);长江中下游干流水位总体呈上涨趋势,沙市、城陵矶、汉口、湖口、大通站月最高水位分别为 38.53m(31 日 23 时)、29.69m(31 日 22 时)、23.47m(31 日 20 时)、17.22m(21 日 15 时)、11.99m(30 日 14 时)。

洞庭湖水系汨罗江平江站水位三度超警,月最高水位为 73.18m(13 日 8 时),最大超警 3.77m(警戒水位 69.41m);沅江五强溪水库入库流量陡涨陡落,最大入库流量 16300m³/s(10 日 2 时),最高库水位 104.99m(10 日 17 时,相应汛限水位 102m),受其开闸泄洪影响,沅江桃源站出现两次较大涨水过程,洪峰流量分别为 11900m³/s(13 日 0 时 10 分)、10700m³/s(27 日 6 时 4 分);洞庭湖水系其他主要支流涨水过程较小,湘江湘潭站、资水桃江站、澧水石门站月最大流量分别为 7650m³/s(15 日 8 时)、4970m³/s(13 日 2 时)、2030m³/s(15 日 8 时)。鄱阳湖水系修水虬津站水位长时间在警戒水位上下波动,月最高水位 20.92m(2 日 2 时),最大超警 0.42m(警戒水位 20.5m);赣江外洲站本月出现两次涨水过程,洪峰流量分别为 9340m³/s(3 日 15 时 15 分)、9680m³/s(14 日 21 时);抚河李家渡站、信江梅港站、乐安河虎山站、昌江渡峰坑站、潦水万家埠站月最大流量分别为 4000m³/s(2 日 7 时 50 分)、3200m³/s(16 日 8 时)、1510m³/s(1 日 12 时)、1680m³/s(9 日 0 时)、1650m³/s(13 日 7 时)。

丹江口水库库水位先退后涨,6 月 1 日 8 时水位涨至 140.85m,较 5 月初水位上涨了 1.63m,蓄水量增加 7.11 亿 m³;入库流量小幅增加,出库流量小幅波动,月最大入、出库流量分别为 2380m³/s(12 日 8 时)、1150m³/s(24 日 8 时)。

(4)6 月

6 月,长江上游横江及两湖水系部分支流出现超警洪水过程,月底上游来水明显增加。

金沙江向家坝站[①]流量下旬从 3000m³/s 左右波动上升至 6000m³/s 左右,月底主要受二滩水库泄洪影响,流量快速上升,30 日 23 时出现最大流量为 12900m³/s。受降雨影响,6 月底上游主要支流来水均有较大增加,岷江高场站 30 日 23 时出现月最大流量 14600m³/s 后转退;嘉陵江北碚站 29 日 19 时 15 分出现月最大流量 5800m³/s 后转消退,30 日流量再次起涨,6 月 1 日 8 时涨至 4790m³/s;横江横江(二)站 30 日 18 时出现洪峰水位 290.91m,超警戒水位(警戒水位 290.0m)0.91m,相应流量 2520m³/s;沱江富顺站、南广河福溪站、赤水河赤水站、綦江五岔站月最大流量分别为 821m³/s(27 日 14 时)、2480m³/s(30 日 20 时 18 分)、1010m³/s(30 日 14 时)、1370m³/s(4 日 5 时 48 分)。寸滩站 6 月上中旬流量由 12000m³/s 左右退至 9000m³/s 左右,下旬受长江上游干支流及区间来水影响,流量快速上涨,7 月 1 日 8 时流量涨至 24000m³/s。乌江武隆站 6 月上旬出现一次涨水过程,4 日 23 时 30 分出现最大流量 6670m³/s,其后主要受彭水电站调蓄影响来水波动减少,7 月 1 日 8 时减少至 836m³/s。

三峡水库库水位上中旬持续下降,中旬以后维持在 145.0～146.5m 波动;入库流量上旬出现小幅涨水过程,18 日 20 时退至月最低流量 11600m³/s,月底受上游来水影响快速上升,7 月 1 日 8 时涨至 25000m³/s;出库流量上中旬分别维持在 20000m³/s、13000m³/s 左右波动,月底开始逐步抬升,7 月 1 日 8 时出库流量 20800m³/s。

受三峡水库调度影响,6 月上旬宜昌站流量在 24000m³/s 左右波动,6 月中旬减少至 13000m³/s 左右,6 月下旬增加至 18000m³/s 左右。荆江河段沙市站受宜昌来水影响,6 月 24 日 12 时出现月最低水位 35.21m 后开始上涨,7 月 1 日 8 时涨至 37.88m。长江中下游各主要控制站来水过程相似,6 月中上旬水位缓涨,中旬水位消退,下旬水位再次上涨,城陵矶、汉口站月最高水位出现在中旬,分别为 30.57m(14 日 15 时)、24.07(15 日 9 时),湖口、大通站月最高水位出现在下旬,分别为 17.86m(29 日 21 时)、12.46m(29 日 14 时)。

受降雨影响,鄱阳湖水系赣江、抚河、信江出现超警洪水,其中赣江峡江站洪峰水位 42.36m(25 日 19 时),超警戒水位 0.86m(警戒水位 41.5m),相应流量 11300m³/s;外洲站洪峰流量 13500m³/s(27 日 15 时)。抚河李家渡站洪峰水位 30.44m(25 日 19 时

---

① 受向家坝水电站蓄水计划影响,屏山站于 2012 年 6 月 21 日 9 时停止报汛,同时改由向家坝站作为控制站进行报汛。

55 分,警戒水位 30.50m),相应流量 6740m³/s。信江梅港站最高水位 26.38m(25 日 23 时),超警戒水位 0.38m(警戒水位 26.00m),相应流量 6920m³/s。

汉江来水平稳,汉江丹江口水库库水位 15 日后快速消退,入库流量平稳波动,出库流量波动增加,7 月 1 日 8 时库水位 138.92m,入、出库流量分别为 503m³/s、853m³/s。中下游沙洋站流量中旬后波动上涨,月最大流量 1320m³/s(30 日 14 时)。

(5)7 月

7 月,长江干流先后发生 4 次编号洪水,4 号洪峰形成期间,长江上游干支流来水发生严重遭遇,宜宾—寸滩江段全线超过保证水位,其中朱沱站超历史最高水位。

7 月上中旬金沙江向家坝站流量基本维持在 11000m³/s 左右,15 日后流量波动上涨,24 日 11 时出现 16900m³/s 最大流量后小幅消退;岷江高场站在上中下旬各出现 1 次洪水过程,各次洪水洪峰流量分别为 13200m³/s(4 日 8 时)、16800m³/s(18 日 23 时)、26100m³/s(23 日 0 时),月最高水位 287.34m,超警戒水位 2.34m(警戒水位 285.00m);沱江富顺站出现 4 次洪水过程,洪峰流量分别为 2650m³/s(5 日 17 时)、2890m³/s(10 日 17 时)、2250 m³/s(18 日 22 时)、7600m³/s(23 日 8 时),月最高水位 272.50m,超保证水位 0.20m(保证水位 272.30m);嘉陵江北碚站出现 3 次洪水过程,洪峰流量分别为 26200m³/s(6 日 4 时)、24900m³/s(10 日 7 时 15 分)、17100m³/s(23 日 10 时 21 分,实测)。

受长江干支流来水共同影响,长江上游先后形成 3 次洪峰,1 号、2 号洪峰形成于 7 月上中旬,1 号洪峰主要是岷沱江、嘉陵江来水遭遇形成,寸滩站洪峰流量 51700m³/s(6 日 11 时)。2 号洪峰主要是长江上游干流在底水较高的情况下遭遇嘉陵江来水,寸滩站洪峰流量 45700m³/s(10 日 15 时 15 分)。4 号洪峰形成于 7 月下旬,金沙江、岷沱江洪水在向长江下游演进的过程中,与屏山—寸滩区间支流横江、南广河、赤水超警戒洪水发生严重遭遇,致使干流宜宾—寸滩江段全线超保证水位,其中朱沱站 23 日 23 时洪峰水位 217.04m,相应流量 56500m³/s,超历史最高水位 0.73m(历史最高水位 216.31m,1966 年 9 月 2 日)。朱沱站以上来水又与嘉陵江来水发生遭遇,寸滩站流量快速上涨,24 日 8 时出现洪峰流量 67300m³/s,为 1981 年以来最大洪水,24 日 9 时洪峰水位 186.79m,超保证水位 3.29m(保证水位 183.50m),相应流量 66900m³/s,直至 26 日 11 时寸滩站才退出警戒水位。乌江武隆站上中旬流量维持在 2000m³/s 左右波动,中下旬流量波动上涨,25 日 11 时出现月最大流量 6160m³/s 后消退。

　　与寸滩站洪水过程相应,三峡水库入库流量也出现 3 次较大洪水过程,1 号、2 号洪峰入库流量分别为 56000m³/s(7 日 2 时)、55500m³/s(12 日 20 时),4 号洪峰入库流量为 71200m³/s(24 日 20 时)。7 月 2 日起三峡水库逐步加大下泄流量,5 日 14 时至 13 日 20 时出库流量维持在 42000m³/s 左右,2 号洪峰过后,为疏散三峡库区及两坝间船舶,进行了航运应急调度,13 日 20 时起三峡水库减少下泄流量,14 日 8 时出库流量按 28000m³/s 左右控制,16 日由于长江上游来水增加,三峡水库再次增大出库流量,23 日 2 时出库流量增至 43000m³/s 左右,27 日 20 时出库流量增至 45000m³/s 左右,31 日晚随着上游洪水消退,三峡水库逐渐减小下泄流量至 35000m³/s 左右。

　　7 月上旬两湖来水基本平稳,中旬受强降雨影响,来水快速增加,洞庭湖水系部分站点出现超警戒(超保证)水位。沅水五强溪水库自 16 日起入库流量快速增加,18 日 15 时最大入库流量 27800m³/s,水库于 17 日大幅增加下泄流量,最大出库流量 20200m³/s(19 日 1 时),受其影响,下游桃源站洪峰水位 44.66m(19 日 12 时),超警戒水位 2.16m(警戒水位 42.50m),最大流量 19900m³/s(19 日 7 时);资水桃江站自 18 日 2 时 30 分出现洪峰水位 39.63m,超警戒水位 0.43m(警戒水位 39.20m),相应流量 4390m³/s;澧水石门站、湘江湘潭站月最大流量分别为 4310m³/s(14 日 15 时 2 分)、5960m³/s(17 日 20 时 42 分);洞庭湖四水最大合成流量 29000m³/s 左右(19 日),湖区南嘴、小河嘴站出现超警戒水位,最大超警幅度 1m 左右。鄱阳湖水系抚河李家渡站在 18 日 22 时出现月最大流量 6630m³/s,赣江外洲站在 19 日 2 时出现月最大流量 5840m³/s,信江梅港站在 16 日 14 时出现月最大流量 3340m³/s。鄱阳湖五河最大合成流量 15000m³/s(18 日 20 时)。

　　7 月上中旬长江中游干流主要控制站水位持续上涨,于 14 日出现 1 号洪峰水位后小幅回落,城陵矶、汉口站洪峰水位分别为 31.65m(14 日 22 时 30 分)、25.26m(14 日 23 时)。7 月中下旬受长江上游和两湖来水影响,中游干流各站水位于 16—17 日转涨,其中监利、城陵矶(七里山)、城陵矶(莲花塘)站分别于 21 日 11 时、20 日 15 时 15 分、20 日 23 时 15 分超警戒水位,长江 3 号洪峰形成,城陵矶(莲花塘)站洪峰水位 33.03m(24 日 3 时 30 分)。此后,随着长江上游 4 号洪峰形成,三峡水库加大下泄流量,长江中游河段持续涨水,石首、螺山站分别于 25 日 0 时、25 日 8 时达到或超警戒水位,此后石首—螺山江段全面超警戒水位,最大超警幅度 0.21~1.03m;城陵矶(七里山)、城陵矶(莲花塘)、汉口站月最高水位分别为 33.44m(30 日 10 时)、33.52m(30 日 17 时 15 分)、26.44m(31 日 14 时,相应流量 55500m³/s),月底长江中游水位开始

缓慢消退。

7 月上中旬长江下游干流九江以下各站水位持续消退,九江、大通站月最低水位分别为 17.69m(8 日 23 时)、11.90m(12 日 6 时),13 日起下游各站水位开始持续上涨,九江、湖口、大通站月最高水位分别为 19.60m(30 日 16 时)、19.06m(30 日 17 时)、13.45m(31 日 17 时)。鄱阳湖湖口站 14 日发生江水倒灌现象,16 日 8 时最大倒灌流量 5040m³/s,16 日 20 时后转为正常流态。

汉江丹江口水库本月发生 3 次洪水过程,均发生在 7 月上中旬,洪峰量级较小,入库洪峰流量分别为 7070m³/s(5 日 14 时)、9520m³/s(9 日 2 时)、8140m³/s(11 日 8 时),水库以电站满发流量下泄,库水位持续上涨,17 日 2 时水库水位达 145.0m,30 日 8 时出现月最高库水位 145.9m。水库于 30 日 10 时开闸泄洪,最大下泄流量 2100m³/s(30 日 15 时)。主要受丹江口—皇庄区间来水影响,中下游沙洋站流量 7 日起波动上涨,中下旬流量缓退,月最大流量 2230m³/s(9 日 11 时)。

(6)8 月

8 月,长江上游来水总体呈波动消退态势,鄱阳湖水系部分支流和青弋江、水阳江发生超警戒洪水。金沙江向家坝站于 1 日 2 时出现月最大流量 15200m³/s 后波动退水,24 日流量退到 6800m³/s 后转涨,其后维持在 10000m³/s 左右波动;岷江高场站上、中旬各出现 3 次小幅涨水过程,下旬来水维持在 3500m³/s 左右波动,月最大流量为 12200m³/s(1 日 15 时);沱江富顺站上旬来水基本平稳,中下旬出现一次复式洪水过程,月最大流量 1950m³/s(20 日 1 时);嘉陵江北碚站来水基本维持在 3000m³/s 左右波动,月底出现了 1 次明显涨水过程,月最大流量 10400m³/s(31 日 21 时 30 分)。长江干流寸滩站来水总体呈现波动消退态势,2 日 17 时 45 分出现月最大流量 31500m³/s 后波动消退,26 日回涨,9 月 1 日 8 时流量涨至 25300m³/s。乌江武隆站来水基本维持在 2000m³/s 左右波动,月最大流量 3280m³/s(5 日 5 时)。

三峡水库入库过程与寸滩站来水过程相似,3 日 2 时出现月最大入库流量 34500m³/s 后波动消退,26 日 20 时减至 17000m³/s 后回涨,9 月 1 日 8 时流量涨至 27000m³/s;出库流量月初维持在 35000m³/s 左右,6 日后减少至 28000m³/s 左右波动,下旬再次减少至日均流量 18000m³/s 左右;库水位上中旬维持下降趋势,21 日 20 时退至 145.92m 后上升,9 月 1 日 8 时水位 150.22m。

受三峡水库调控影响,本月宜昌、沙市站流量过程与三峡出库过程相似,月最高水位分别为 51.57m(1 日 0 时)、42.83m(1 日 0 时);长江中游主要控制站水位持续消退,城陵矶(七里山)、汉口站月最高水位分别为 33.40m(1 日 4 时 15 分)、26.43m (1 日 0 时),月最低水位分别为 28.59m(31 日 23 时)、22.88m(31 日 22 时);长江下游主要控制站于 8 月中旬受鄱阳湖来水影响发生一次小幅涨水过程,下旬水位快速消退,湖口、大通站月最高水位分别为 19.45m(13 日 13 时)、14.02m(10 日 23 时),月最低水位分别为 16.75m(31 日 23 时)、11.85m(31 日 23 时)。

8 月洞庭湖来水基本平稳,鄱阳湖水系本月上中旬发生一次洪水过程,其中昌江流域全线超警,渡峰坑站于 11 日 5 时 40 分洪峰水位 32.29m,超警戒水位 3.79m(警戒水位 28.50m),相应流量 6200m³/s;乐安河虎山站于 11 日 18 时 16 分洪峰水位 29.16m,超警戒水位 3.16m(警戒水位 26.00m),相应流量 5800m³/s;信江梅港站于 12 日 1 时洪峰水位 26.19m,超警戒水位 0.19m(警戒水位 26.00m),相应流量 6670m³/s;赣江、抚河也发生洪水过程,外洲站、李家渡站月最大流量分别为 5310m³/s (7 日 23 时)、1410m³/s(12 日 1 时)。洞庭湖四水、鄱阳湖五河月最大合成流量分别为 6220m³/s(1 日 8 时)、22300m³/s(11 日 14 时)。

长江下游青弋江、水阳江发生一次洪水过程,水阳江双桥闸和马山埠闸于 9 日 11 时左右相继开闸,向南漪湖分洪,最大分洪流量分别为 430m³/s 和 840m³/s;水阳江宣城站、新河庄站均于 9 日 14 时出现最高水位 16.27m、12.96m,分别超警水位 0.77m、1.96m(警戒水位分别为 15.50m、11.00m);青弋江西河镇站于 9 日 10 时出现最高水位 14.73m(低于警戒水位 0.27m)后转退。

受台风“苏拉”影响,汉江中游附近发生一次强降雨过程,8 月汉江上游和中下游各发生一次洪峰流量在 5000m³/s 以上的洪水,丹江口水库于 6 日 8 时出现月最大入库流量 7530m³/s,此后快速消退,其他时间入库流量基本在 3000m³/s 以下波动。丹江口水库月初曾短时间开闸泄洪,最大下泄流量 2190m³/s(2 日 3 时),3 日后水库以发电流量下泄。主要受汉江中下游支流南河、北河来水影响,皇庄站于 8 日 1 时出现月最大流量 5970m³/s,由于洪峰较为尖瘦,洪水坦化很快,沙洋站于 8 日 18 时出现月最大流量仅为 3860m³/s。

(7)9 月

9 月,长江上游干流发生 5 号洪峰。金沙江上旬发生一次较为明显的洪水,向家坝站于 5 日 1 时洪峰流量 14100m³/s,中下旬来水基本维持在 9500m³/s 左右波动;岷江 9 月上旬和中旬各发生一次小幅涨水过程,高场站洪峰流量分别为 5300m³/s (2 日 11 时)、6460m³/s(17 日 17 时),下旬流量基本维持在 3500m³/s 左右波动;嘉陵

江上旬和中旬各发生一次洪水过程,上旬来水主要由嘉陵江干流及其支流渠江来水共同组成,渠江罗渡溪站于 3 日 3 时 40 分洪峰水位 220.45m,超警戒水位 1.45m(警戒水位 219.00m),相应流量 16400m³/s;干流武胜站于 2 日 9 时出现洪峰流量 11300m³/s,北碚站于 3 日 6 时 45 分出现洪峰流量 25400m³/s。中旬洪水主要由涪江来水组成,小河坝站于 11 日 6 时 10 分出现洪峰水位 238.92m,超警戒水位 0.92m(警戒水位 238.00m),相应流量 8830m³/s,干流武胜站、渠江罗渡溪站洪峰流量分别为 5760m³/s(11 日 23 时)、3740 m³/s(13 日 0 时 15 分),北碚站于 12 日 2 时 30 分出现洪峰流量 14900m³/s。

受长江上游干支流来水共同影响,长江干流寸滩站上旬和中旬各发生一次洪水过程,3 日 13 时 45 分出现洪峰流量 49500m³/s,为月最大流量;此后来水消退,9 日退至 17800m³/s 后再次上涨,13 日 14 时出现洪峰流量 34000m³/s 后波动缓退,下旬流量维持在 18000m³/s 左右;乌江武隆站来水受水库调节影响,流量维持在 354～2840m³/s 之间波动。

主要受长江干流来水影响,三峡水库于 3 日迎来 2012 年 5 号洪峰,3 日 20 时入库洪峰流量 51500m³/s。中旬再次发生一次洪水过程,12 日 14 时入库洪峰流量 42000m³/s,之后入库流量缓退至 20000m³/s 左右波动;出库流量月初在 19000 m³/s 左右,发生 5 号洪峰期间出库流量增加至 26000m³/s 左右,9 月中下旬出库流量逐步减少至 14000m³/s 左右;库水位呈上涨趋势,10 月 1 日 8 时库水位上升至 169.50m,入出库流量分别为 19200m³/s、13800m³/s,库水位较 9 月 1 日 8 时上涨 19.28m,拦蓄水量 141.3 亿 m³。

受三峡水库蓄水和区间来水共同影响,长江中下游各站水位总体呈消退趋势。城陵矶、汉口、湖口、大通站月最高水位分别为 28.69m(10 日 16 时)、22.88m(1 日 0 时)、16.74m(1 日 0 时)、11.86m(1 日 3 时),10 月 1 日 8 时,城陵矶、汉口、湖口、大通站水位分别为 27.17m、21.34m、14.92m、10.36m。

汉江上游上旬发生两次洪水过程,安康水库分别于 1 日、6 日开闸泄洪,最大下泄流量分别为 7940m³/s(2 日 10 时)、7840m³/s(8 日 14 时),受安康水库泄洪和区间来水共同影响,丹江口水库入库流量出现两次洪峰分别为 8020m³/s(3 日 8 时)、10400m³/s(9 日 8 时),水库于 10—11 日短时开闸泄洪,最大泄洪流量 2550m³/s(11 日 11 时)。主要受丹江口—皇庄区间唐白河来水影响,汉江中下游发生一次小幅涨水过程,皇庄站月最大流量 3650m³/s(11 日 4 时),沙洋站月最大流量 3190m³/s(11

日 23 时)。

(8)10 月

10 月,长江流域主要干支流来水波动消退,向家坝水电站下闸蓄水,三峡水库完成 175m 试验性蓄水,长江中下游干流各站总体维持退水态势。

金沙江来水消退,向家坝水电站于 10 日 9 时起下闸蓄水,至 16 日 17 时完成蓄水任务,库水位由 280.68m 涨至 353.04m,累计拦蓄水量 27 亿 m^3。10 月上旬向家坝水文站流量基本维持在 9500m^3/s 左右波动,月最大流量 10500m^3/s(2 日 11 时),10—16 日受向家坝水电站蓄水影响,流量在 2310~3630m^3/s 之间波动,向家坝水电站蓄水结束后,向家坝水文站流量快速上涨,17 日 17 时上涨至 7440m^3/s 后呈波动退水态势,11 月 1 日 8 时流量退至 4090m^3/s。岷沱江、嘉陵江来水均于上旬出现月最大流量后波动退水,高场、富顺、北碚站月最大流量分别为 5800m^3/s(7 日 8 时)、655m^3/s(6 日 20 时)、4280m^3/s(3 日 9 时)。长江上游干流寸滩站于 7 日 14 时出现月最大流量 21600m^3/s 后转退,11 日 8 时起受向家坝水电站蓄水影响流量快速消退,向家坝蓄水结束以后,18 日 18 时寸滩流量回涨至 16500m^3/s 后消退,月最小流量 9140m^3/s(30 日 12 时)。乌江武隆站流量维持在 461~2340m^3/s 之间波动,11 月 1 日 8 时流量 574m^3/s。

三峡水库入库流量变化过程与寸滩站来水相近,8 日 8 时出现最大入库流量 23500m^3/s 后波动消退,月最小入库流量 10000m^3/s(30 日 14 时);出库流量 9 日前波动增加,上旬末增加至 21400m^3/s 左右,其后逐步减小,30 日 2 时出库流量减至最小 7740m^3/s,30 日蓄水结束后出库流量快速增加至 12800m^3/s 左右;库水位波动上升,30 日 8 时库水位升至 175.0m,完成 2012 年蓄水目标,较 1 日 8 时(169.5m)上涨 5.5m,拦蓄水量 53.67 亿 m^3。

受三峡水库调度影响,荆江河段各站上旬涨水,中下旬退水,沙市站月最高水位 37.72m(12 日 4 时),11 月 1 日 8 时水位 34.65m;螺山以下各站总体呈退水态势,汉口、大通站月最高水位分别为 21.42m(1 日 0 时)、10.39m(1 日 3 时),11 月 1 日 8 时汉口、大通站水位分别为 17.70m、7.31m。

(9)11—12 月

11—12 月,长江上游各站来水消退,寸滩站流量于 11 月中旬退至 5000m^3/s 左右波动;三峡水库于 11 月 1 日 2 时出现最大入库流量 10100m^3/s 后消退,11 月中旬退至 5500 m^3/s 左右波动。长江中下游各站于 11 月中下旬先后出现最高水位后消退,

其中汉口站于 11 月 19 日 8 时出现最高水位 18.23m 后退水,12 月 26 日最低水位退至 15.27m。

2012 年长江干流寸滩站流量过程线见图 1.2.1,宜昌站流量过程线见图 1.2.2,汉口站水位过程线见图 1.2.3,大通站水位过程线见图 1.2.4。

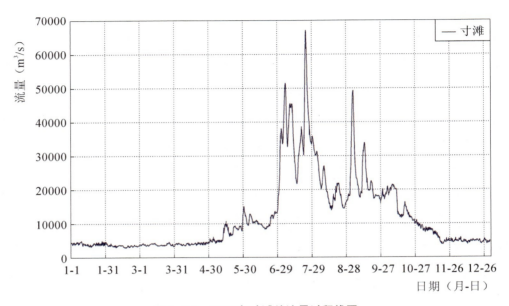

图 1.2.1   2012 年寸滩站流量过程线图

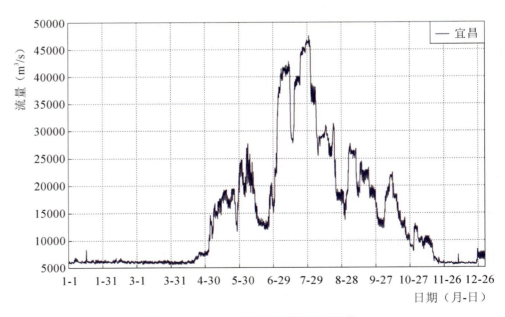

图 1.2.2   2012 年宜昌站流量过程线图

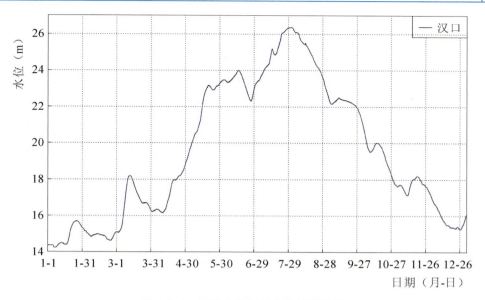

图 1.2.3　2012 年汉口站水位过程线图

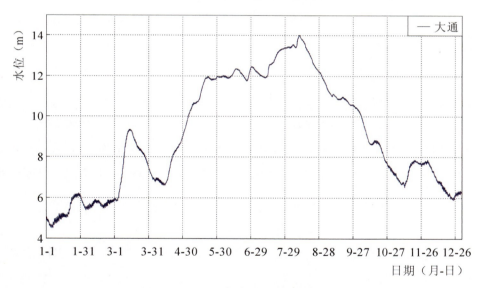

图 1.2.4　2012 年大通站水位过程线图

1.2.3　主要洪水过程

2012 年汛期,长江干流先后于 6 月 29 日至 7 月 4 日、7 月 6—11 日、7 月 12—19 日、7 月 20—22 日、8 月 30 日至 9 月 3 日发生了 5 次编号洪峰洪水过程,其中 1 号、2 号、4 号、5 号洪峰均发生在上游,3 号洪峰发生在中游,4 号洪峰强度最大。发生过程简述如下:

（1）长江 1 号洪峰

6月下旬，长江上游的沱江、嘉陵江来水平稳，金沙江、岷江洪水发生遭遇，向家坝站、高场站均于 6 月 30 日 23 时出现洪峰，洪峰流量分别为 12900m³/s、14600m³/s，长江干流寸滩站于 7 月 2 日 21 时出现最大流量 38200m³/s 后小幅消退。此后，岷江高场站于 7 月 4 日 8 时再次出现流量为 13200m³/s 的洪峰；嘉陵江支流渠江罗渡溪站于 7 月 6 日 1 时 15 分出现洪峰水位 220.93m（相应流量 16900m³/s），超警戒水位 1.93m（警戒水位 219.00m），嘉陵江北碚站于 7 月 6 日 4 时出现洪峰流量 26200m³/s；岷江与嘉陵江洪水遭遇，致使寸滩站于 7 月 6 日 14 时出现洪峰，水位 181.43m，超警戒水位 0.93m（警戒水位 180.50m），6 日 11 时最大流量 51700m³/s；三峡水库于 7 月 7 日 2 时出现最大入库流量 56000m³/s，长江 1 号洪峰形成。在长江 1 号洪峰发展过程中，乌江武隆站来水受上游水库调节，基本在 700～3300 m³/s 之间波动。为减轻长江中下游防洪压力，三峡水库出库流量维持在 42000m³/s 左右控泄，本次洪水调度使长江中下游干流没有超过警戒水位，8 日 12 时出现本次洪水最高库水位 152.67m。

（2）长江 2 号洪峰

长江 1 号洪峰过后，金沙江、岷沱江来水平稳，长江干流朱沱站基本维持在 22000m³/s 左右的来水，嘉陵江出现第 2 次洪水过程，北碚站于 10 日 7 时 15 分洪峰流量为 24900m³/s，长江干流较高底水与嘉陵江第 2 次洪峰叠加，形成寸滩站 7 月第 2 次洪峰（洪峰流量 45700m³/s，7 月 10 日 15 时 15 分）；三峡水库于 12 日 20 时出现最大入库流量 55500m³/s，长江 2 号洪峰形成。三峡水库实施削峰调度，出库流量维持在 42000m³/s 左右控泄，15 日 23 时出现本次洪水最高库水位 158.88m。

（3）长江 3 号洪峰

7月上、中旬期间，在长江 1 号、2 号洪峰先后形成过程中，在三峡水库拦洪削峰作用下，中游河段各站最高水位虽未超过警戒水位，但仍处于较高水位。受洞庭湖水系强降雨影响，沅江、资水出现超警戒水位，沅江桃源站于 19 日 7 时出现洪峰流量 19900m³/s，洪峰水位 44.66m（19 日 12 时），超警戒水位 2.16m（五强溪水库 18 日 15 时最大入库流量 27800m³/s，19 日 1 时最大出库流量 20200m³/s）；资水桃江站洪峰水位 39.63m（18 日 2 时 30 分），超警戒水位 0.43m（警戒水位 39.20m），相应流量 4390m³/s。在洞庭湖水系来水期间，三峡水库出库流量维持在 38000m³/s 左右控泄（17 日 20 时至 22 日 8 时）。19 日 8 时，洞庭湖四水最大合成流量约 29000m³/s，螺山站入流（除区间）六水最大合成（洞庭湖四水＋清江＋宜昌合成流量）流量 67500m³/s。

受洞庭湖水系及长江上游来水影响,形成长江 3 号洪峰,24 日 3 时 30 分莲花塘站洪峰水位 33.03m。长江 3 号洪峰形成期间,长江中下游监利—莲花塘江段水位于 20—21 日先后超警戒。

(4)长江 4 号洪峰

7 月 17—23 日期间,金沙江向家坝站来水维持在 15000m³/s 以上,长江上游干流保持较高底水。受 20—22 日强降雨影响,长江上游各支流来水急剧增加,支流控制站纷纷出现较大洪水过程,金沙江、岷沱江洪水在向下游演进过程中,降雨移动方向又与洪水演进方向一致,导致金沙江、岷沱江来水与屏山—寸滩区间来水严重遭遇,干流宜宾—寸滩河段全线超保证水位,朱沱站出现了有实测资料以来的最大洪水;朱沱站以上来水又与嘉陵江来水遭遇,导致寸滩站出现 1981 年以来最大洪水,三峡水库出现成库以来最大洪水,长江 4 号洪峰形成。

在 4 号洪峰形成过程中,各支流洪水水情如下:岷江高场站于 23 日 0 时出现洪峰水位 287.34m,超警戒水位 2.34m(警戒水位 285.00m),相应流量 26100m³/s,为 1989 年以来最大洪水;沱江富顺站 23 日 8 时洪峰水位 272.50m,超保证水位 0.20m(保证水位 272.30m),23 日 6 时 58 分实测最大流量 8670m³/s,为 2001 年建站以来最大洪水;嘉陵江北碚站于 23 日 10 时 21 分实测最大流量 17100m³/s。屏山—寸滩区间南岸多条支流出现超警戒洪水,其中横江横江(二)站 22 日 20 时洪峰水位 292.18m,超警戒水位 2.18m(警戒水位 290.00m),相应流量 3460m³/s;南广河福溪站 22 日 23 时 18 分洪峰水位 108.68m,超警戒水位 0.28m(警戒水位 108.40m),相应流量 3540m³/s;赤水河赤水站 23 日 13 时 30 分洪峰水位 230.33m,超警戒水位 1.83m(警戒水位 228.50m),相应流量 3700m³/s。

在 4 号洪峰形成过程中,长江上游干流宜宾—寸滩江段水位全线超过保证水位,超保证水位幅度 0.57～5.04m,其中,宜宾站 23 日 4 时洪峰水位 279.81m,超保证水位 0.81m(保证水位 279.00m),居 1956 年有实测记录以来第 3 位;李庄站 23 日 4 时洪峰水位 272.57m,超保证水位 0.57m(保证水位 272.00m),居 1943 年有实测记录以来第 4 位;泸州站 23 日 15 时洪峰水位 244.12m,超保证水位 3.12m(保证水位 241.00m),居 1939 年有实测记录以来第 2 位(历史最高水位 244.46m,1948 年 8 月);合江站 23 日 21 时洪峰水位 225.87m,超保证水位 3.17m(保证水位 222.70m),居 1939 年有实测记录以来第 2 位(历史最高水位 225.90m,1948 年 7 月);朱沱站 23 日 23 时洪峰水位 217.04m,超保证水位 5.04m(保证水位 212.00m),相应流量

56500m³/s,居 1954 年有实测记录以来第 1 位(1966 年 9 月最高水位 216.31m,最大流量 53400 m³/s 次之),重现期接近 50 年,为大洪水;长江上游干流控制站寸滩站于 24 日 9 时出现 186.79m 洪峰水位,超保证水位 3.29m(保证水位 183.50m),24 日 8 时最大流量 67300m³/s,为 1981 年以来最大洪水。三峡水库于 24 日 20 时出现成库以来最大入库流量 71200m³/s。为减轻长江中下游防洪压力,三峡水库维持 43000m³/s 左右控泄,27 日 7 时出现本次洪水调洪最高库水位 163.11m。

长江中下游干流水位在 4 号洪峰发展形成期间缓慢上涨,为消落三峡库水位,27 日 20 时至 31 日 14 时期间出库流量按 45000m³/s 左右控泄,受此影响,长江中下游干流水位在 4 号洪峰后持续上涨至月末,其中沙市未超警,最高水位 42.97m(30 日 17 时),石首—螺山河段水位超过警戒水位,石首、监利、城陵矶(七里山)、城陵矶(莲花塘)、螺山、汉口站最高水位分别为 38.85 m(31 日 4 时,超警戒水位 0.35m)、36.36m(30 日 16 时,超警戒水位 0.86m)、33.45 m(31 日 17 时 45 分,超警戒水位 0.95m)、33.53 m(28 日 14 时 15 分,超警戒水位 1.03m)、32.21 m(31 日 9 时 10 分,超警戒水位 0.21m)、26.44 m(31 日 14 时)。

(5)长江 5 号洪峰

金沙江向家坝站 8 月 27—31 日流量基本维持在 10000m³/s 左右,9 月 1—5 日出现 1 次较大涨水过程,5 日 1 时出现最大流量 14100m³/s 后转退。受强降雨影响,上游各支流均出现不同程度涨水,岷江高场站 1—3 日出现一次双峰小幅涨水过程,其后波动退水,两峰最大流量均为 5300m³/s(2 日 11 时、3 日 22 时);沱江富顺站从 8 月底开始快速涨水,1 日 19 时出现最大流量 1260m³/s 后快速退水;嘉陵江北碚站流量自 8 月 31 日 10 时(2510m³/s)起快速上涨,9 月 3 日 6 时 45 分出现洪峰流量 25400m³/s 后快速退水;横江横江(二)站、南广河福溪站、赤水河赤水站洪峰流量分别为 1520m³/s(2 日 9 时 46 分实测)、1350m³/s(2 日 3 时 36 分)、628m³/s(3 日 14 时)。受长江上游干支流及区间来水影响,上游干流朱沱站流量自 8 月 31 日 9 时(14900m³/s)快速上涨,9 月 2 日 20 时 15 分出现洪峰流量 25500m³/s,朱沱站洪峰与嘉陵江北碚站洪峰遭遇,寸滩站于 9 月 3 日 13 时 45 分出现洪峰,洪峰水位 180.62m(超警戒水位 0.12m),相应流量 49500m³/s,长江 5 号洪峰形成。

9 月 3 日 20 时三峡水库出现最大入库流量 51500m³/s,出库流量 2 日 14 时前基本维持在 18000m³/s 左右,其后基本维持在 26000m³/s 左右,库水位快速上升,6 日 4 时库水位升至 160.12m 后缓降。5 号洪峰期间,受三峡水库调度影响,长江中下游干流荆江河段各站相继于 9 月 1—2 日转涨,涨幅为 1～3m;螺山—汉口各站相继于 3—5 日小幅上涨,长江中下游干流各站均没超警。

长江上游 4 次编号洪峰寸滩、三峡入库流量过程见图 1.2.5。

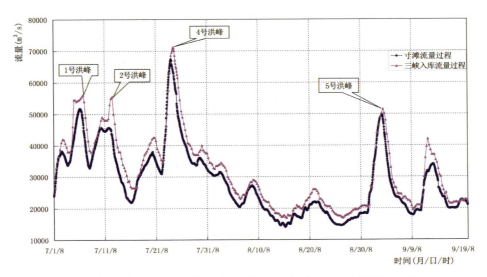

图 1.2.5　长江 1 号、2 号、4 号、5 号洪峰寸滩、三峡入库流量过程图

1.2.4　洪水分析

1.2.4.1　年最大洪峰还原分析

2012 年 7 月 24 日 20 时,4 号洪峰形成,三峡水库出现年最大也是成库以来最大入库流量 71200m³/s。在 4 号洪峰形成期间,长江上游干流宜宾—寸滩河段水位全线超过保证水位,最大超保证水位幅度 0.57～5.04m。长江中下游干流水位在 4 号洪峰发展形成期间缓慢上涨,为消落三峡库水位,27 日 20 时至 31 日 14 时期间出库流量按 45000m³/s 左右控泄,受此影响,长江中下游干流水位在 4 号洪峰后持续上涨至月末,石首—螺山河段水位超过警戒水位,三峡水库发挥了重要的拦洪削峰作用。为了解 4 号洪峰洪水三峡水库调度对长江中下游干流河道水位的影响,假定三峡水库未建库(天然)和建库按初步设计的调度方式(对荆江和城陵矶补偿)调度两种情况分别进行还原计算分析。

此次还原计算只是针对三峡水库的影响,其他水库及湖泊的调蓄作用均未考虑,计算条件长江上游干流寸滩站、乌江武隆站及长江中下游边界如清江、洞庭湖水系、汉江、鄱阳湖水系等来水均采用实际报汛过程,区间来水则依据实况降雨报汛资料采用相应的降雨径流模型计算得到。

还原计算分假定三峡水库未建库和建库按初步设计的调度方式(对荆江和城陵矶补偿)调度两种情况,分别对三峡水库入库洪水及长江中下游干流河道洪水进行还原计算,并分析可能出现的洪峰值。

(1)还原计算方法

1)天然河道下三峡水库洪水的还原方法。

假定三峡水库未建库,将宜昌(三峡入库)以上来水包括寸滩、武隆、三峡区间,采用原有的建库前预报方案,按天然河道状况进行马斯京根模型分段连续演算至宜昌,区间来水分段计算后直接叠加,推求三峡水库坝址(宜昌站)洪水过程。具体方法如下:将寸滩站流量与武隆站错后 3h(即寸滩站为 t 时刻,武隆站为 $t+3$ 时刻)流量过程叠加,为上游合成入流过程,经河道演算至清溪场后,加上寸滩—清溪场(分南、北岸两区)区间径流过程得到清溪场流量过程;清溪场流量过程经马斯京根模型演算至万县,叠加清溪场—万县区间径流过程后即得到万县流量过程;万县流量过程演算至宜昌,并依次叠加错后 12h 的万县—奉节区间径流过程、错后 6h 的奉节—巴东流量过程和巴东—宜昌的流量过程,经校正得到还原后宜昌站的流量过程。

2)三峡水库按规程调度宜昌流量推算方法。

以三峡水库入库实况为输入,根据调度规程试算出库流量过程,进而平移至宜昌。

3)长江中下游干流河段水位流量还原方法。

长江中下游干流河段各站水位流量计算采用日常作业预报中较为成熟的预报模型,主要包括水位流量相关、大湖模型动态演算、河道落差、相应涨差、顶托系数、合成流量法,其中螺山、湖口、大通站水位主要采用大湖模型演算,城陵矶、九江站主要采用河道落差法,其他各站以相关图模型为主,当预报过程受到下游来水顶托影响时,采用顶托系数法并综合分析顶托值。由于洪水还原计算采用的预报模型均存在一定的误差,因此,需要对计算结果进行合理性和可靠性分析,并通过实况分析校正减小计算误差。

(2)洪水还原计算结果

1)假定三峡水库未建库(天然)。

根据 2012 年 7 月长江 4 号洪峰形成过程中寸滩、武隆、三峡区间来水,按照上述天然河道洪水计算方法演算至宜昌,得到宜昌还原流量过程,长江 4 号洪峰宜昌站还原洪峰流量为 62000m³/s。

依据宜昌站还原流量过程及清江、两湖、汉江等来水实况,采用相应预报模型逐河段演算或相关,分别得到长江中下游干流各站水位流量过程,并综合比较和分析各站洪峰,将宜昌、枝城、沙市、城陵矶(七里山)、城陵矶(莲花塘)、螺山、汉口、九江、大通站水位(流量)峰值列入表1.2.1,并与实况对照。

表1.2.1　长江4号洪峰洪水假定三峡水库未建库主要控制站洪峰水位(流量)

站名	长江4号洪峰还原计算成果		实际出现		相应最高水位影响值(m)	警戒水位(m)	保证水位(m)
	水位(m)	流量(m³/s)	水位(m)	流量(m³/s)			
宜昌	54.4	62000	52.87	47600	1.53	53	55.73
枝城	50	63000	48.21	48500	1.79	49	51.75
沙市	44.6	53000	42.97	38600	1.63	43	45
城陵矶(七里山)	34.7	—	33.45	19300	1.25	32.5	34.55
城陵矶(莲花塘)	34.6	—	33.53	—	1.07	32.5	34.4
螺山	33.5	61500	32.21	53400	1.29	32	34.01
汉口	27.6	63000	26.44	55500	1.16	27.3	29.73
九江	20.5	64000	19.55	54500	0.95	20	23.25
大通	13.9	66500	13.55	57300	0.35	14.4	17.1

由表1.2.1可见,2012年长江4号洪峰洪水过程中,若三峡水库未建库,沙市最高水位将达44.6m,距保证水位0.4m(保证水位45.0m),城陵矶(莲花塘)水位将达34.6m,超保证水位0.2m(保证水位34.4m),九江水位将达20.5m,超警戒水位0.5m(警戒水位20.0m),长江中游干流将全线超警戒水位,城陵矶河段将超保证水位。从最高水位影响值看,经调度三峡水库拦洪削峰运用,有效降低了荆江河段水位1.5～2.0m,城陵矶河段0.9～1.5m,九江河段0.3～0.9m,避免了长江中游尤其是城陵矶河段出现超保证水位的高水位,大大减轻了长江中下游河段的防洪压力。

2)建库按初步设计的调度方式。

根据三峡水库初步设计的调度方式,按荆江补偿,控制沙市水位44.5m,相应控制补偿枝城流量56700m³/s,需对长江4号洪峰进行拦蓄,出库流量按55000m³/s进行削峰调度。经计算分析,三峡水库需拦蓄水量19.3亿m³,三峡调洪最高库水位148.8m,城陵矶(莲花塘)最高水位将达34.8m,超保证水位0.4m,螺山—九江河段各站水位均将超警戒水位,超警戒水位0.4～1.7m。长江4号洪峰洪水假定按控制沙

市水位 44.5m 补偿主要控制站还原洪峰水位见表 1.2.2。

表 1.2.2　长江 4 号洪峰洪水假定按控制沙市水位 44.5m 补偿主要控制站还原洪峰水位

站名	水位 （m）	流量 （m³/s）	出现时间 （月-日-时）	警戒水位 （m）	保证水位 （m）	备注
三峡出库		55000				
枝城		56700				
沙市	44.5		—	43.0	45.00	水位按 44.5m 控制
城陵矶（莲花塘）	34.8	—	7-29-20	32.5	34.40	超保证水位 0.4m
螺山	33.7	—	7-29-20	32.0	34.01	超警戒水位 1.7m
汉口	27.9	—	7-30-14	27.3	29.73	超警戒水位 0.6m
九江	20.7	—		20.0	23.25	超警戒水位 0.7m
大通	14.0	—		14.4	17.10	—

按城陵矶补偿，控制城陵矶（莲花塘）水位 34.40m（保证水位），根据试算分析，三峡水库需对长江 4 号洪峰按 48000m³/s 进行削峰调度控制，相应拦蓄水量 35.5 亿 m³，三峡水库调洪最高库水位 151.7m，还原分析长江中下游干流主要站洪峰水位结果见表 1.2.3，沙市水位将达 43.8m，超警戒水位 0.8m（警戒水位 43.0m），且长江中游河段水位也全线超警戒水位。若按初步设计的调度方式，长江 4 号洪峰洪水长江干流中游河段水位将全线超警戒水位或接近保证水位，下游河段水位将超过或接近警戒水位。

表 1.2.3　长江 4 号洪峰洪水假定按控制城陵矶水位 34.4m 补偿计算主要控制站洪峰水位

站名	水位 （m）	流量 （m³/s）	出现时间 （月-日-时）	警戒水位 （m）	保证水位 （m）	备注
三峡出库		48000				
沙市	43.8		7-26-8	43.0	45.00	超警戒水位 0.8m
城陵矶（莲花塘）	34.4	—	7-30-2	32.5	34.40	水位按 34.4m 控制
螺山	33.3	—	7-30-2	32.0	34.01	超警戒水位 1.3m
汉口	27.6	—	7-30-20	27.3	29.73	超警戒水位 0.3m
九江	20.5	—		20.0	23.25	超警戒水位 0.5m
大通	13.8	—		14.4	17.10	—

1.2.4.2 年最大洪峰流量历史对比

长江流域洪水频发,近年来发生的较大夏季洪水主要有 1981 年、1998 年、2010 年,通过对比 2012 年 7 月长江 4 号洪峰洪水("12·7"洪水)与这几年典型洪水,分析 2012 年洪水的特点。

从洪峰流量上来看,在四个典型年中,金沙江来水 1998 年最大,2010 年最小;岷江来水"81·7"与"12·7"量级相当;沱江来水"81·7"洪峰流量最大,"10·7"洪峰流量最小;嘉陵江来水"81·7"洪峰流量最大,其次为"10·7"洪水,"12·7"与 1998 年洪水基本相当;寸滩站洪峰流量,"81·7"是最大的,其次为"12·7"洪水;宜昌站洪峰流量,由于 2010 年和 2012 年统计的都是三峡入库洪峰流量,考虑到洪水的坦化和变形,宜昌站流量应该小于三峡入库洪峰流量,因此,"81·7"洪水宜昌洪峰流量最大,其他三场洪水宜昌洪峰流量量级基本相当。"12·7"洪水与历史典型洪水主要站洪峰流量统计见表 1.2.4。

表 1.2.4   "12·7"洪水与历史典型洪水主要站洪峰流量统计表

站名	洪峰流量(m^3/s)			
	"81·7"	1998	"10·7"	"12·7"
屏山(向家坝)	18600	23700	13500	16900
高场	25900	20500	19700	26100
富顺(李家湾)	15200	6230	4460	7600
北碚	44800	27600	31900	26200
寸滩	85700	59200	64000	67300
武隆	2040	13900	15100	6160
宜昌	70800	63300	(60200)	(62000)
三峡入库			70000	71200

注:2010 年和 2012 年宜昌为假定三峡未建库,在天然情况下还原后的流量。

1.2.4.3 洪水组成分析

按金沙江、岷江、沱江、嘉陵江、乌江以及屏山—宜昌区间几大分区,分析三峡(入库)最大 1d 洪量、最大 3d 洪量、最大 5d 洪量、最大 7d 洪量、最大 10d 洪量、最大 15d 洪量、最大 30d 洪量的洪水地区组成情况。

2012 年长江干流三峡入库洪水各时段洪量地区组成见表 1.2.5。

表 1.2.5　　　　　　　2012 年长江干流三峡入库洪水各时段洪量地区组成表　　　（单位：亿 m³）

河名	站名	最大 1d 洪量		最大 3d 洪量		最大 5d 洪量		最大 7d 洪量		最大 10d 洪量		最大 15d 洪量		最大 30d 洪量	
		洪量	占入库（%）	洪量	占入库（%）	洪量	占入库（%）	洪量	占入库（%）	洪量	占入库（%）	洪量	占入库（%）	洪量	占入库（%）
金沙江	向家坝	14.1	23.6	42.7	26.7	70.7	30.0	96.9	32.1	94.7	23.4	204.0	36.5	341.2	30.8
岷江	高场	18.5	31.0	40.0	25.0	56.4	23.9	77.6	25.7	72.7	17.9	144.2	25.8	250.7	22.6
沱江	富顺	5.7	9.5	12.3	7.7	14.8	6.3	17.5	5.8	13.9	3.4	24.1	4.3	40.9	3.7
嘉陵江	北碚	12.1	20.3	28.0	17.5	38.8	16.4	44.3	14.7	163.8	40.4	74.5	13.3	271.0	24.5
长江上游干流区间		5.6	9.4	24.5	15.3	36.7	15.6	38.8	12.8	15.2	3.8	62.2	11.1	89.8	8.1
长江	寸滩	56.0	93.8	147.5	92.3	217.4	92.2	275.1	91.1	360.3	88.9	509.0	91.1	993.6	89.7
乌江	武隆	3.3	5.5	11.1	6.9	17.3	7.3	23.1	7.6	18.7	4.6	46.1	8.3	77.2	7.0
三峡区间		0.4	0.7	1.2	0.9	1.2	0.5	3.9	1.3	26.2	6.5	3.7	0.7	37.3	3.4
三峡（入库）		59.7	100	159.8	100	235.9	100	302.1	100	405.6	100	558.8	100	1108.1	100
三峡拦蓄量		22.1		47.6		44.7		47.7		54.9		24.1		84.6	
长江	宜昌	38.7		116.0		194.3		261.7		348.5		553.2		1037.0	
	宜昌还原	60.8		163.6		239.0		309.4		403.4		577.3		1121.6	

　　从表中可以看出，金沙江向家坝站最大 1～30d 相应洪量除最大 1d、10d 来水所占三峡（入库）的比重居第 2 位外，其他时段均居第 1 位，其最大 1d、3d、5d、7d、10d、15d、30d 相应洪量分别为 14.1 亿 m³、42.7 亿 m³、70.7 亿 m³、96.9 亿 m³、94.7 亿 m³、204.0 亿 m³、341.2 亿 m³，占三峡（入库）的比重分别为 23.6%、26.7%、30.0%、32.1%、23.4%、36.5%、30.8%。

　　岷江高场站最大 1～30d 相应洪量除最大 1d 来水所占三峡（入库）的比重居第 1 位和最大 10d、30d 来水所占三峡（入库）的比重居第 3 位外，其他时段均居第 2 位，其最大 1d、3d、5d、7d、10d、15d、30d 相应洪量分别为 18.5 亿 m³、40.0 亿 m³、56.4 亿 m³、77.6 亿 m³、72.7 亿 m³、144.2 亿 m³、250.7 亿 m³，占三峡（入库）的比重分别为 31.0%、25.0%、23.9%、25.7%、17.9%、25.8%、22.6%。

　　嘉陵江北碚站最大 1～30d 相应洪量除最大 10d 来水所占三峡（入库）的比重居第 1 位和最大 30d 来水所占三峡（入库）的比重居第 2 位外，其他时段均居第 3 位，其最大 1d、3d、5d、7d、10d、15d、30d 相应洪量分别为 12.1 亿 m³、28.0 亿 m³、38.8

亿 m³、44.3 亿 m³、163.8 亿 m³、74.5 亿 m³、271.0 亿 m³，占三峡（入库）的比重分别为 20.3%、17.5%、16.4%、14.7%、40.4%、13.3%、24.5%。

　　乌江武隆站最大 1～30d 相应洪量除最大 1d、3d 来水所占三峡（入库）的比重居第 6 位外，其他时段均居第 5 位，其最大 1d、3d、5d、7d、10d、15d、30d 相应洪量占三峡（入库）的比重在 4.6%～8.3% 之间。

　　从表 1.2.5 可知，2012 年 7 月三峡洪水主要来自金沙江，其次嘉陵江和岷江。

第 2 章　水库调度

2012 年国家防总批复了《2012 年度长江上游水库群联合调度方案》,将长江上游已建成或具备运用条件并预留防洪库容的控制性水库,包括金沙江金安桥,雅砻江二滩,岷江紫坪铺,大渡河瀑布沟,嘉陵江支流碧口、宝珠寺,乌江构皮滩、思林、彭水,长江干流三峡等 10 座水库纳入联合调度范围。2012 年国家防总还首次批复了《汉江洪水与水量调度方案》,将汉江干流丹江口、石泉、安康,支流岚河蔺河口,堵河潘口、黄龙滩,唐白河鸭河口等 7 座水库纳入汉江洪水调度范围。

2012 年 4 号洪峰发生期间,三峡水库入库洪峰流量达 71200 m³/s,为三峡水库成库以来最大入库洪水,长江防总调度三峡水库充分发挥拦洪削峰作用,控制出库流量 43000 m³/s,削峰率达 40%,降低了荆江河段最高洪水位 2m 以上、洪湖江段最高洪水位 1m 以上,避免了长江荆江河段出现接近保证水位的高水位,缩短了超警戒水位江段 240 多 km,有效减轻了长江中下游的防洪压力。

2012 年 7 月上旬、下旬长江防总调度二滩和金安桥两座水库为向家坝拦洪错峰,减小向家坝江段洪峰流量 1000 多 m³/s,为向家坝水电站顺利施工创造了条件。2012 年 10 月中旬向家坝水电站开始初次蓄水,蓄水量约 28 亿 m³,将影响三峡水库蓄水。为协调水库群汛末蓄水问题,长江防总安排上游的二滩、金安桥等水库在三峡水库蓄水前基本蓄满,瀑布沟水库在向家坝开始蓄水前基本蓄满。向家坝水电站蓄水期间,为减小蓄水对川江和三峡水库蓄水的影响,调度瀑布沟水库按出入库平衡控制下泄。2012 年长江上游大型水库蓄水情况总体良好,三峡水库于 10 月 30 日连续三年成功实现蓄水 175m 的目标。

安徽省采取"上蓄、中分"等措施,科学调度港口湾、陈村水库和南漪湖分洪工程,成功处置了水阳江、青弋江洪水,有效缓解了下游防洪压力。湖南省防指联合调度五强溪、凤滩等水库,有效应对了沅江"7·8"洪水,取得了明显的防洪减灾效益。

2012 年的长江流域水库调度包括纳入《2012 年度长江上游水库群联合调度方案》和《汉江洪水与水量调度方案》的水库以及湖北省的水布垭、隔河岩、陆水水库,湖南省的五强溪、凤滩、柘溪、皂市、江垭、水府庙、欧阳海水库，江西省的万安水库，安徽省的港口湾、陈村水库。

2.1　三峡水库

三峡工程进入试验蓄水期以来，为提前、高效、全面发挥三峡工程的综合效益，实现蓄水 175m 的目标，结合水库运用实践进一步开展了水库综合利用调度研究与实践。针对各用水部门在提高综合利用效益、保障供水安全和维护河流生态方面对水库调度提出的更新更高的要求，以及水文情势、工程运用条件的变化，开展了大量协调多目标需求的水库调度运用优化研究，进一步完善了三峡水库综合利用调度方式，全面提高了三峡工程的综合利用效益。

2.1.1　工程建设情况

三峡工程采用"一级开发、一次建成、分期蓄水、连续移民"的建设方案，按照初步设计及施工总进度安排，在各方面的共同努力下，工程建设进展顺利。工程于 2003 年 6 月顺利实现了蓄水、通航和 7 月首批机组发电三大目标。右岸大坝于 2006 年 5 月 20 日全线浇筑至坝顶高程 185m，总体进度提前，为使三峡工程提前发挥更大的综合效益，三峡工程于 2006 年汛后蓄水至 156m 水位，较初步设计提前一年进入了初期运行期运用。2007 年汛前完成两线船闸改建工程后，枢纽工程已具备全线挡水 175m 的条件。2008 年汛末三峡工程开始实施 175m 试验性蓄水。2009 年汛后，枢纽工程建成，水库移民搬迁任务完成，具备蓄水至正常蓄水位 175m 运行条件。2012 年，三峡水利枢纽工程建设任务主要是升船机续建和地下电站工程。其中，地下电站全部 6 台机组于 2012 年汛前全部投产发电；升船机工程建设按 2015 年完工为目标进展顺利，2012 年完成塔柱土建施工，开始主体设备安装。

2.1.2　初步设计调度方式

根据三峡工程建设进程，分别编制了围堰发电期（水位 135m）规程、初期运行期（水位 156m）和初期运行期（2007 年修订版）规程。初期运行期（2007 年修订版）调度规程主要内容有以下几个方面。

2.1.2.1　总体要求

1）汛期按防汛主管部门的调度指令，实施对长江中下游防洪蓄泄。汛期在不需要进行防洪蓄水时，原则上应按防洪限制水位控制运行。考虑泄水设施启闭时效、水

情预报误差及电站日调节需要,实时调度中库水位可在防洪限制水位以下 0.1～1.0m 的范围内变动。当预报将发生较大洪水时,如库水位高于防洪限制水位,要在不增加下游防洪压力的情况下尽快降至防洪限制水位。水库实施防洪蓄水时库水位不受上述允许变动范围的限制,但洪水过后应及时按相应条件的允许变动范围运行。

2)一般情况下,汛末自 10 月 1 日开始蓄水,10 月底前蓄至汛末蓄水位。三峡水库蓄水运用要在满足下游生活和生态用水需求,兼顾三峡库尾和葛洲坝下游航道畅通及生产用水的同时,应尽可能蓄满水库。三峡水库蓄水期间下泄流量按当年批准的蓄水计划实施。

3)11 月至次年 4 月,水库水位根据发电需要逐步消落,4 月末库水位在一般来水年份不低于枯水期消落低水位 155m;5 月可以加大出力运行,逐步降低水库水位,一般情况下,5 月底消落至枯水期消落低水位。

4)6 月上旬,根据长江中下游来水情况均匀消落水库水位,一般情况下于 6 月 10 日消落到防洪限制水位。

5)初期运行期的防洪运用,主要考虑荆江河段的防洪需求,在批准的当年防洪高水位以下,按控制沙市水位 44.5m 的要求,控制枝城流量(含三峡水利枢纽泄量及坝址—沙市区间流量)。库水位超过批准的当年防洪高水位,原则上应按保证枢纽安全及施工安全泄洪。

6)初期运行期间,当城陵矶河段汛情十分紧张而荆江河段水位不很高时,经国家防总决定,三峡水利枢纽可适当利用部分防洪库容为城陵矶河段防洪蓄水。实时调度方案届时由长江防总提出,报国家防总批准后实施。

7)发电、航运调度与防洪调度发生矛盾时应服从防洪调度。

三峡水利枢纽初期运行期的调度运用应考虑水资源保护和生态与环境保护要求。

2.1.2.2　防洪调度

(1)调度任务与原则

初期运行期防洪调度的主要任务是在保证三峡水利枢纽工程及施工安全和葛洲坝水利枢纽度汛安全的前提下,利用水库拦蓄洪水,提高荆江河段防洪标准。在特殊情况下,适当考虑城陵矶附近的防洪要求。当发挥防洪作用与保证枢纽工程施工安全有矛盾时,服从枢纽建筑物和工程施工安全进行调度。

（2）正常调度方式

在水库运用当年批准的防洪库容对下游荆江河段进行防洪补偿调度时，实行正常调度方式。汛期在不实施防洪调度的情况下，三峡水利枢纽库水位原则上维持防洪限制水位运行。预报将发生较大洪水时，如当时库水位高于防洪限制水位，应尽快降至防洪限制水位。汛期实施防洪调度情况下，依据水情预报及分析，在洪水调度的面临时段内，当坝址上游来水与坝址—沙市区间来水叠加后，将使沙市站水位高于44.5m 时，如库水位低于批准的当年防洪高水位，则在该时段内水库控制下泄流量与坝址—沙市区间来水叠加后，沙市站水位不高于44.5m；如库水位达到或超过批准的当年防洪高水位，则转为保枢纽安全的防洪调度方式调度。

（3）特殊情况下的调度方式

特殊情况下的调度方式主要适用于长江上游来水不很大，三峡水库尚不需为荆江河段防洪大量蓄水，而城陵矶附近防汛情势十分紧急，三峡水库水位尚低的情况。如坝址上游来水与坝址—沙市区间来水叠加后，将使沙市站水位高于44.5m 时，则按正常调度方式调度。

（4）保证枢纽安全的防洪调度方式

当水库已蓄洪至批准的当年防洪高水位后，上游来水仍然很大乃至遇 1000 年一遇或更大洪水的情况，实施保证枢纽安全的防洪调度方式。库水位超过批准的当年防洪高水位后，原则上按枢纽全部泄流能力泄洪，但泄量不大于本次洪水已出现的最大来水量，并通过补偿调度在水库蓄洪至 175m 水位之前控制荆江河段行洪流量不超过 80000 m³/s，并应在确保枢纽安全的前提下，尽量减少荆江河段行洪流量和保持行洪流量的均匀。

2.1.3　优化调度方案

三峡工程于 2003 年水库蓄水运用以来，各方面从维护生态环境、保证长江中下游供水安全、提高三峡综合利用效益等方面，对三峡水库调度运用提出了很高的要求，并从不同角度、不同层面对水库调度提出了优化建议。水库蓄水 175m 后将全面承担综合利用任务，通过水库调度协调各用水部门矛盾的任务将更加艰巨。三峡建委第 16 次会议安排由水利部组织各有关单位研究《三峡水库优化调度方案》（以下简称《方案》）。该项研究根据水文情势变化及各方面的新要求，在初设水库调度方式的基础上，重点对综合需求、防洪调度补偿方式、汛末提前蓄水和汛限水位控制运用、枯期供水及生态调度方式进行优化。研究形成的水库优化调度方案在 2009 年 8 月由

水利部报国务院批准实施,同时考虑到三峡水库调度运用问题复杂,在《方案》中提出,该方案主要适用于试验蓄水期。要根据调度运用实践总结和各项观测资料的积累以及运行条件的变化,逐步修改完善优化调度方案。

2.1.3.1　防洪调度

（1）防洪调度目标

防洪调度的目标,是为了保证三峡水利枢纽大坝安全。对长江上游洪水进行调控,使荆江河段防洪标准达到 100 年一遇,遇 100 年一遇以上至 1000 年一遇洪水,包括类似 1870 年洪水时,控制枝城站流量不大于 80000 $\mathrm{m^3/s}$,配合荆江地区分蓄洪区的运用保证荆江河段行洪安全,避免南北两岸干堤溃决发生毁灭性灾害。根据城陵矶地区防洪要求,考虑长江上游来水情况和水文气象预报,适度调控洪水,减少城陵矶地区分蓄洪量。

（2）防洪调度方式

优化研究了对城陵矶防洪补偿调度方式,试验蓄水期三峡水库的防洪调度方式由以下几种方式组成。

1）对荆江河段进行防洪补偿的调度方式。该调度方式主要适用于长江上游发生大洪水的情况。汛期在实施防洪调度时,如三峡水库水位低于 171.0m,则按沙市站水位不高于 44.5m 控制水库下泄流量。当水库水位在 171.0～175.0m 之间时,控制补偿枝城站流量不超过 80000 $\mathrm{m^3/s}$,在配合采取分蓄洪措施条件下控制沙市站水位不高于 45.0m。

2）兼顾对城陵矶地区进行防洪补偿的调度方式。该调度方式主要适用于长江上游洪水不很大,三峡水库尚不需为荆江河段防洪大量蓄水,而城陵矶（莲花塘站,下同）水位将超过长江干流堤防设计水位,需要三峡水库拦蓄洪水以减轻该地区分蓄洪压力的情况。汛期在因调控城陵矶地区洪水而需要三峡水库拦蓄洪水时,如水库水位不高于 155.0m,则按控制城陵矶水位 34.40m 进行补偿调节。

3）保证枢纽安全的防洪调度方式。当水库已蓄洪至 175.0m 水位后,实施保枢纽安全的防洪调度方式。研究提出的对城陵矶防洪补偿调度方式,将三峡水库防洪库容自下而上分为三部分。其中第一部分库容约 56.5 亿 $\mathrm{m^3}$ 直接用于以城陵矶地区防洪为目标,相应库容蓄满的库水位为 155.0m;第二部分库容 125.8 亿 $\mathrm{m^3}$ 用于荆江地区防洪补偿,相应库容蓄满的库水位为 171.0m;第三部分库容约 39.2 亿 $\mathrm{m^3}$ 用于防御上游特大洪水。

在遇到三峡上游来水不很大而城陵矶附近（主要是洞庭湖）来水较大,迫切需要三峡水库拦洪以减轻下游分洪压力的情况下,三峡水库运用预留的 56.5 亿 m^3 防洪库容(库水位 145.0～155.0m),按控制城陵矶(莲花塘站)水位 34.4m 进行防洪补偿调度。

在运用上,首先用第一部分防洪库容调蓄洪水,按控制城陵矶(莲花塘站)水位不超过 34.4m;第一部分防洪库容(库水位 145.0～155.0m)蓄满后,即不再考虑城陵矶防洪补偿的要求,改按只考虑荆江地区的防洪补偿要求调度,按沙市站水位不高于 44.5m 控制水库下泄流量;第二部分防洪库容(库水位 155.0～171.0m)也蓄满后,则按遭遇特大洪水时荆江河段在分蓄洪措施配合下安全行洪进行调度。当水库水位在 171.0～175.0m 之间时,控制补偿枝城站流量不超过 80000 m^3/s,在配合采取分蓄洪措施条件下控制沙市站水位不高于 45.0m。

优化调度研究提出的防洪调度方案,在确保荆江河段防洪安全的前提下,可进一步提高三峡水库的防洪效益,减少城陵矶附近地区的分蓄洪量和分洪几率。相对于单纯对荆江补偿调度方式,对于 100 年一遇洪水,可减少城陵矶附近地区超额洪量约 40 亿 m^3,可减少淹没耕地约 3.867 万 hm^2,减少约 40 万人的临时转移和安置。

(3)汛期水位运用方式

一般情况下,自 5 月 25 日开始,三峡水库视长江中下游来水情况从枯期消落低水位 155.0m 均匀消落水库水位,6 月 10 日消落到防洪限制水位(每天水位下降速率按不大于 0.6m 控制)。实时调度时,应视水库上、下游来水情况,在基本达到地质灾害防治及库岸稳定对水库水位日下降速率要求的条件下,相机、均匀地泄放水量,避免加重下游河段防洪压力。

汛期水库在不需要因防洪要求拦蓄洪水时,原则上水库水位应按防洪限制水位 145.0m 控制运行。实时调度时水库水位可在防洪限制水位上下一定范围内变动。考虑泄水设施启闭时效、水情预报误差和电站日调节需要,实时调度中水库水位可在防洪限制水位 145.0m 以下 0.1m 至以上 1.0m 范围内变动。水库水位在 146.0～146.5m 之间运行的条件为:沙市水位在 41.0m 以下、城陵矶站水位在 30.5m 以下且三峡水库来水流量小于 25000 m^3/s。

当水库水位在防洪限制水位之上允许的变动幅度内运行时,水库运行管理部门应加强对水库上下游水雨情的监测和水文气象预报,密切关注洪水变化和水利枢纽运行状态,及时向防汛指挥部门报告有关信息,服从防汛指挥部门的指挥调度。当预

报三峡水库上游或者长江中游河段将发生洪水时,应及时、有效地采取预泄措施,将水库水位降低至防洪限制水位,保证需要水库拦蓄洪水时的起调水位不高于 145.0m。

2.1.3.2 汛末蓄水方式

水库开始兴利蓄水的时间一般不早于 9 月 15 日。具体开始蓄水时间,由水库运行管理部门每年根据水文、气象预报编制提前蓄水实施计划,明确实施条件、控制水位及下泄流量,经国家防总批准后执行。

当沙市、城陵矶站水位均低于警戒水位(分别为 43.0m、32.5m),且预报短期内不会超过警戒水位的情况下,方可实施提前蓄水方案。

蓄水期间的水库水位按分段控制的原则,在保证防洪安全的前提下,均匀上升。一般情况下,9 月 25 日水位不超过 153.0m,9 月 30 日水位不超过 156.0m(在对防洪风险、泥沙淤积等情况作进一步分析的基础上,通过加强实时监测,9 月 30 日蓄水位视来水情况,经防汛部门批准后可蓄至 158.0m),10 月底可蓄至汛后最高蓄水位。

在蓄水期间,当预报短期内沙市、城陵矶站水位将达到警戒水位,或三峡水库来水流量达到 35000 m³/s 并预报可能继续增加时,水库暂停兴利蓄水,按防洪要求进行调度。

2.1.3.3 水资源(水量)调度

(1)水资源(水量)调度目标

三峡水库的水资源调度,应当首先满足城乡居民生活用水,并兼顾生产、生态用水以及航运等需要,注意维持三峡库区及下游河段的合理水位和流量。在保证防洪安全的前提下,合理利用汛末水资源;在保证长江中下游供水安全、满足通航要求的前提下,充分利用汛后水资源,尽量将三峡水库水位蓄至汛后最高蓄水位。水库蓄水期间,下泄流量应均匀缓慢减少,尽量减少对下游地区供水、航运、水生态与环境等方面的不利影响。三峡水库蓄水至汛后最高蓄水位之后,根据枯水期下游地区供水、航运、水生态与环境以及发电等方面的要求,增加下游河道流量。遇特枯年份或特枯时段,为长江中下游实施应急补水;当库区或下游河道发生水污染事件或水生态事件时,实施应急调度,尽量减轻事故影响。

(2)水资源(水量)调度方式

实施提前蓄水期间,一般情况下控制水库下泄流量为 8000~10000 m³/s。当水库来水流量大于 8000 m³/s 但小于 10000 m³/s 时,按来水流量下泄,水库暂停蓄水;当来水流量小于 8000 m^3/s 时,若水库已蓄水,可根据来水情况适当补水至 8000 m^3/s 下泄。10 月蓄水期间,一般情况下水库上、中、下旬的下泄流量分别按不小于 8000 m^3/s、7000 m^3/s、6500 m^3/s 控制,当水库来水流量小于以上流量时,可按来水流量下泄。11 月蓄水期间,水库最小下泄流量按不小于保证葛洲坝下游水位不低于 39.0m 和三峡电站保证出力对应的流量控制。一般来水年份(蓄满年份),1—2 月水库下泄流量按 6000 m^3/s 左右控制,到 5 月 25 日水库水位均匀下降至枯期消落低水位 155.0m。如遇枯水年份,实施水资源应急调度时,可不受以上水位、流量限制。当长江中下游发生较重干旱或出现供水困难时,防汛抗旱指挥部门可根据当时水库蓄水情况实施应急补水,缓解旱情。当三峡水库或下游河道发生重大水污染事件和重大水生态事件时,有关省、市和相关部门应及时启动相应的应急预案,水库运行管理部门应积极配合,服从应急调度,将影响减小到最低限度。在实施以上应急调度时,在保证电网安全的条件下,电力调度部门应尽量按照水量调度指令做好发电计划安排,避免弃水。

2.1.4　年度汛期调度运用方案与汛末蓄水计划

2.1.4.1　汛期调度运用方案

2012 年 5 月 30 日,国家防总批复了《三峡—葛洲坝水利枢纽 2012 年汛期调度运用方案》(以下简称《调度方案》)。《调度方案》提出的防洪调度目标是三峡水库对长江上游洪水进行调控,使荆江河段防洪标准达到 100 年一遇,遇 100 年一遇以上至 1000 年一遇洪水,包括类似 1870 年大洪水时,控制枝城站流量不大于 80000 m^3/s,配合荆江地区蓄滞洪区的运用保证荆江河段行洪安全,避免两岸干堤漫溃发生毁灭性灾害。

根据城陵矶地区防洪要求,考虑长江上游来水情况和水文气象预报,适度调控洪水,减少城陵矶地区分蓄洪量。按照《优化方案》和《长江洪水调度方案》确定的防洪调度方式,2012 年汛期发生洪水时,三峡水库对荆江河段实施防洪补偿调度,兼顾对城陵矶河段进行防洪补偿调度。对荆江河段实施防洪补偿调度时,当三峡水库水位低于 171.0m 时,控制沙市站水位不高于 44.5m;当三峡水库水位在 171.0~175.0m 之间时,控制枝城站最大流量不超过 80000 m^3/s,配合分洪措施控制沙市站水位不超过 45.0m。水库水位达 175.0m 后转为保证大坝安全调度。在长江上游来水不大、三峡水库尚不需为荆江河段防洪大量蓄水、城陵矶附近防汛形势严峻且三峡水库水位

不高于 155.0m 时,按控制城陵矶(莲花塘)站水位 34.4m 进行补偿调度。当三峡水库水位达到 155.0m 时,转为对荆江河段进行补偿调度。当长江上游发生中小洪水,根据实时雨水情和预测预报,在三峡水库尚不需要实施对荆江或城陵矶河段进行防洪补偿调度,且有充分把握保障防洪安全时,三峡水库可以相机进行调洪运用。

三峡水库于 2012 年汛期(6 月 10 日至 9 月 30 日)防洪限制水位为 145.0m。一般情况下,应按照《优化方案》规定,从 5 月 25 日开始,三峡水库水位根据上下游来水情况从枯期消落低水位控制下降,至 6 月 10 日下降至防洪限制水位。6 月 10 日至 8 月 31 日期间,水库在不需要因防洪要求拦蓄洪水时,原则上应按防洪限制水位 145.0m 控制运行,实时调度时按照《优化方案》规定可在 144.9～146.5m 之间浮动。当预报三峡水库上游或者长江中游河段将发生洪水时,应按规定及时采取预泄措施,保证水库拦蓄洪水时的起调水位不高于 145.0m。洪水过后,要在不增加下游防洪压力的情况下,尽快降至防洪限制水位。8 月 31 日后,当预报上游不会发生较大洪水且沙市、城陵矶站水位分别低于 40.3m、30.4m 时,结合后期 175.0m 试验性蓄水需要,9 月 10 日水库运行水位上浮至 150.0～155.0m 控制。

2.1.4.2　汛末蓄水计划

2012 年 9 月 7 日,国家防总批复了《三峡工程 2012 年试验性蓄水实施计划》(以下简称《蓄水计划》)。《蓄水计划》要求三峡水库在前期调洪的基础上开始蓄水,逐步抬升水位,原则上 9 月 30 日蓄水位按 165.0m 控制,10 月底或 11 月争取蓄至 175.0m。在蓄水过程中,当预报长江干流沙市、莲花塘站水位将达到警戒水位,或三峡水库入库流量达到 35000 m^3/s 并预报继续增大时,水库应按防洪要求进行调度。三峡水库调度运行中要高度重视下游用水需求。一般情况下,2012 年 9 月 10 日至 9 月底,三峡水库下泄流量不小于 10000 m^3/s;10 月下泄流量不小于 8000 m^3/s;11—12 月下泄流量按葛洲坝下游水位不低于 39.0m 和三峡电站保证出力对应的流量控制。2013 年 1—4 月下泄流量不小于 6000 m^3/s(同时要满足葛洲坝下游水位不低于 39.0m),至 5 月 25 日水库水位逐步降至 155.0m,6 月 10 日消落到防洪限制水位(经同意可在消落期适时开展冲沙调度和生态调度试验)。当发生洪水或遇特枯来水,因防洪、下游供水、航运等需要实施应急调度时,不受上述水位、流量限制。

2.1.5　实时调度

2.1.5.1　防洪调度

三峡水库在 2012 年汛期先后进行了 4 次防洪运用,坝前最高水位 163.11m,累计拦蓄洪水 200.5 亿 m³。其中,最大入库洪峰为 71200 m³/s,出现在 7 月 24 日 20 时。

　　主汛期 6—9 月,长江上游先后出现 4 次洪峰过程,长江中游出现 1 次洪峰过程。长江上游 4 次洪峰过程的最大入库洪峰流量分别为 56000 m³/s(7 月 7 日)、55500 m³/s(7 月 12 日)、71200 m³/s(7 月 24 日)、51500 m³/s(9 月 3 日)。在确保防洪安全的前提下,实施中小洪水调度,三峡水库最高库水位分别为 152.67m、158.88m、163.11m、160.12m,最大下泄流量为 45000 m³/s。针对防洪调度,长江防总共发布 14 道调度令。三峡水库应对 5 次洪水过程具体情况见表 2.1.1。汛期三峡水库库水位及入出库流量过程对比见图 2.1.1。

表 2.1.1　　　　　　　　　　2012 年三峡水库汛期防洪调度情况表

项目		1 号洪峰	2 号洪峰	3 号洪峰 (城陵矶莲花塘站)	4 号洪峰	5 号洪峰
起涨	水位(m)	145.37	152.13	31.19	155.81	150.22
	时间(月-日)	7-1	7-9	7-16	7-23	9-1
	入库流量(m³/s)	33000	43000	41200	50000	27000
	出库流量(m³/s)	28000	42000		43000	19339
	蓄水量(亿 m³)	173.33	209.36		233.4	198.09
洪峰水位	水位(m)	152.67	158.88	33.03	163.11	160.12
	时间(月-日)	7-8	7-16	7-24	7-27	9-6
	相应入库流量(m³/s)	38000	28800	52000	43000	26500
	相应出库流量(m³/s)	42000	27400		43000	25530
	蓄水量(亿 m³)	212.59	254.14		285.16	262.85
洪峰流量	入库洪峰流量(m³/s)	56000	55500		71200	51500
	时间(月-日)	7-7	7-12		7-24	9-3
	相应水位(m)	150.79	154.93		158.04	155.43
	相应出库流量(m³/s)	40000	42000		45000	27000
	蓄水量(m³)	201.29	227.54		248.35	230.83
水位涨幅(m)		7.3	6.75	1.84	7.3	9.9
拦蓄洪量(亿 m³)		39.26	44.78		51.76	64.76
削减洪峰(m³/s)		14000	13500		26200	24500
削减率(%)		25	24		37	48

图 2.1.1　汛期三峡水库库水位及入出库流量过程对比

防洪调度主要分以下 7 个阶段。

第一阶段(7 月 1—7 日),主要是应对长江 1 号洪峰过程,力争长江中下游干流主要控制站不超警戒水位。

其间,长江防总办向中国长江三峡集团公司发布了 4 道调度令,出库流量从 21000 m^3/s 逐步增加到 31000 m^3/s、34000 m^3/s、38000 m^3/s、40000 m^3/s、42000 m^3/s。7 月 7 日 2 时出现入库洪峰流量 56000 m^3/s,最大出库流量 42000 m^3/s,削减洪峰 14000 m^3/s,削峰率 25%,水库最高调洪水位 152.67m,拦蓄洪量约 39 亿 m^3。

预报调度过程如下:

1 日 8 时,三峡水库库水位 145.47m,入、出库流量分别为 25000 m^3/s、20800 m^3/s。综合考虑水雨情实况及预见期降雨,预计未来 2 日、3 日、4 日三峡水库入库流量分别为 36000 m^3/s、38000 m^3/s、36000 m^3/s。三峡水库 1 日按平均出库流量 23000 m^3/s 考虑,若 2 日零时起至 14 时逐步加至 31000 m^3/s,2 日 8 时、3 日 8 时、4 日 8 时库水位分别为 145.8m、146.0m、146.8m 左右,考虑预见期降雨,5 日、6 日入库流量仍在 30000 m^3/s 以上,库水位仍将缓慢上涨,6 日 8 时将涨至 148.5m 左右。据此,长江防总下发调度令,要求三峡水库自 2 日 0 时起至 2 日 14 时将下泄流量逐步增加至 31000 m^3/s。

2 日 8 时,三峡水库库水位涨至 146.21m,入、出库流量分别为 36500 m^3/s、25900 m^3/s。随着上游降雨的进一步加强,继续滚动预报,预计未来 3 日 8 时、4 日 8 时、5 日 8 时三峡水库入库流量分别为 41000 m^3/s、40000 m^3/s、43000 m^3/s,3 日 8 时库水位将超过 146.5m,预计 5 日最高库水位 149.0m 左右。若 2 日 18 时增加出库至 34000 m³/s,3 日 8 时增至 38000 m³/s,库水位 2—4 日维持在 146.5m 左右波动,7 日库水位涨至 149.5m 左右。据此,长江防总下发调度令,要求三峡水库下泄流量于 2 日 18 时增加至 34000 m³/s,3 日 8 时增加至 38000 m³/s。

3 日 8 时和 4 日 8 时,三峡水库水位分别为 146.37m、146.83m。受三峡区间下段强降雨影响,三峡水库入库流量快速增加,库水位快速上涨,5 日 8 时入库流量涨至 54500 m³/s,出库流量为 36400 m³/s,库水位涨至 148.01m(较 5 日 2 时上涨 1.1m)。预计未来 6 日 8 时、7 日 8 时、8 日 8 时三峡水库入库流量分别为 54000 m³/s、56000 m³/s、45000 m³/s。按维持当时出库流量考虑,9 日 8 时出现最高库水位 155.0m 左右,沙市站水位 8 日 8 时涨至 41.0m 左右;若 5 日 14 时出库流量按 40000 m³/s 考虑,8 日 20 时出现最高库水位 153.0m 左右,沙市站水位 8 日 8 时涨至 41.5m 左右。据此,长江防总下发调度令,要求三峡水库下泄流量于 5 日 14 时增加至 40000 m³/s,并尽量减小日内流量变幅。

6 日 8 时,三峡水库水位 149.19m,入库流量自 5 日 8 时起在 54000～54500 m³/s 之间波动,出库流量自 5 日 14 时起增加至 40500～40800 m³/s 之间。7 日 2 时出现最大入库流量 56000 m³/s,三峡水库水位于 7 日 8 时涨至 151.31m,较 6 日 8 时上涨 2.12m。预计未来 3 天(8 日 8 时、9 日 8 时、10 日 8 时)三峡水库入库流量分别为 41000 m³/s、37000 m³/s、43000 m³/s,11 日最大入库流量 46000 m³/s 左右。若维持 40000 m³/s 下泄流量,8 日 14 时将出现最高库水位 153.0m 左右,10 日退至 152.7m 左右后转涨,12 日库水位又将涨至 154.0m 左右。若三峡水库以 42000 m³/s 下泄,按维持 5 天考虑,长江中下游沙市站水位于 10 日 8 时涨至 42.2m 左右,城陵矶、汉口站水位于 13 日分别涨至 31.8m、24.7m。据此,长江防总下发调度令,要求三峡水库下泄流量于 7 日 14 时增加至 42000 m³/s。

第二阶段(7 月 7—14 日)为应对长江 2 号洪峰,仍力争长江中下游干流不超警戒水位。

7 日 14 时,三峡水库出库流量增至 42000 m³/s,主要是为迎接 2 号洪峰过程腾出库容。12 日 20 时出现入库洪峰流量 55500 m³/s,最大出库流量维持在 42000 m³/s 左右,削峰作用与 1 号洪峰基本相当,拦蓄洪水约 45 亿 m³,长江中下游干流水位没有超警戒水位。

预报调度过程如下:

8 日,三峡水库入库流量消退,至 20 时退至 37500 m³/s 后转涨,库水位涨势趋缓。随着上游新一轮降雨的形成,根据水雨情实况及预测分析,长江 2 号洪峰将于 12 日形成,为给即将到来的 2 号洪峰腾出库容,三峡水库一直维持在 42000 m³/s 下泄,库水位于 8 日 12 时出现洪峰水位 152.67m 后于 9 日 20 时缓慢回落至 152.13m 后转涨,至 13 日 20 时,涨至 156.0m。

第三阶段(7 月 14—16 日),主要是为尽早、尽快地疏散滞留在三峡江段的船舶。

预报调度过程如下:

三峡水库下泄流量大于 25000 m³/s 后两坝间中小船舶通航就受到限制,截至 13 日 7 时,三峡江段积压船舶达到 606 艘,其中易燃易爆危险品船舶 65 艘次,最长待闸时间达 15 天。13 日预测未来一周长江上游没有强降雨过程,14—16 日三峡水库入库流量将从 39000 m³/s 减小到 27000 m³/s。长江防总抓住有利时机,及时下发调度令,要求从 13 日 20 时起至 14 日 8 时,将三峡水库下泄流量从 42000 m³/s 逐步减少至 28000 m³/s,之后按日均 28000 m³/s 下泄。由于及时地控泄,到 16 日 20 时,共疏散了 400 多艘船只。受控制下泄流量疏散船只的影响,三峡水库水位抬升了 2m 多,最高达到 158.88m。在短时疏散船只后,为尽快降低水库水位,长江防总下发调度令,要求从 16 日 20 时将三峡水库下泄流量增加至 30000 m³/s,之后按日均 30000 m³/s 下泄。

第四阶段(7 月 17—27 日),主要是兼顾上下游,一方面尽快降低三峡水库水位,为迎接长江 4 号洪峰过程腾出库容,另一方面考虑长江 3 号洪峰在长江中游形成,下泄流量不宜增加太快,避免洪峰叠加给长江中游河段增加较大防洪压力。

其间,长江防总先后向中国长江三峡集团公司发布 3 道调度令,将三峡水库下泄流量从 30000 m³/s 逐步加大到 43000 m³/s。长江 4 号洪峰为三峡水库成库以来最大洪峰,24 日 20 时入库洪峰流量达 71200 m³/s,27 日 11 时最高库水位 163.11m(超过 20 年一遇洪水的调洪高水位)。此次洪水过程中三峡水库拦蓄洪量约 52 亿 m³,削减洪峰 28200 m³/s,削峰率近 40%,减小了沙市、城陵矶站的流量,避免了因洪峰叠加而抬高水位,有效减轻了长江中游河段的防洪压力。

预报调度过程如下:

17 日 8 时,三峡水库水位 158.33m,入、出库流量分别为 26500 m³/s、31700 m³/s。受三峡出库调蓄影响,荆江河段各站水位回涨,受强降雨影响,洞庭湖来水有所增加,部分支流出现超警戒(超保证)水位,洞庭湖水系多个水库超汛限水位。根据水雨情及未来 3 天上游维持小到中雨、洞庭湖水系仍有 30mm 左右降雨,分析预计:未来 3 天(18 日 8 时、19 日 8 时、20 日 8 时)三峡水库入库流量分别为 34000 m^3/s、40000 m^3/s、40000 m^3/s,之后平稳。若维持 30000 m^3/s 左右的出库流量,三峡水库水位将于 18 日 2 时退至 158.0m 后上涨,22 日涨至 161.0m 以上。沙市站最高水位 40.5m,24 日城陵矶站水位接近警戒水位 32.5m。若 17 日 20 时出库加至 38000 m^3/s 并维持,19 日 8 时三峡水库水位退至 156.7m 后转涨,22 日涨至 157.0m 左右。沙市站最高水位 41.7m,21 日晚城陵矶水位达到警戒水位,24 日涨至 33.0m 左右。为此,长江防总于 17 日 13 时下发调度令,要求中国长江三峡集团公司从即时其至 17 日 20 时将三峡水库下泄流量逐步增加至 38000 m^3/s,之后按日均 38000 m^3/s 下泄。

18 日 8 时、19 日 8 时、20 日 8 时和 21 日 8 时三峡水库水位分别为 156.66m、156.18m、156.23m 和 156.66m。三峡水库水位于 19 日 20 时回落至 156.02m 后开始缓涨。由于受局部强降雨影响,洞庭湖水系沅江发生超警戒洪水。沅江洪水洪峰正在汇入洞庭湖,致使洞庭湖水位快速上涨。受洞庭湖水系及长江上游来水共同影响,长江 3 号洪峰正在长江中游形成,城陵矶(莲花塘)站水位于 21 日凌晨超过警戒水位 32.5m。为避免三峡水库加大泄流对长江中游河段增加较大防洪压力,18—21 日三峡水库一直维持日均 38000 m^3/s 下泄。

22 日 8 时,三峡水库水位 156.82m,入、出库流量分别为 35500 m^3/s、38600 m^3/s。洞庭湖湖区小河嘴、南嘴等站已过峰转退,仍超警戒水位 0.5m 左右。此时,长江上游岷沱江、嘉陵江来水遭遇,预计长江上游 4 号洪峰也将形成。根据实况水雨情并综合考虑预见期降雨分析,预计未来 3 天(23 日 8 时、24 日 8 时、25 日 8 时)三峡水库入库流量分别为 38000 m^3/s、56000 m^3/s、65000 m^3/s,之后快速消退。若 22 日 20 时出库流量增大至 40000 m^3/s 左右,库水位将于 23 日晚退至 156.0m 左右转涨,27 日涨至 162.0m 左右。沙市站最高水位 42.5m,长江中下游各站洪峰水位分别为城陵矶(莲花塘)站 33.1m 左右、汉口站水位 26.2m 左右、湖口站水位 19.0m,大通站水位 13.5m 左右。为此,长江防总于 22 日 12 时下发调度令,要求中国长江三峡集团公司于 22 日 20 时将三峡水库下泄流量增加至 40000 m^3/s。

22 日,由于长江上游降雨强度大,经滚动预报分析,未来 3 天(23 日 8 时、24 日 8 时、25 日 8 时)三峡水库入库流量分别为 41000 m^3/s、64000 m^3/s、64000 m^3/s,24 日 20 时入库洪峰流量 70000 m^3/s 左右,之后快速消退。若 23 日 2 时出库流量增大至 42000 m^3/s 左右,库水位将于 23 日下午退至 156.2m 左右转涨,27 日涨至 163.5m 左

右。22 日深夜长江防总滚动会商后决定下发调度令,要求中国长江三峡集团公司于 23 日 0 时将三峡水库下泄流量增加至 43000 m^3/s。

23—27 日,三峡水库下泄流量一直维持在 43000 m^3/s,24 日 20 时出现洪峰流量 71200 m^3/s,27 日 11 时出现最高库水位 163.11m。

第五阶段(7 月 27—30 日),主要是为尽快降低三峡水库水位,同时为滞留船只疏散创造条件。

据 27 日预测,未来一周长江上游还有较强降雨发生,随之有一次涨水过程。需尽快降低三峡水库水位,为后续洪水腾出库容,同时为尽快疏散三峡江段积压滞留的 800 余艘船只创造条件,长江防总下发调度令,要求三峡水库于 27 日 15 时将下泄流量由 43000 m^3/s 加大至 45000 m^3/s,以尽快降低水库水位。如后续来水较小,可及时减小下泄流量,尽快疏散船只;如来水大于预期,则可继续维持或加大泄量,保证防洪安全。

第六阶段(7 月 31 日至 8 月 13 日),主要是减小下泄流量,有序疏散滞留船只。

本阶段三峡江段滞留船只疏散分为 4 个批次。

一是 7 月 31 日至 8 月 5 日,主要疏散航油运输和较大功率的船只。7 月 31 日,重庆市防指来电来函反映重庆机场航空用油告急,而中国航油有限公司重庆分公司航油运输船只被滞留在三峡江段,重庆市政府请求在 8 月 1 日让滞留在三峡坝下的运油船只过坝。据 7 月 31 日水雨情分析,三峡水库于 8 月 1 日 8 时、2 日 8 时、3 日 8 时入库流量将分别为 35000 m^3/s、34000 m^3/s、37000 m^3/s,5 日退至 30000 m^3/s 以下。考虑到三峡水库未来几天入库流量将有所减小,长江防总下发调度令,要求从 7 月 31 日 20 时起至 8 月 1 日 8 时,将三峡水库下泄流量由 45000 m^3/s 逐步减小至 35000 m^3/s,之后按日均 35000 m^3/s 下泄,4 天累计疏散船舶 445 艘。

二是 8 月 5 日 8 时至 6 日 20 时,主要疏散中小功率的船只。由于中小功率船舶滞留两坝间最长时间达 30 多天,截至 5 日 8 时,三峡江段待闸船舶仍有 779 艘,据 5 日水雨情分析,三峡水库入库流量、水库水位均持续消退,预计未来几天三峡水库入库流量将在 25000 m^3/s 左右。考虑到三峡水库入库流量有所减小,长江防总下发调度令,从 5 日 18 时起至 6 日零时,将三峡水库下泄流量由 35000 m^3/s 逐步减小至 27500 m^3/s,之后按日均 27500 m^3/s 下泄。下泄流量的调控为三峡通航管理部门加快疏散速度创造了极为有利的条件。至 6 日 20 时,30000 m^3/s 以下流量限航滞留的小功率船舶以及急运物资船舶全部疏散完毕。

三是 8 月 6 日 20 时至 7 日 17 时,主要疏散小功率的船只。至 6 日 8 时,三峡江段仍有待闸船舶 667 艘,其中,只有当三峡水库下泄流量在 25000 m^3/s 及以下才能过闸的小功率船舶 86 只。为尽快疏散待闸时间最长的小功率船舶,长江三峡通航管理局请求将三峡水库下泄流量进一步控泄至 25000 m^3/s 左右并维持 12 小时以上。据 6日水雨情分析,近日三峡水库入库流量持续减小,水库水位持续下降,6 日 8 时水库水位 158.69m,入、出库流量分别为 24500 m^3/s、27600 m^3/s。预计三峡水库 7 日 8 时、8日 8 时、9 日 8 时入库流量分别为 24000 m^3/s、26500 m^3/s、26000 m^3/s。长江防总下发调度令,从 7 日 0 时起至 7 日 2 时将三峡水库下泄流量由 27500 m^3/s 逐步减小至25000 m^3/s,并维持到 7 日 17 时;12 小时内滞留时间最长的 86 只小功率船舶全部疏散。

四是 8 月 7 日 17 时以后,三峡水库下泄流量增加至满发流量 27500 m^3/s,剩余的滞留船只以及来自沿江各码头的船只陆续过闸。从 8 月 1 日 8 时开始疏散船舶至9 日 8 时,共疏散船舶 1175 艘。

第七阶段(8 月 13—20 日),主要是使三峡水库水位逐步回落至汛限水位。

由于前期三峡水库一方面为应对长江上游 1 号、2 号、4 号洪峰实施防洪调度,拦蓄洪水,另一方面为疏散滞留在长江三峡河段的船只而减小下泄流量,使得三峡水库水位自 7 月 3 日 20 时超过汛限水位后长期维持在高水位运行。为确保防洪安全,经综合考虑长江上、中游水雨情实况及预测分析,长江防总于 8 月 19 日 12 时发布调度令,要求中国长江三峡集团公司将三峡水库下泄流量于 19 日 14 时按 25000 m^3/s、19日 20 时按 27500 m^3/s,20 日 8 时起按日均 30000 m^3/s 控泄。三峡水库水位于 21 日8 时回落至 146.32m,在允许的汛期运行水位变幅内运行。

2012 年,三峡工程通过科学调度,及时拦洪、适时泄洪,尽可能地发挥削峰、错峰作用,成功应对了长江上游 4 次洪峰过程及长江中游 1 次洪峰过程,有效缓解了长江中下游地区的防洪压力,降低沙市、城陵矶站水位 1.5～2m,实现了沙市站水位不超警、与长江中游河段洪水错峰、有效疏散 2000 余艘待闸船只等多项调度目标,取得了明显的防洪减灾效益。据初步分析,2012 年三峡水库的防洪效益 640 多亿元,因调度增发电量近 100 亿 kW·h,实现多赢。

2.1.5.2　汛末蓄水调度

9 月 7 日,国家防总下达《关于三峡工程 2012 年试验性蓄水实施计划的批复》(国汛〔2012〕13 号),明确三峡水库可在前期调洪的基础上开始蓄水,逐步抬升水位,原则上 9 月 30 日蓄水位按 165.0m 控制,10 月底或 11 月争取蓄至 175.0m。在国家防

总的领导下,长江防总统筹协调长江上游各水库蓄水进度,安排二滩、金安桥等水库在三峡工程蓄水前基本蓄满,瀑布沟水库在向家坝开始蓄水前基本蓄满;9 月 10 日 8 时,三峡水库因前期调洪运用水位已达 159.32m,9 月 30 日 20 时库水位达到 169.18m,10 月来水偏少且受向家坝水电站初期蓄水影响,长江防总精心调度,合理控制三峡水库下泄流量,10 月 30 日 8 时三峡水库水位 175.0m。汛末三峡水库水位及入出库流量过程对比见图 2.1.2。

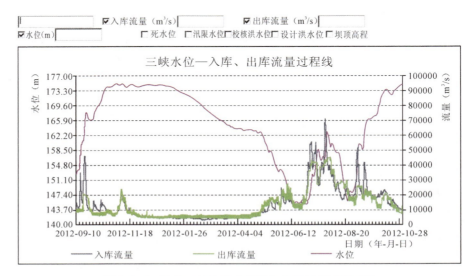

图 2.1.2　汛末三峡水库水位及入出库流量过程对比

汛末蓄水调度主要分以下 4 个阶段。

第一阶段(8 月 20—31 日),主要是充分利用汛末水资源,在准确预报的前提下,预蓄部分水量,减轻三峡水库 9 月、10 月蓄水压力。

8 月下旬,上游来水情况较往年偏丰,但由于上游水库蓄水,特别是向家坝等水库预计于 10 月上旬开始初期蓄水,蓄水总量约 28 亿 m³,将影响三峡水库蓄水位 3m 左右。为减少对三峡水库汛末蓄水影响,同时尽量满足长江中下游用水需求,在确保防洪安全的前提下,长江防总从 8 月下旬即开始筹划三峡水库汛末蓄水。在综合分析上游各水库蓄水情况,长江中下游干流及两湖水情与 9 月、10 月中期水雨情预测预报等多种因素后,长江防总办采取分阶段控制水库蓄水位的调度方式,充分利用汛末洪水资源,从 8 月 22 日开始减少出库流量至 19000 m³/s 左右,库水位开始缓慢上升;8 月 29 日进一步减少出库流量至 15000 m³/s 左右。8 月 31 日,根据预测分析,长江上游将有新一轮降雨过程,考虑防洪安全,水库下泄流量再度增加至 19000 m³/s。8

月 31 日 20 时,水库水位蓄至 149.81m。

第二阶段(9 月 1—10 日),主要是在应对长江上游 5 号洪峰的同时兼顾汛末蓄水。

9 月 1 日 8 时,水库水位蓄至 150.22m。9 月上旬,长江上游出现 5 号洪峰。3 日 20 时,三峡水库入库洪峰流量达 51500 m³/s。长江防总于 2 日 12 时下发调度令,要求从即时起至 3 日 8 时,将三峡水库下泄流量逐步增加至 27000 m³/s,之后按日均 27000 m³/s 控泄。此次洪水过程中三峡水库拦蓄洪量约 65 亿 m³,削减洪峰 24500m³/s,削峰率近 50%。此次拦洪调度,库水位最高涨至 160.12m(6 日 8 时),之后缓慢回落至 158.85m(9 日 20 时)。10 日 8 时三峡水库水位蓄至 159.32m。8 月下旬至 9 月 10 日预蓄了 81 亿 m³。

第三阶段(9 月 10—30 日),主要是在保证防洪安全和长江中下游用水需求的前提下,尽可能多蓄水,减轻向家坝水库初期蓄水对三峡水库蓄水的不利影响。

5 号洪峰过后,长江防总于 9 日下发调度令,要求于 9 月 10 日 0 时将三峡水库下泄流量逐步减小至 19000 m³/s,之后按日均 19000 m³/s 下泄。此后,长江上游降雨过程基本结束,根据水雨情实况及预测分析,同时考虑上游水库蓄水安排,长江防总又连续下发调度令,控制三峡水库下泄流量。此外,统筹协调长江上游各水库蓄水进度,安排二滩、金安桥等水库在三峡工程蓄水前基本蓄满,瀑布沟水库在向家坝开始蓄水前基本蓄满,在向家坝水电站蓄水期间,为减小蓄水对川江和三峡水库蓄水的影响,26 日向国电大渡河流域水电开发有限公司发出调度令让瀑布沟水库按出入库平衡控制。9 月三峡水库平均下泄流量超 20000 m³/s,30 日 20 时,水库水位达到 169.18m。9 月 10—30 日蓄水近 80 亿 m³,有效减轻了 10 月的蓄水压力。

第四阶段(10 月 1—30 日),主要目标是蓄水至 175m。

尽管 10 月来水偏少,但由于 8 月末至 9 月期间,长江防总有效利用汛末水资源,且通过上游水库群联合调度减小了向家坝初期蓄水的负面影响,10 月 30 日三峡水库连续三年成功蓄水至 175m。10 月,三峡水库出库流量平均在 14000 m³/s 以上,远大于 8000m³/s 的最低要求。

10 月 30 日 8 时,三峡水库蓄至 175m 标志着 2012 年三峡水库汛末蓄水任务顺利完成,为后期发电、供水、航运提供了强有力的保障。蓄水期间,长江防总先后下发 22 道调度令,其中三峡水库 20 道、瀑布沟水库 2 道。

2.1.5.3　库尾减淤调度

2012 年长江防总首次开展了三峡水库库尾减淤调度试验。试验于 5 月 7 日开

始,至 5 月 24 日结束。为掌握调度过程中三峡入库泥沙和库尾冲淤情况,中国长江三峡集团公司委托长江水利委员会水文局进行三峡水库进出库水沙同步测验和库尾重庆主城区河段、铜锣峡—涪陵河段固定断面测量。

长江防总于 5 月 6 日下发调度令,要求其从 7 日起,将三峡水库水位按每天 0.5m 均匀消落。试验期间,三峡水库水位从 161.92m 逐渐消落至 154.05m,消落幅度 7.87m,日均消落 0.46m。水库回水末端从重庆主城区的九龙坡附近(距大坝约 625km)逐步下移至铜锣峡以下的长寿附近(距大坝约 535km)。其间,三峡水库库尾整体呈沿程冲刷。重庆大渡口—涪陵段(含嘉陵江段,总长约 169km)河床冲刷量为 241.1 万 m^3,其中:长江干流段冲刷量为 224.3 万 m^3,嘉陵江段冲刷量为 16.8 万 m^3。从干流沿程分布来看,重庆主城区干流段(大渡口—铜锣峡段,长 35.5km)冲刷量为 84.3 万 m^3;铜锣峡—涪陵段,以青岩子河段的蔺市镇为界,表现为"上冲、下淤",铜锣峡—蔺市镇段(长 86.2km)冲刷泥沙 293.9 万 m^3,蔺市镇—涪陵河段(长 23.2km)则淤积泥沙 153.8 万 m^3。

经试验监测结果分析认为,2012 年三峡水库库尾减淤调度期间,重庆主城区河段河床冲刷强度有所加大,一方面与三峡水库实施减淤调度有关(坝前水位消落幅度较大、速度较快),另一方面也与期间上游来水较 2010 年、2011 年同期偏大有关。此次库尾减淤调度效果明显,为今后进一步开展减淤调度积累了宝贵经验,但仍需要针对不同来水情况、不同坝前水位等因素进行多次试验,收集充分可靠的试验性数据,以支撑三峡水库的库尾减淤调度。

2.1.5.4　生态调度

继 2011 年长江防总成功开展三峡水库生态调度试验后,2012 年长江防总根据水雨情实况及预测分析,综合考虑上下游汛情,在确保防洪安全的前提下,再次开展生态调度试验。

长江防总于 5 月 28 日至 6 月 6 日、6 月 20—27 日实施了生态调度试验。日均出库流量增加 1000～2000 m^3/s。27 日之后由于长江上游发生洪水,实施防洪调度,但兼顾了生态调度的需求。其间,三峡水库出库流量以阶梯形势增加,使荆江河段实现持续上升的涨水过程适宜于"四大家鱼"(青鱼、草鱼、鲢鱼、鳙鱼)产卵。

监测结果表明,"四大家鱼"的主要繁殖时间为 5 月中旬到 6 月下旬。"四大家鱼"产卵场主要分布在宜昌葛洲坝以下至枝城江段,约占产卵规模的 90%;"四大家鱼"卵汛主要发生在水位上涨的时期,水位下降过程即伴随着卵量的减少。单次洪峰鱼卵径流量与持续涨水天数呈明显的相关关系,说明洪水上涨持续时间是影响"四大家鱼"自然繁殖规模大小的一个重要因素,洪峰的大小、变幅和相隔时间等因素可能对"四大家鱼"自然繁殖构成一定影响。

此次生态调度对"四大家鱼"自然繁殖发生了促进作用,今后应根据监测资料进一步优化生态调度方案、继续开展生态调度试验。

2.2　金安桥水电站

2.2.1　基本情况

金安桥水电站位于云南省丽江市境内的金沙江中游河段,是金沙江干流中游河段规划的第五级水电站,控制流域面积 23.7 万 km^2,枢纽工程主要由碾压混凝土重力坝、右岸溢流表孔及消力池、右岸泄洪(冲沙)底孔、左岸冲沙底孔、坝后厂房及交通洞等永久建筑物组成,工程设计洪水标准为 500 年一遇,电站总装机容量 240 万 kW(4 台 60 万 kW)。金安桥水电站主体工程建设已于 2011 年底前全部完成,2012 年已全面具备大坝挡水、泄洪建筑物泄洪条件。溢流表孔已于 2011 年 6 月 25 日正式投入运行。电站于 2011 年 3 月 20 日首台机组(4 号机)投产发电,2012 年 8 月 31 日最后一台机组(1 号机)投产发电。

金安桥径流量主要来自降水和融雪,石鼓以上融雪径流所占比重较大且相对稳定。金沙江洪水由暴雨形成,洪水发生在 6—10 月的汛期内,主汛期为 7—9 月。金沙江洪水洪峰模数较小,上段洪水峰型以单峰型为主,下段以复峰型为多。

2.2.2　防洪任务与调度原则

2.2.2.1　防洪任务

金安桥水电站水库正常蓄水位 1418m,死水位 1398m,防洪限制水位 1411m。正常蓄水位以下库容为 8.47 亿 m^3,调节库容 3.46 亿 m^3,防洪库容 1.38 亿 m^3(原设计为 1.58 亿 m^3),水库具有周调节性能。工程开发任务为发电,兼顾防洪。防洪任务主要是枢纽工程本身的防洪安全,同时分担川江与长江中下游防洪。

2.2.2.2　调度原则

2012 年防洪任务为分担川江与长江中下游防洪。7 月 1—31 日,防洪限制水位 1411m,对应防洪库容 1.38 亿 m^3。当川江或长江中下游发生大洪水时,适时拦蓄金沙江来水,削减川江洪峰和减少汇入三峡水库的洪量。一般情况下,8 月 1 日开始控

制蓄水,逐步蓄至正常蓄水位 1418m。枯水期水库应根据电力调度及其他需求逐步消落水位,至 7 月 1 日水库水位不高于 1411m。

2.2.3 调度过程

2.2.3.1 雨水情

5 月中旬之前大部分时间内仍为西风环流控制,降水明显偏少,来水严重偏枯,水库控制流域内干旱突出。进入 5 月下旬,赤道附近云系明显北抬,孟加拉湾附近水汽通道移至云南大部地区,环流逐渐转为西南季风,降水量增多,出现了大范围内的降水天气过程,2012 年雨季从 6 月 1 日开始,比常年偏早 10 天左右。7 月受高原切变线、辐合较强,冷暖空气活动较为频繁,出现的降水天气过程较多;8—9 月多受青藏高压和副热带高压的影响,冷暖气流偏弱,降水量减少。金安桥水电站 2012 年 5—9 月降水量和多年平均值比较见表 2.2.1。

表 2.2.1　　　　金安桥水电站 2012 年 5—9 月降水量和多年平均值比较表

月份	2012 年(mm)	多年平均(mm)	与多年平均比较(%)
5	18.1	42.7	—57
6	122.6	80.0	53
7	192.9	147.6	31
8	131.9	165.1	—20
9	86.3	154.5	—44
合计	551.8	589.9	—6

从表 2.2.1 中可以看出,5 月偏少 57%,6 月偏多 53%,7 月偏多 31%,8 月偏少 20%,9 月偏少 44%,5—9 月坝址以上流域平均面雨量为 551.8mm,比多年平均 589.9mm 偏少 6%。

汛前流域内受持续高温融雪径流较大,6 月、7 月降雨量偏多,径流也偏多。2012 年 5—9 月平均入库流量为 3169 m^3/s,较多年平均流量 2710 m^3/s 偏多 17%,入库水量 419 亿 m^3。2012 年金安桥水电站 1 月 1 日至 9 月 30 日日均入库流量过程线见图 2.2.1所示。金安桥水电站 2012 年 5—9 月实际入库流量与多年平均流量对照表见表 2.2.2。

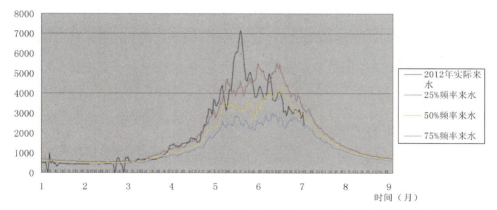

图 2.2.1　金安桥水电站 2012 年 1 月 1 日至 9 月 30 日日均入库流量过程线

表 2.2.2　　金安桥水电站 2012 年 5—9 月实际入库流量与多年平均流量对照表

月份	2012 年实际(m³/s)	多年平均(m³/s)	与多年平均比较(%)
5	1201	982	22
6	2280	1840	24
7	4833	3390	42
8	4262	3790	12
9	3268	3550	—8

2.2.3.2　降雨、洪水预报

金安桥水电站运行期水情自动测报系统于 2010 年 12 月建成并投入运行,已形成了较为完善的水雨情自动测报、水文预报及水库调度自动化系统。其主要功能包括:自动采集坝址—岗拖区间共计 25 个遥测站点的水雨情信息,进行预见期为 72 小时的短期水文预报,并开展了中长期预报。5—9 月逐日、逐周、逐月来水预测平均准确率为 90.12%。

2.2.3.3　阶段调度目标与实际调度过程

金安桥水电站 2012 年调度过程见表 2.2.3,2012 年 7—9 月水位流量过程线见图 2.2.2。

表 2.2.3 金安桥水电站 2012 年调度过程一览表

序号	开始日期 (年-月-日)	结束日期 (年-月-日)	库水位 (m)	备注
1	2012-01-01	2012-05-31	1418.0	
2	2012-06-01	2012-06-30	1418.0	
3	2012-07-01	2012-07-31	1411.0	
4	2012-08-01	2012-09-30	1418.0	8—9 月根据水库来水情况,确保工程防汛安全为前提,可适当预留库容,降低水位,同时应最大限度做到不影响机组的出力水平
5	2012-10-01	2012-10-31	1418.0	
6	2012-11-01	2012-12-31	1418.0	

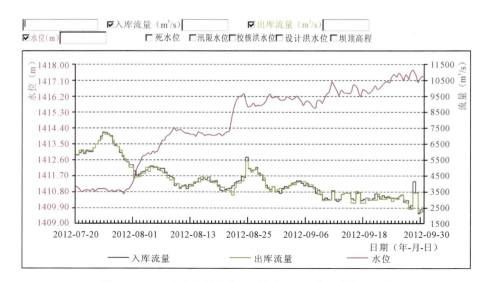

图 2.2.2 金安桥水电站 2012 年 7—9 月水位流量过程线

5 月 1 日起调水位 1414.55m,最大日均入库流量为 7155 m^3/s(7 月 26 日),最大日均出库流量为 7155 m^3/s(7 月 26 日),最高水位为 1417.52m(9 月 28 日)。

2.3 二滩水电站

2.3.1 基本情况

二滩水电站是雅砻江梯级开发的第一座水电站,位于四川省西南部攀枝花市境内的雅砻江下游,距雅砻江与金沙江的交汇口 33km,距攀枝花市约 46km。二滩水电站于

1991 年开工建设,1998 年投产发电,2000 年全面竣工。二滩水电站大坝坝址以上控制流域面积 11.64 万 km²,占雅砻江流域面积的 85.6%。多年平均流量为 1670 m³/s,设计洪水标准 1000 年一遇,设计洪峰流量为 19700 m³/s。水库正常蓄水位 1200m,防洪限制水位 1190m,死水位 1155m,总库容 57.9 亿 m³,有效库容 33.7 亿 m³,防洪库容 9 亿 m³,属季调节水库。电站装机容量 330 万 kW(6 台 55 万 kW),年利用小时为 5400 小时,保证出力 100 万 kW,多年平均发电量 170 亿 kW·h。

二滩水电站枢纽主要建筑物有拦河坝、泄洪建筑物、引水建筑物、地下厂房等。拦河坝为混凝土双曲拱坝,最大坝高 240m,坝顶高程 1205m,坝顶全长 774.69m,坝顶宽 11m,坝底最大宽度 55.7m。坝体设 7 个泄洪表孔、6 个泄洪中孔和 4 个底孔,右岸布置两条高 13.5m、宽 13m 的泄洪洞。左岸布置大跨度地下厂房,长 280m、宽 25.5m、高 65m。

2.3.2 防洪任务与调度原则

2.3.2.1 防洪任务

根据《长江流域综合利用规划》,应预留 9 亿 m³ 防洪库容。其防洪调度目标与任务是确保枢纽自身防洪安全,配合三峡等水库承担长江中下游的防洪任务。6—7 月控制库水位不超过汛限水位 1190m,当没有防洪需求时,7 月水位可上浮至 1192m 运行,8 月 31 日可蓄至 1197m,9 月底可蓄至正常蓄水位 1200m。

根据《四川省雅砻江桐子林水电站可行性研究报告(重编)》,为了适当减轻桐子林水电站由于导流流量过大对施工的压力,二滩水库应临时降低汛期运行水位,适当拦蓄干流洪水,为桐子林水电站施工期防汛提供有利条件。按照桐子林水电站施工导流洪水标准:遇 10 年一遇洪水,二滩水电站同频率限泄 8000 m³/s,则起调库水位需要限制在 1194m 以下才能确保二滩水库大坝安全并同时满足桐子林的施工度汛需求;遇 20 年一遇洪水,二滩水电站同频率限泄 9000 m³/s,则起调库水位需要限制在 1195m 以下才能确保二滩水库大坝安全并同时满足桐子林的施工度汛需求。二滩水库兼顾桐子林施工期防汛的汛期限制水位见表 2.3.1。

表 2.3.1　　　　　　　　二滩水库兼顾桐子林施工期防汛的汛期限制水位

汛限水位(m)	重现期(年)	限泄流量(m³/s)
1194	20	9000
1195	10	8000

2.3.2.2 水库调度原则

（1）大坝安全第一原则

大坝安全是防汛工作的基础，在实施洪水调度时，当遇有发电、设备运行安全等与大坝安全冲突时，应以保大坝安全为第一原则。

（2）按设计标准设防原则

二滩水电站原设计无防洪任务，在实施洪水调度时按"1000 年一遇洪水位不超过 1200m，5000 年一遇校核洪水位不超 1203.5m，10000 年一遇洪水不漫坝顶"的原则进行。

（3）合理分担下游防洪任务原则

根据《长江流域综合利用规划》要求，科学调度，合理分担川江及长江中下游防洪任务。

（4）提高水库蓄满率，充分发电原则

在确保枢纽工程安全的前提下，合理调度，力争完成发电任务，并蓄满水库。

2.3.3 调度过程

2.3.3.1 雨水情

（1）降雨

2012 年 5—9 月雅砻江流域大部分地区雨量较常年同期偏多，官地—二滩区间略偏少。其中两河口以上区域平均降水量 715.3mm，较多年同期降水量偏多 33.6%，较 2011 年 5—9 月降水量偏多 61.5%；两河口—锦屏区间平均降水量 821.4mm，较多年 5—9 月降水量偏多 22.7%，较 2011 年 5—9 月降水量偏多 51.0%；锦屏—官地区间平均降水量 1014.7mm，较多年 5—9 月平均降水量偏多 30.2%，较 2011 年同期降水量偏多 63.4%；官地—二滩区间降水量 1127.9mm，较多年 5—9 月降水量偏少 5.6%，较 2011 年同期降水量偏多 26.9%。

（2）来水

2012 年主汛期二滩水库总体来水较多年均值及 2011 年同期偏多。其中 7 月平均入库流量为 5788 m^3/s，与多年均值（3689 m^3/s）相比偏多 56.9%，较 2011 年同期来水（3040 m^3/s）偏多 90.4%。8 月平均入库流量为 3006 m^3/s，与多年均值（3544 m^3/s）相比偏少 15.2%，比 2011 年同期来水（2140 m^3/s）偏多 40.5%。9 月平均入库流量为 3602 m^3/s，与多年均值（3521 m^3/s）相比偏多 2.3%，比 2011 年同期来水（1604 m^3/s）

偏多 124.5%。

（3）暴雨洪水

进入 7 月，雅砻江全流域遭遇持续强降雨天气，降雨过程范围广、强度大和持续时间长。流域各区域 7 月降雨总量较常年均明显偏多，月总雨量超过 300mm 的测站有 39 个，超过 400mm 的测站有 14 个，超过 500mm 的测站有 4 个，其中最大为树河站 603mm。除总雨量偏多外，暴雨天气较常年也明显偏多，其中最大日雨量达到 50mm 以上有 45 个测站，达到 100mm 以上的有 4 个测站。持续的强降雨天气造成雅砻江流域各断面流量迅速上涨，7 月 21—22 日流域各梯级电站坝址出现了 2012 年最大一次洪水过程。其中二滩水电站于 22 日 16 时出现入库洪峰流量 9000 m^3/s，下游桐子林水电站坝址于 23 日 2 时出现洪峰流量 9340 m^3/s。

2.3.3.2　降雨、洪水预报

7 月洪水过程中，二滩公司防汛办公室及时要求各单位全面落实迎接洪峰的专项措施；雅砻江流域集控中心及时发布重要天气预警和来水预报，对降雨时间、量级、洪峰出现时间和洪水量级等进行了准确预报，并及时跟踪分析天气和水情趋势，结合二滩水库汛期水位控制方式，合理调度闸门。7 月大洪水期间对水电工程现场共发布 14 次重要天气预警预报，7 月 21 日连续 2 次发布强降雨预警预报。此次洪水过程中，二滩水电站入库洪峰流量预报值为 8220 m^3/s，实际发生值为 9000 m^3/s，预报误差为 9%，峰现时间误差为 4 小时；桐子林水电站坝址洪峰流量预报值为 9730 m^3/s，实际发生值为 9340 m^3/s，预报误差为 4%，峰现时间误差为 0 小时。

2.3.3.3　调度过程

2012 年二滩公司防汛办公室按照《二滩水电站 2012 年汛期调度运用方案》要求，在汛初组织对二滩水电站所有泄洪设施进行检查维护和动水起落门试验。6 月下旬雅砻江来水不断上涨，6 月 25 日二滩水力发电厂通过攀枝花市地方政府和媒体向当地人民群众进行首次泄洪公告，落实泄洪预警措施并充分做好了泄洪准备工作。6 月 26 日正式开启泄洪洞闸门进行泄洪，这标志着二滩水电站进入了 2012 年主汛期运行。

（1）为桐子林水电工程施工防汛错峰调度

7 月初，雅砻江支流安宁河流域遭受持续强降雨，安宁河出现 2012 年最大洪峰，造成雅砻江下游（安宁河汇合口以下）桐子林水电工程附近河段沿江公路部分路段路

基及岸坡坍塌,二滩公司桐子林水电工程建设管理局会同地方政府积极组织抢险施工。为配合现场抢险施工,需要二滩水库限制出库流量与安宁河洪水错峰,控制下游河道桐子林水文站河段流量。为此二滩公司防汛办公室提前与四川省人民政府防汛抗旱指挥部办公室(以下简称四川防办)及长江防总办沟通,错峰期间二滩水库水位将持续上涨,超过长江防总办批复的1192m。2012 年 7 月 5—6 日二滩水库实施错峰调度,7 月 5 日 8 时,二滩水库水位 1192.54m,入库流量 5800 m^3/s,出库流量 4300 m^3/s,二滩库水位持续上涨,7 月 6 日 16 时水位达到 1194.68m,此时二滩水库加大泄洪流量控制库水位上涨趋势。此次错峰调度过程二滩水电站拦蓄洪量 1.96 亿 m^3,为下游削减出库流量约 2000 m^3/s,为桐子林工程现场抢险施工及安全度汛作出了重要贡献。

(2)为向家坝水电站施工度汛削峰错峰调度

7 月中下旬,雅砻江全流域遭遇持续强降雨天气,强降雨过程造成雅砻江流域各断面流量迅速上涨,7 月 21—22 日各梯级电站坝址出现 2012 年最大一次洪水过程,其中二滩电站于 22 日 16 时达到入库洪峰流量 9000 m^3/s。7 月 23 日凌晨,长江防总办下令要求二滩水电站限制下泄流量 6000 m^3/s,满足金沙江下段工程施工防洪需求。二滩公司防汛办公室按照防汛指令于 7 月 23 日 6 时左右关闭 1 号泄洪洞减少下泄流量 1700 m^3/s,将出库流量控制至 6000 m^3/s 以下,二滩水库水位从 1191.14m 持续抬升,7 月 24 日 22 时水库水位已达到 1193.90m,此时为确保二滩水电站自身防汛安全重新开启 2 号泄洪洞加大泄洪,二滩水库水位上涨趋势得到控制,7 月末二滩水库水位控制在 1192.22m。此次防洪调度过程二滩水电站为下游拦蓄洪量 2.44 亿 m^3,为下游削减出库流量 1700 m^3/s,在确保二滩水电站自身安全的同时为下游防洪发挥了积极作用。

2.4　瀑布沟水电站

2.4.1　基本情况

瀑布沟水库位于大渡河中游,控制流域面积 6.81 万 km^2,死水位 790m,汛限水位 841m,正常蓄水位 850m,总库容 53.32 亿 m^3,调节库容 38.94 亿 m^3,2012 年预留 7.27 亿 m^3 防洪库容,具有以发电为主,兼顾防洪、拦沙等多重效益,是大渡河中游控制性水库。

2.4.2　防洪任务及调度原则

瀑布沟水电站作为以发电为主要任务的大型水电工程,其防洪任务为确保电站大坝、厂房安全,提高下游成昆铁路防洪标准至 100 年一遇,并兼顾乐山市防洪,分担川江及长江中下游防洪。

当入库流量大于 3000 m³/s时,超出部分拦蓄一半泄一半,当水库水位超过 848.41m 时,且入库流量小于 8230 m³/s(重现期为 100 年一遇)和水库水位低于 850m 时,水库按不大于 5810 m³/s(不淹下游金口河段成昆铁路)控泄;当水库水位超过 848.41m 时,且入库流量大于 8230 m³/s(重现期为 100 年一遇)时,水库敞泄;当水库水位高于 850m 时,水库按敞泄方式运行以尽快降低水位确保大坝安全,退水段,对于入库流量小于 6960 m³/s(重现期为 20 年一遇),下泄流量按最大不超过 4980 m³/s(考虑对深溪沟防洪影响)控制,当水位达到汛期限制水位 841m 时,水库水位保持在 841m 运行。

2.4.3　调度过程

2.4.3.1　雨水情

(1)降雨

2012 年汛期,大渡河流域降雨总体偏多,特别是 6—8 月较 2011 年同期偏多 2～6 成,6 月中旬、6 月下旬、7 月下旬暴雨频发,呈现"雨强大、暴雨多"的特点。大渡河流域汛期降雨月统计见表 2.4.1。

表 2.4.1　　　　　　　　大渡河流域汛期降雨月统计表　　　　　　(单位:mm)

时间	6 月	7 月	8 月	9 月
2012 年	173.9	245.7	120.5	121.6
2011 年	134.1	174.0	63.8	127.2
多年	135.0	175.5	136.1	111.4

(2)来水

2012 年汛期,大渡河来水总体偏丰且分布不均,7 月来水最为集中,月均来水 3920 m³/s,为 1937 年以来的次大值,仅低于最大值 0.91%,属于同一量级。来水于 7 月下旬初日均流量达到峰值(4990 m³/s)后开始快速下降,于 8 月中旬初下降至 2000 m³/s 后,在小雨不断的情况下,流量围绕 2000 m³/s 上下波动,直至汛末。

瀑布沟汛期(6—9 月)平均入库流量 2735 m³/s,比 2011 年同期 1997 m³/s大幅增

加 36.96％,比多年同期 2236 m³/s 增加 22.32％。瀑布沟全年最大洪水出现于 7 月初,洪峰流量 5960 m³/s(7 月 5 日 11 时)。该场洪水最大出库流量 4750 m³/s,发生于 7 月 5 日 5 时 35 分,削峰流量 1210 m³/s。瀑布沟水库(坝址)汛期入库流量统计见表 2.4.2。

表 2.4.2　　　　　　　瀑布沟水库(坝址)汛期入库流量统计表　　　　　　(单位:m³/s)

年份	6 月	7 月	8 月	9 月
2012	2160	3920	2340	2030
2011	2250	2590	1740	1400
2010	2350	2750	1790	1830
多年	2130	2530	2140	2140

2.4.3.2　降雨、洪水预报

大渡河公司建立了完善的水情自动测报、水调自动化、多信道通信系统,实时掌握流域水雨情信息,利用水情、水调系统自动预报功能,进行短期洪水预报及中长期水文预报,值班人员进行交互修正并会商后发布预报成果。

据统计,6—9 月瀑布沟水库日来水预报准确率达到 93.16％,满足电力生产及汛期防洪调度需要。

2.4.3.3　调度过程

7 月中下旬长江形成 4 号洪峰,三峡水库遭遇成库以来最大入库洪峰流量 71200 m³/s 的洪水,为减少三峡入库流量,在长江防总的指挥下,瀑布沟水库拦洪 2 亿余 m³,为缓解三峡水库及下游防洪压力作出了贡献。

2012 年汛期瀑布沟坝址以上流域共发生了 3 次较为典型的洪水,分别为"6·13"、"7·5"、"7·22"洪水,通过精心调度,均顺利过坝,并且较大幅度地削减了下游洪峰流量,取得了较好的防洪调度效果。

(1)"6·13"洪水调度

6 月 5 日起,大渡河流域陆续出现中雨,马尔康、岩润等地区出现大雨,且雨势连绵,瀑布沟入库流量上涨趋势明显。大渡河公司根据万工集镇施工等要求,及时开展防洪调度,预先控制水库水位,在后期来水增加的情况下,避免了水库水位快速上涨,保证了上游安全。据统计,本次洪水起调水位 819.88m,洪峰流量 4440 m³/s(6 月 11 日 14 时),最大出库流量 3150 m³/s(6 月 10 日 11 时),削峰 1290 m³/s,削峰率达

29.05%,调洪最高水位 823.81m。

(2)"7·5"洪水调度

6月底,大渡河流域出现强降雨天气,四川省气象台连续发布"2012 年第 2 号"、"2012 年第 2 号补充"强降雨蓝色预警。7 月 2—4 日,降雨中心分别出现在金川以及甘洛到峨边一带,基本覆盖了大渡河中下游地区。降雨中心雨量普遍为大到暴雨,局部地方雨量超过 100mm,根据 7 月 1 日 21 时至 5 日 8 时雨量监测统计,流域 100mm 以上的有 4 站,50～100mm 共 48 站,25～50mm 共有 54 站,该时段累计最大降水出现在凉山州甘洛县,为 139.1mm。在预报流量将大幅上涨的情况下,大渡河公司集控中心于 6 月 30 日启动防汛应急Ⅳ级响应,加派人员参与 24 小时值班,成功调度该次洪水。据统计,本次洪水起调水位 839.91m,洪峰流量 5960 m^3/s(7 月 5 日 11 时),最大出库流量 4750 m^3/s(7 月 5 日 5 时),削峰 1210 m^3/s,削峰率达 20.30%,调洪最高水位 840.86m。

(3)"7·22"洪水调度

7月,大渡河流域降雨不断,瀑布沟入库流量一直维持在 3000 m^3/s 以上,为应对瀑布沟下游暴雨频发的严峻形势,瀑布沟水库水位在汛限水位 841m 附近波动,7 月 11 日、20 日、21 日,四川省专业气象台连续发布"2012 年第 5 号"、"2012 年第 6 号"、"2012 年第 7 号"强降雨天气预报,预计大渡河流域将出现以田湾河、尼日河、龚铜库区为暴雨中心的大范围、高强度降雨过程。在来水居高不下、下游防洪标准偏低、尼日河等支流来水暴涨、三峡水库面临成库以来最大入库洪峰考验的情况下,长江防总率先启用瀑布沟水库调节库容,拦蓄洪水。据统计,本次洪水起调水位 841.19m,入库洪峰流量 5760 m^3/s(7 月 22 日 18 时),最大出库流量 4560 m^3/s(7 月 23 日 20 时),削峰 1200 m^3/s,削峰率 20.83%,调洪最高水位 843.30m。

2.5 紫坪铺水库

2.5.1 基本情况

紫坪铺水利枢纽工程位于岷江上游映秀至都江堰河段的都江堰市紫坪铺镇,距成都市约 60km,枢纽上游与岷江干流映秀湾电站尾水衔接,下游距都江堰市 9km,是一座以灌溉和供水为主,兼有防洪、发电、环境保护和旅游等综合效益的大(1)型水利枢纽工程,是都江堰灌区和成都市的水源调节工程,被列为我国首批实施西部大开发的"十大"标志性工程之一。

工程坝址以上控制流域面积 2.27 万 km²,多年平均径流量 148 亿 m³,占岷江上游总量的 97%,控制上游暴雨区的 90%,上游泥沙来量的 98%。水库正常蓄水位 877m,汛限水位 850m,死水位 817m,总库容 11.12 亿 m³,正常蓄水位库容 9.98 亿 m³,防洪库容 1.67 亿 m³,具有不完全年调节功能。水库可为都江堰灌区 93.33 万 hm² 农田灌溉提供水源保证,同时向成都市提供城市生活及工业用水 50 m³/s,环保用水 20 m³/s,年增环保用水 3.15 亿 m³;可将下游金马河两岸的防洪标准由 10 年一遇提高到 100 年一遇;电站装机容量 76 万 kW,距离负荷中心成都市较近,承担着电力系统调峰、调频、事故备用等任务。

2.5.2 防洪任务与调度原则

2.5.2.1 防洪任务

在确保紫坪铺水利枢纽大坝安全的前提下,将下游金马河的防洪标准由现状的 10 年一遇提高到 100 年一遇;金马河防洪标准达到 20 年一遇后,将金马河的防洪标准由 20 年一遇提高到 100 年一遇。

2.5.2.2 调度原则

科学、合理地进行紫坪铺水利枢纽汛期调度,在确保枢纽工程安全和上、下游人民生命、生产安全的前提下,提高洪水资源利用率,充分发挥枢纽的综合利用效益。

2.5.3 调度过程

2.5.3.1 雨水情

(1)降雨

2012 年汛期紫坪铺水库控制流域总面雨量为 539mm,较 2011 年同期 553mm 减少 2.5%,较 2010 年同期 631mm 偏少 14.6%。

5 月,受冷空气活动影响,流域月降雨量较多年偏少 7.7% 左右。高原来水区雨日较多,但雨量普遍不大,多以小到中雨为主;近坝区仅 11 日降有中到大雨,其余时段降雨以零星小雨为主。

6—7 月,受副热带高压外围暖湿气流影响,降雨较为充沛,偏多 2 成,累计雨量为 273mm,占汛期雨量的 50.7%。降雨主要集中在高原来水区,多以中到大雨为主,近坝区雨日较多,以小到中雨为主,局部大到暴雨。

8 月,受副热带高压边缘天气的影响,流域以高温天气为主,库区降雨多为分散性、短暂性雷雨或阵雨,雨量较多年均值偏少 9%;高原来水区大部分地区与多年持平,雨水偏少逾 2 成。

9 月,岷江上游来水区月总降水量与多年同期相比偏少 3 成,上游来水情况不好,各站点普遍偏少,坝区附近偏少 1 成。

紫坪铺水库 2012 年汛期各月降雨量统计见表 2.5.1,汛期各月降雨量与历史同期对比见图 2.5.1。

表 2.5.1　　　　　　紫坪铺水库 2012 年汛期各月降雨量统计表　　　　　　（单位:mm）

时间	5 月	6 月	7 月	8 月	9 月
2012 年	96	115	158	84	85
2011 年	120	123	131	50	129
多年	104	103	122	103	97
较去年(%)	−20.0	−6.7	21.0	68.3	−33.8
较多年(%)	−7.7	11.6	29.5	−18.3	−11.8

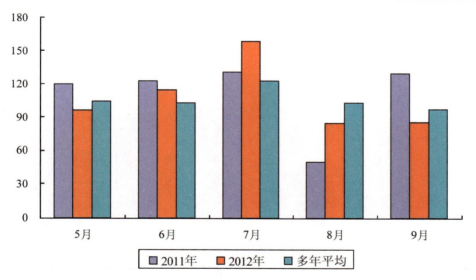

图 2.5.1　紫坪铺水库 2012 年汛期各月降雨量与历史同期对比图

(2)来水

2012 年汛期,紫坪铺水库来水总体较好,平均入库流量为 821 m³/s,径流总量为108 亿 m³,较 30 年同期平均入库流量 683 m³/s 偏多 20.1%,较 2011 年同期 627 m³/s偏多 30.9%。月均入库流量除 9 月较多年同期偏少 6.4%外,其他月份来水较多年同期偏多,其中,6 月较多年同期偏多 5%,7 月较多年同期偏多 54.3%,5 月和 8 月均较多年同期偏多 2 成左右。

紫坪铺水库 2012 年汛期各月流量情况统计见表 2.5.2,汛期各月流量与历史同期对比见图 2.5.2。

表 2.5.2　　　　　　　　　紫坪铺水库 2012 年汛期各月流量统计表　　　　　　　（单位:m³/s）

时间	5月	6月	7月	8月	9月	均值
2012 年流量	644	862	1243	761	593	821
频率(%)	12.9	45.2	6.45	16.1	48.4	12.90
2011 年流量	573	870	777	458	459	627
频率(%)	32.3	38.7	54.8	87.1	90.3	67.74
多年流量	532	821	805	625	634	683
比去年(%)	12.4	−0.9	60.0	66.2	29.2	30.9
比多年(%)	21.0	5.0	54.3	21.8	−6.4	20.1

注:多年平均流量值采用 1980—2011 年水文资料。

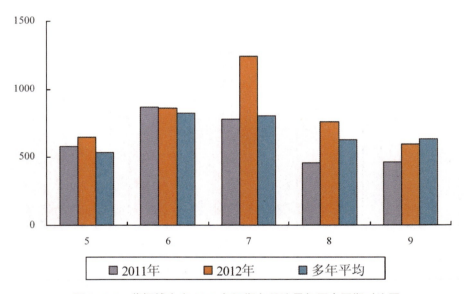

图 2.5.2　紫坪铺水库 2012 年汛期各月流量与历史同期对比图

2.5.3.2　洪水预报

受"5·12"地震及其引起的次生灾害影响,流域下垫面发生了巨大改变,原有洪水预报模型已无法满足现阶段调度要求。自 2009 年汛期以来,采用了基于前期降雨指数法,并结合人工经验交互的预报体系。经过 2009—2011 年汛期的实践,该方案取得了较好的应用效果。2012 年汛期在总结震后运行经验的基础上,对原有模型进行了改进与完善,作为主要预报方法指导水库调度工作。2012 年汛期紫坪铺水库日径流量预报误差见表 2.5.3。

表 2.5.3　　　　　　2012 年汛期紫坪铺水库日径流量预报误差统计表

日期	超过 10%	超过 15%	超过 20%	绝对误差(m³/s)	相对误差(%)
2012 年 5 月	1 次	1	—	30	4.75
2012 年 6 月	1 次	—	—	30	3.42
2012 年 7 月	5 次	—	—	55	4.32
2012 月 8 月	2 次	—	—	31	4.19
2012 年 9 月	—	—	—	16	2.64
总计	9 次	1 次			

由表 2.5.3 可以看出,按实际值的 15% 作为许可误差,2012 年汛期日径流预报不合格数仅为 1 次,5—9 月平均合格率为 97.1%,大于 85%。

2.5.3.3　调度过程

(1)度汛方案

起调水位为 850m,来水流量小于 1100 m³/s 时 4 台机组发电;来水流量大于 1100 m³/s 或水位不超过 861.6m 时,冲砂放空洞全开,根据情况开启 1 号泄洪排砂洞(或 2 号泄洪排砂洞)并控制闸门开度使总泄量不超过 2393 m³/s;水位超过 861.6m 时,冲砂洞与 1 号泄洪排砂洞(或 2 号泄洪排砂洞)敞泄,不控制下泄流量;库水位超过 870.0m 时开启溢洪道泄洪。

(2)实际调度过程

1)"7·22"洪水。7 月 21 日 8 时起,紫坪铺水库全流域开始普降中到大雨,近坝区暴雨,值班人员在观测到降雨变化后,随即向带班领导汇报,带班领导立即组织水情技术人员进行水情分析会商,制定水库调度方案,并将分析成果报告公司防汛小组,公司防汛小组及时向湖北省防指报告汛情,并按照紫坪埔防洪抢险应急预案启动Ⅳ级应急响应,抢险队员进入现场待命状态,保持通信畅通,同时组织电厂、水库调度中心大坝中心对厂区、泄洪建筑物闸首部位、大坝、边坡、库岸等部位进行 24 小时昼夜巡逻,及时向下游地方防办和磨儿潭应急水源施工方通报水情、雨情。本次洪水从 21 日 9 时 906 m³/s 开始起涨,于 22 日 0 时 40 分达到峰值 2240 m³/s,本场洪水过程共持续 214 小时,洪量 4.86 亿 m³。洪峰入库后立即开启泄洪设施以控制库水位,削减洪峰 1038 m³/s,拦蓄洪水 0.74 亿 m³。紫坪铺水库"7·22"洪水调度过程见图 2.5.3。

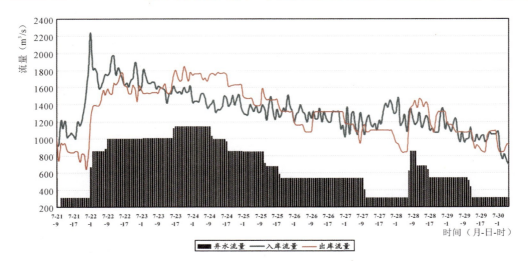

图 2.5.3　紫坪铺水库"7·22"洪水调度过程示意图

2)"8·18"洪水。8 月 17 日 23 时起,近坝区普降大到暴雨,局部地区发生特大暴雨,截至 18 日 8 时,虹口累计降雨 233mm。18 日凌晨 2 时,强降雨导致白沙河流量达 1000 m^3/s,白沙河大桥左岸桥墩被冲毁,桥面出现断裂迹象,与此同时,白沙河发生原水浊度达到 12000NTU,出现明显超标现象。面对紧急情况,公司立即启动白沙河原水浊度超标应急预案,开启 1 号泄洪洞加大泄洪流量至 900 m^3/s,稀释下游浊水。18 日 8 时,都江堰管理局反映下游磨儿潭水源工程出现险情,请求将紫坪铺出库流量控制在 900 m^3/s 以内,公司积极配合下游工程需要,于 18 日 10 时关闭 1 号泄洪洞停止泄洪。18 日 15 时起近坝区再次发生强降雨,经与都江堰管理局联系,确定磨儿潭工程险情已排除,白沙河原水浊度已得到控制的前提下,于 19 日 7 时再度开启 1 号泄洪洞进行泄洪。紫坪铺水库"8·18"洪水调度过程见图 2.5.4。

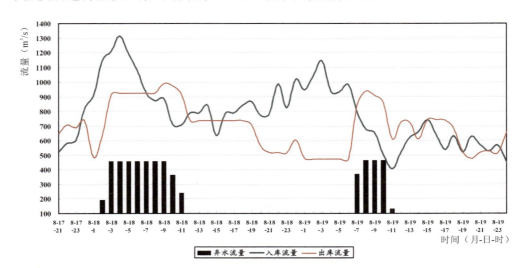

图 2.5.4　紫坪铺水库"8·18"洪水调度过程示意图

2.6 碧口水库

2.6.1 基本情况

碧口水库于 1965 年开始勘测设计,1969 年开工兴建,1975 年下闸蓄水,1976 年 3 月 26 日第 1 台机组投产发电,1976 年 4 月 26 日第 2 台机组投产发电,1977 年 6 月 30 日第 3 台机组投产发电,1983 年工程总体竣工验收。

碧口水库由大唐碧口水力发电厂管理,主管部门为大唐甘肃发电有限公司。水库位于甘肃省文县碧口镇上游 3km 的白龙江干流上,控制流域面积 2.6 万 km^2,占全流域面积的 80%。工程以发电为主,兼有防洪、渔业等效益。装机容量 30 万 kW(3 台 10 万 kW),为大(2)型工程,主要建筑物按 Ⅱ 级设计。碧口大坝为壤土心墙土石混合坝,最大坝高 101.80m。水库设计正常蓄水位 704.00m,设计洪水位 703.30m,校核洪水位 708.80m,汛限水位 697m(5 月 1 日至 6 月 14 日)和 695m(6 月 15 日至 9 月 30 日)。水库设计总库容 5.21 亿 m^3,有效库容 2.21 亿 m^3,防洪库容 0.70 亿 m^3 和 0.5 亿 m^3,死库容 2.29 亿 m^3。随着水库运行年限的增长,水库泥沙淤积对水电站运行影响日趋严重,经 2011 年汛后水库淤积测量,校核洪水位以下剩余总库容 2.17 亿 m^3,有效库容 1.46 亿 m^3,死库容 0.07 亿 m^3。

2.6.2 防洪任务与调度原则

碧口水库调度的基本原则:按设计确定的任务、参数、指标及有关运用原则,在保证碧口水电站枢纽安全的前提下,充分发挥水库的综合利用效益。碧口水电站必须服从电网的统一调度,汛期防洪限制水位以上的防洪库容的运用,必须服从甘肃省抗旱防汛指挥部或长江防总的指挥和监督。

碧口水库下游 3km 是碧口镇,沿河防护堤设计洪水标准 20 年一遇洪水,河道行洪能力 4310 m^3/s。按照碧口水库汛期运用原则,遇小于 20 年一遇洪水时,碧口水库出库流量按不大于 4310 m^3/s 控制;当入库流量达到或超过 20 年一遇洪水时,向下游碧口镇及有关部门预警,同时碧口水库依次开启泄洪建筑物泄洪,水库出库流量不超过 4950 m^3/s;当入库流量接近或达到 100 年一遇洪水时,相应下泄流量 4950 m^3/s;当入库流量达到 500 年一遇及以上洪水或库水位达到设计洪水时,泄洪建筑物全部开启泄洪,并通知碧口镇立即撤离淹没区群众,做好应对特大洪水准备。

2.6.3 调度过程

2.6.3.1 雨水情

2012 年白龙江流域降水量比上年同期偏多,降雨时空分布不均,截至 9 月 30 日碧口地区降雨量 657mm,比上年同期减少 19.2%。其中汛期 5—9 月碧口地区降雨量 530mm,比上年同期减少 32.2%,最大降雨量发生在 8 月,月降雨量 149mm,最大

日降雨量 50mm（8 月 17 日）。碧口水库汛期 5—9 月平均入库流量 432 m³/s，入库水量 57.1224 亿 m³，比上年同期增加 42.5%。

2.6.3.2 洪水调度情况

碧口水库整个汛期发生了 3 次较大洪水，其中，6 月发生了一次洪水，最大一次洪峰流量 1190 m³/s（6 月 30 日 20 时）；7 月发生了一场较大洪水，最大洪峰流量 1010 m³/s（22 日 3 时）；8 月发生一次较强降雨过程，最大洪峰流量 1060 m³/s（20 日 14 时）。在每次洪水来临之际，根据气象监测资料加强天气形势分析，利用水情测报系统及时收集的水情、雨情，进行来水预测、预报，积极与电网调度部门联系，及时加大机组出力，抓住来水有利时机多发多供，并做好水库水位控制。

（1）"6·26" 洪水调度过程

6 月 26 日白龙江流域发生连续中到大雨的降雨过程，碧口水库最大洪峰流量 1190 m³/s（30 日 20 时），最大出库流量 1120 m³/s，入库洪水总量 3.634 亿 m³，起调水位 692.18m（28 日 8 时），最高调洪水位 695.13m（30 日 21 时）。在此次洪水调度中，及时跟踪分析短期天气形势，通过与电网调度部门的联系协调，优化水库调度，提前安排机组多发多供腾库迎峰，在洪水来临之前，碧口水库提前降低水库水位至 692.20m，腾库 965 万 m³。在洪水过程中，根据水情及时开启泄水建筑物泄洪排沙，合理控制下泄流量及水库水位，保证水库大坝及下游地区防洪安全。洪峰过后积极开展拦蓄洪尾工作，有效拦蓄洪尾 1410 万 m³。

（2）"7·17" 洪水调度过程

7 月 17 日白龙江流域持续降雨，最大洪峰流量 1010 m³/s（22 日 3 时），最大出库流量 1054 m³/s，洪水总量 5.5071 亿 m³，起调水位 692.30m（16 日 20 时），最高调洪水位 695.60m（22 日 19 时）。根据水情及天气状况积极进行预测预报，及时根据来水情况进行分析，合理调度并及时跟踪分析后期天气预报形势。在洪水来临前，通过发电腾库碧口水库提前降至 692.18m，腾库 990 万 m³，洪峰过后在保证防洪安全的前提下，有效拦蓄洪尾 1005 万 m³。同时根据水情沙情，灵活开启泄水建筑物闸门进行泄洪排沙调度。

（3）"8·17" 洪水调度过程

8 月 17 日白龙江流域发生一次较大降雨过程，最大洪峰流量 1060 m³/s（20 日 14 时），最大出库流量 1109 m³/s，最高调洪水位 695.79m（26 日 20 时）。洪前加强对流域天气形势预报，通过发电调度提前腾库迎峰降低水位至 690.04m，腾库 2430 万 m³，同时在洪水来临时，开启排沙洞及时调沙，取得了较好的低水位排沙效果。洪峰过后,积极开展拦蓄洪尾节水增发电工作,有效拦蓄洪尾 3935 万 m^3。

2.7 宝珠寺水电站

2.7.1 基本情况

宝珠寺水电站位于嘉陵江水系白龙江干流下游,距上游已建的碧口水电站 87km,下距紫兰坝水电站约 14km。电站以发电为主,兼有灌溉和防洪等效益的综合利用大(1)型工程。拦河坝为混凝土实体重力坝,中间坝后式厂房,电站装机容量 70 万 kW。坝顶高程 595.0m,最大坝高 132m,坝顶全长 524.48m,大坝轴线在平面上由河床向两岸延伸后向上游偏转成折线形,分为 27 个坝段。水库控制流域面积 2.84 万 km^2,正常蓄水位 588m,库容 25.5 亿 m^3,防洪库容 2.8 亿 m^3,为不完全年调节水库,汛限水位 583m,发电死水位 558m。主要水工建筑物包括混凝土实体重力坝、坝后式水电站厂房、泄水建筑物、821 厂取水工程等。泄水建筑物分别布置于河床厂房左右两侧,泄洪方式采用坝身泄洪,泄水建筑物由左右底孔、两中孔、两表孔组成。

宝珠寺水电站主要建筑物为 1 级建筑物,大坝设计标准按 1000 年一遇洪水设计,10000 年一遇洪水校核,上游碧口水库可能垮坝洪水作为非常洪水复核大坝安全。厂房和下游河道护岸工程按 1000 年一遇洪水设计。

2.7.2 防洪任务与调度原则

2.7.2.1 防洪任务

遇设计标准以内洪水时,确保大坝、电站及下游护岸的安全,削减洪峰流量,以减轻下游沿岸城镇、交通设施、管道、农田等设施的损失;遇校核洪水时,确保大坝安全。

2.7.2.2 调度原则

1)当水库水位在汛限水位 583.0m 以下时,入库流量首先满足机组发电,多余水量充蓄水库,直至水库水位达到汛限水位。

2)当水库水位达到汛限水位 583.0m 后:

当入库流量大于 956 m^3/s 而小于 3000 m^3/s 时,4 台机组发电并对称开启左右底孔,随着入库流量的增加,右底孔由局开(局开开度由水库水位或入库流量控制)到敞泄,水库水位维持在汛限水位 583.0m。

当入库流量不小于 3000 m^3/s 而小于 4700 m^3/s 时,4 台机组发电+右底孔敞泄+左底孔控泄,左底孔控泄过程为由局开(局开开度由水库水位或入库流量控制)到

敞泄,总下泄流量控制在 3000～4700 m³/s 之间,水库水位维持在汛限水位 583.0m。

当入库流量不小于 4700 m³/s 而小于 9070 m³/s 时,4 台机组发电＋左、右底孔敞泄＋中孔局开,中孔局开最大开度为 11m,最大下泄流量控制在 4700～9070 m³/s 之间,水库水位仍控制在汛限水位 583.0m。

当入库流量大于 9070 m³/s 而不大于 11900 m³/s 时,4 台机组发电＋左、右底孔敞泄＋中孔局开 11m,下泄流量不超过 9100 m³/s,水库水位控制在 584.30m(50 年一遇洪水位)以下。

当入库流量大于 11900 m³/s 而不大于 19600 m³/s,同时水库水位大于 584.30m 时,4 台机组发电＋左、右底孔敞泄＋中孔局开度 11.0m＋外表孔敞泄,下泄流量不超过 10350 m³/s,尾水位维持在 497.9m 以下,水库水位控制在 588.30m(1000 年一遇洪水)以下运行。

当入库流量大于 19600 m³/s 而不大于 25600 m³/s,同时水库水位大于 588.30m 时,机组全部停止发电,所有泄洪建筑物全开敞泄,确保校核洪水安全通过,下泄流量达到 16060 m³/s,尾水位维持在 502.5m,水库水位控制在 591.8m 以下运行。此时需要启动防洪备用电源,关闭机组进水口闸门和尾水闸门、进厂门洞等,封堵尾水平台以上一切可能使尾水翻涌进入厂房的门洞、防雾廊道和 498.7m 高程廊道进口,保护厂内设备安全,撤离厂房内所有人员(10000 年一遇洪水位)。

当入库流量超过 25600 m³/s,且水库水位大于 591.80m 时,即水库遭遇超标准洪水,机组全部停止发电,所有泄洪建筑物全开敞泄,最大下泄流量达到 17740 m³/s,非常洪水位为 594.7m。

当入库流量小于总出库流量后,水库水位开始逐渐回落。在水库水位向汛限水位的回落过程中,泄水建筑物关闭顺序与开启顺序相反,中孔和左、右底孔由敞泄到控泄再到关闭的过程遵循对称原则。

3)9 月 10 日以后拦蓄每次洪水尾洪,为 9 月底或 10 月初,水库蓄至正常高水位,以便充分发挥水库的调节性能、多发电量创造条件。

2.7.3　调度过程

2.7.3.1　雨水情

宝珠寺水库 5—9 月的径流总量为 66.361 亿 m³,与上年同期径流量 47.699 亿 m³ 相比增加 39.1%,汛期平均入库流量 502 m³/s,日平均最大入库流量 1510 m³/s,时段最大入库流量 1994 m³/s,发生于 7 月 21 日 8—14 时。汛期流域(碧口—宝珠寺区间)平均降雨量为 724.2mm,仅比上年同期多 0.4mm,坝址处降雨量为 965mm,与上年相比减少 73mm,从降雨过程分配来看,主要集中在 7 月和 8 月,9 月降雨量较上年同期少 3 成。

表 2.7.1　　　宝珠寺水库 2012 年 5—9 月流域平均降雨量、入库水量统计表

项目 月份	流域平均降雨量(mm)			入库水量(亿 m³)				
	2012 年	2011 年	与 2011 年相比(%)	2012 年	2011 年	与 2011 年相比(%)	多年	与多年平均相比(%)
5	139.2	139.2	0	11.6389	6.8117	70.9	7.8406	48.4
6	89.9	80.6	11.6	10.8564	8.0204	35.4	9.3571	16.0
7	218.2	239.2	−8.8	17.2167	13.3882	28.6	14.1638	21.6
8	150.8	76.9	96.1	15.6568	7.2502	115.9	13.0445	20.0
9	126.1	188	−32.9	10.9926	12.2287	−10.1	13.1637	−16.5
合计	724.2	723.9	0	66.3614	47.6992	39.1	57.5697	15.3

2.7.3.2　调度过程

宝珠寺水库 5 月初水位为 565.86m,比上年同期高 7.81m,由于来水偏丰,同时电网负荷较轻,水库水位较上年偏高,5 月底水库水位上涨 10.91~576.77m;6 月下旬库区持续降雨,月末水位蓄至 581.65m;进入 7 月后,白龙江流域仍持续降雨,7 月 19—23 日区间降雨总量达 118mm,日最大入库流量达到 1542 m³/s,水位迅速上涨,至 7 月末水位达到 584.76m,超汛限水位 1.76m;8 月碧口—宝珠寺区间降雨量为 150.8mm,较上年同期增加了 73.9mm,入库流量较多年偏多两成,为保证大坝安全加大了发电量,基本保持出入库平衡,月末水库水位到 584.83m;9 月入库流量稳定减退,中旬水库水位降至汛限水位以下,后期根据天气、来水情况实时调整了水库运行计划,月底水库水位缓慢回蓄至 585.72m;10 月下旬水库水位蓄至正常蓄水位 588.0m。

5—9 月宝珠寺入库水量为 60.00 亿 m³,较上年同期多 19.12 亿 m³,其中因为碧口水电站出库水量增加为 17.31 亿 m³,因碧口—宝珠寺区间水量增加 1.81 亿 m³;入库流量增加主要因为碧口上游底水较高,加之持续降雨产流所致。

2012 年汛期最大入库洪水发生在 7 月 20 日,本次洪水由碧口—宝珠寺区间降雨及上游水电站泄洪叠加造成,主要降雨过程始于 7 月 19 日,结束于 7 月 23 日,次降

雨量 68.4mm,主要降雨范围在广元市境内,暴雨中心集中在姚渡以下,其中白水站累计降雨量最大达 139mm,降雨历时长,强度较大。本次洪水洪峰流量为 2360 m^3/s,出现在 7 月 21 日 10 时,为 2012 年入汛以来最大入库流量,洪水开始于 7 月 20 日 14 时,结束于 7 月 24 日 8 时,最大 24 小时洪量为 1.3802 亿 m^3,此次洪水为单峰肥胖型,历时较长,洪水消退较慢,宝珠寺水库水位上涨近 2.50m。

2.8 构皮滩水库

2.8.1 基本情况

构皮滩水电站是乌江干流的第七级,电站位于贵州省余庆县境内的乌江干流上,距上游已建乌江渡水电站 137km,距下游在建思林水电站 89km。构皮滩水电站坝址以上控制流域面积 4.33 万 km^2,占全流域的 49%,坝址多年平均流量 717 m^3/s,多年平均径流量 226 亿 m^3。

电站枢纽由双曲拱坝、右岸地下厂房、引水系统、坝身 2 个放空底孔、7 个中孔、6 个表孔和左岸泄洪洞、水垫塘、二道坝组成的消能建筑物、渗控工程、左岸通航建筑物组成。通航建筑物按四级 500t 设计。水库正常蓄水位 630m,相应库容 55.64 亿 m^3,汛限水位 626.24m(6 月 1 日至 7 月 31 日)和 628.12m(8 月 1—31 日)死水位为 590m,其中,6—7 月预留防洪库容 4 亿 m^3,8 月预留防洪库容 2 亿 m^3,调节库容 29.02 亿 m^3。电站装机容量 300 万 kW(5 台 60 万 kW),保证出力 74.6 万 kW,多年平均发电量 96.82 亿 kW·h。构皮滩水电站单独运行时,具有年调节能力,与上游水库联合运行时,具有多年调节能力。电站具有良好的发电、调峰、备用等性能,是贵州省不可多得的优秀电源点。

2.8.2 防洪任务与洪水调度原则

2.8.2.1 防洪任务

构皮滩水利枢纽是乌江干流最大的控制性工程,承担乌江干流下游防洪和配合三峡水库对长江中下游防洪的双重任务。构皮滩水库于 6—7 月防洪限制水位为 626.24m,预留防洪库容 4 亿 m^3,承担乌江中下游防洪和长江中下游防洪双重任务;8 月乌江主汛期结束,防洪限制水位为 628.12m,预留 2 亿 m^3,主要承担长江中下游防洪任务。

乌江流域主要防护对象是沿江城镇及成片农田,其中干流的防护对象为思南、沿河、彭水、武隆等沿江城镇,上述城镇的老城区均分布在沿江两岸一级阶地,目前防洪标准能力为 10 年一遇左右,其中思南县城仅为 2～5 年一遇。构皮滩水库控制了中下游各防护对象的主要洪水来源。地区防洪要求在主汛期 6—7 月预留一定防洪库容,与已建的乌江渡、思林、沙沱和彭水等梯级联合运用,形成乌江干流中下游总体防洪体系,提高各防护对象的防洪能力。

2.8.2.2　洪水调度原则

1)汛期在不实施防洪调度的情况下,构皮滩水电站库水位按防洪限制水位控制运行。6—7 月维持防洪限制水位 626.24m,8 月维持防洪限制水位 628.12m。

2)汛期在实施防洪调度的情况下,当库水位未超 630m 时,若乌江洪水不大,长江中下游发生大水,应配合三峡水库调度,适时减少进入三峡水库的洪量;当长江中下游洪水不大,乌江发生大水,应按乌江中下游防洪要求确定下泄量,以尽量减免乌江中下游防护对象的洪灾损失;当乌江中下游和长江中下游同期发生大水,仍应按乌江中下游防洪要求确定下泄量,因减少了进入三峡水库的洪量,同样起到了配合三峡水库运用、承担长江中下游防洪任务的作用。

3)当库水位达到或超过 630m 时,实施保枢纽安全的防洪调度方式,即水库按敞泄方式调度,原则上保持出入库平衡。从库区乌江铁路桥防洪安全出发,遭遇 50 年一遇洪水时,控制库水位不超过 630m。

4)工程防洪对电站机组运行的限制条件:

当遭遇 20 年一遇以下各级入库洪水(入库洪峰流量不大于 16900 m^3/s)时,不限制机组运行台数。

当遭遇 20 年一遇以上、500 年一遇以下各级入库洪水(入库洪峰流量不大于 27900 m^3/s,最高库水位 632.89m)时,电站尽量多安排机组通过发电参与泄洪,厂房参与泄洪的流量按不小于 1050 m^3/s 控制。

当遭遇 500 年一遇以上(入库洪峰流量大于 27900 m^3/s)、1000 年一遇以下(入库洪峰流量小于 31300 m^3/s,最高库水位 634.56m)入库洪水时,不限制机组运行台数;当入库洪峰流量不小于 31300 m^3/s,全部机组停机。

2.8.3　调度过程

2.8.3.1　降雨

构皮滩流域自 5 月进入主汛期后,以阴雨天气为主,降雨量明显增加,自 2012 年

1—9 月，区间流域共降雨量为 840.1mm，比上年同期 485.3mm 偏多 73.1％，比多年平均 943.7mm 偏少 11％。最大降雨出现在 7 月 12 日，为 33.5mm，坝上日降雨量达 76.0mm。构皮滩最大一日面降雨量为 36.2mm，时间是 6 月 25 日。三天最大降雨量 71.1mm，时间是 7 月 11—13 日。构皮滩区间 2012 年 1—9 月降雨情况统计见表 2.8.1。

表 2.8.1　　　　　　　　　构皮滩区间 2012 年 1—9 月降雨情况统计表

项目	1 月	2 月	3 月	4 月	5 月	6 月	7 月	8 月	9 月
月降雨量（mm）	17.5	15.3	41.3	43.5	161.3	160.2	268.8	66.5	65.7
月多年平均降雨量（mm）	21.3	21.9	43.4	116.5	179	198.6	141.4	129.7	91.9
与多年相比变化率（％）	−17.8	−30.1	−4.8	−62.7	−9.9	−19.3	90.1	48.7	−28.5

2.8.3.2　来水

2012 年 1—9 月构皮滩区间流域天然来水量 39.25 亿 m^3，比上年同期 15.85 亿 m^3 偏多 59.6％，比多年平均 41.83 亿 m^3 偏少 6.2％。构皮滩区间 2012 年 1—9 月天然来水量统计见表 2.8.2。

表 2.8.2　　　　　　　　　构皮滩区间 2012 年 1—9 月天然来水量统计表

项目	1 月	2 月	3 月	4 月	5 月	6 月	7 月	8 月	9 月
月天然来水量（亿 m^3）	0.65	0.61	1.28	1.26	7.52	9.57	10.91	5.06	1.67
月多年平均来水量（亿 m^3）	1.36	1.18	1.34	2.51	5.86	10.20	9.52	5.93	3.93
与多年相比变化率（％）	−52	−48.0％	−4.2	−49.8	28.2	−6.10	14.5	−14.7	−57.4

2.8.3.3　预报情况

2012 年构皮滩电站洪水精度评定统计见表 2.8.3。

表 2.8.3　　　　　　　　　2012 年构皮滩电站洪水精度评定统计表

电站	洪号	实测洪峰（m^3/s）	实际峰现时间（月 日 时）	预报洪峰（m^3/s）	预报峰现时间（月 日 时）	预报峰值精度（％）	滞时（h）
构皮滩	20120611	2510	6 月 11 日 0 时	2500	6 月 11 日 2 时	99.6	2
	20120626	2111	6 月 26 日 9 时	2000	6 月 26 日 10 时	95.4	1
	20120719	2702	7 月 19 日 15 时	2600	7 月 19 日 17 时	96.1	2

2012 年流域来水偏多,但受前期降雨的影响,洪水量级均不大。按大于 1500 m³/s 统计,构皮滩 2012 年共发生 3 场洪水,最大一场洪水洪峰 2702 m³/s(2012 年 7 月 19 日 15 时),洪水历时 260 小时,洪水总量 36.62 亿 m³。场次洪水预报情况见表 2.8.3。

2.8.3.4　调度过程

从 5 月开始,构皮滩主要承担乌江梯级负荷,逐步加大发电量,腾空库容,为后期洪水的拦蓄及防汛安全做好充分准备,思林与构皮滩联合运行。5 月 11 日 23 时,构皮滩水位消落到 597.56m(距死水位仅 7.56m)。

6 月 6—8 日,乌江流域发生一次自西向东较强降水天气过程。降雨主要集中在猫跳河、清水河、构皮滩、思林流域。构皮滩在上游来水大、思林电力输出受限期间,及时协调总调根据思林所带负荷情况进行调整,尽量满足思林以最大发电能力过流,降低后期弃水风险。

7 月中旬,乌江流域持续降雨,乌江梯级来水显著增大,乌江流域各厂在最大技术出力发电的情况下,位于构皮滩上游的水电厂相继开闸弃水。在乌江渡于 2012 年首次开闸(7 月 23 日 24 时 30 分)时构皮滩水位为 616.62m,距离防洪限制水位 626.24m 还有近 10m 的库容来充分吸纳洪水,构皮滩没有开闸弃水,充分发挥了构皮滩的调蓄作用,最大限度减轻了防汛压力。

2.9　思林水电站

2.9.1　基本情况

乌江思林水电站位于乌江中下游贵州省思南县境内,是乌江规划 11 个梯级的第 8 级,距上游构皮滩水电站 89km,距下游沙沱水电站 115km,距乌江河口涪陵市 366km,坝址以上集水面积 4.86 万 km²。电站装机容量 105 万 kW(4 台 26.25 万 kW),以 220kV 电压等级接入电力系统。

思林水电站属一等大(1)型工程,枢纽建筑物由碾压混凝土重力坝、右岸引水发电系统、左岸垂直升船机等组成。拦河坝采用碾压混凝土重力坝,坝身表孔泄洪,戽式消力池消能;右岸布置引水发电系统;厂房为地下式;左岸布置单级垂直升船机。枢纽工程开发任务以发电为主,其次为航运,兼顾防洪、灌溉等。坝顶高程 452m,最大坝高 117m,坝顶全长 310m。河床中部布置 7 个溢流表孔,孔口尺寸 13m×21.5m

（宽×高），堰顶高程 418.5m，溢流前沿长 115m，采用宽尾墩和戽式消力池联合消能。下游采用扭曲鼻坎将水流挑入戽池内消能。引水发电系统布置在右岸，主要由进水口、引水隧洞、主厂房、主变洞、尾水隧洞、出水口等建筑物组成。引水系统采用单洞单机供水方式，由岸塔式进水口、引水隧洞 4 条、压力钢管 4 条、尾水隧洞 4 条、尾水出水口组成。电站取水口布置在右岸坝轴线上游 60m 处，底部高程为 400m，采用 3 条内径 12.6m 和 1 条 10m 的引水隧洞引水至厂房。左岸设置单级垂直升船机，整个通航建筑物由上游引航道、中间通航渠道、垂直升船机本体段和下游引航道等四个部分组成，全长计 951.80m。

水库正常蓄水位 440m，相应库容 12.05 亿 m^3，调节库容 3.17 亿 m^3，防洪限制水位 435m，防洪库容 1.84 亿 m^3，属日周调节水库，多年平均发电量 40.64 亿 kW·h。过坝船舶吨位 500 吨级，年过坝能力为 375.69 万 t。

2.9.2 防洪任务与洪水调度原则

2.9.2.1 防洪任务

思林水电站主要任务是发电，其次是航运，兼顾防洪、灌溉等。水库正常蓄水位 440m，汛期防洪限制水位 435m，死水位 431m，水库调节库容 3.17 亿 m^3，死库容 8.88 亿 m^3，坝址多年平均流量 849 m^3/s，库容系数为 1.2%，具备日周调节性能。在思林上游有调节性能好的洪家渡、构皮滩水库；经上游水库的调蓄，思林的入库流量比较均匀，因此，思林水电站的发电以利用水头为主，在满足其他综合利用的前提下尽量保持高水位运行。

在汛期 6—8 月，为满足下游塘头粮产区防洪需要，水库汛期限制水位 435m，在满足电力系统负荷要求的情况下，水库可进行日周调节，并承担负荷备用和一定事故备用，必要时水位可降至 431m 运行；非汛期，水库无防洪要求，需进行周调节，承担事故备用及负荷备用，此时水库可保持较高水位运行。

思林水库承担下游塘头粮产区的防洪任务，并配合长江中下游的防洪应用，由于乌江洪水与长江洪水的遭遇几率不高，因此，乌江上的水库对长江的防洪作用带有一定的随机性，思林水库按乌江下游防洪要求确定下泄量，减小了进入三峡水库的洪峰流量，同样起到配合三峡水库运用、承担长江中下游防洪任务的作用。

2.9.2.2 洪水调度原则

根据思林水库的防洪任务，水库调洪原则如下：

1）按坝址洪水和静库容调洪。

2）调洪起调水位为汛期限制水位。

3）根据水工和金属结构要求，一般应对称开启表孔泄洪。

4）当来水流量小于 9320 m^3/s 时，按入库流量下泄。

5）当来水流量大于 9320 m^3/s 且小于 11500 m^3/s 时，最大下泄流量不超过 9320 m^3/s，最高水库水位不高于 438.76m。

6）当来水流量大于 11500 m^3/s 且小于 13900 m^3/s 时，按入库流量下泄。

7）当来水流量大于 13900 m^3/s 且小于 16400 m^3/s 时，按 13900 m^3/s 下泄。

8）当来水流量大于 16400 m^3/s 或坝前水位达到 440m 时，若入库流量小于枢纽的泄流能力时，按入库流量下泄；若入库流量大于枢纽的泄流能力，按枢纽泄流能力下泄。

9）当水头小于 57.6m 时，考虑机组的安全及经济运行，机组不参与泄洪；当水头不小于 57.6m 且小于 64m 时，考虑 2 台机组的流量参与泄洪；当水头不小于 64m 时，4 台机组全部参与泄洪。

2.9.3　调度过程

2.9.3.1　降雨

自 2012 年 1—9 月，区间（构皮滩—思林）流域降雨量为 850.3mm，比上年同期 463.0mm 偏多 83.7%，比多年均值 921.8mm 偏少 7.76%。最大降雨出现在 7 月 12 日，为 34.6mm，坝上日降雨量达 21mm。2012 年 1—9 月思林区间降雨情况统计见表 2.9.1。

表 2.9.1　　　　　　　　2012 年 1—9 月思林区间降雨情况统计表

项目	1 月	2 月	3 月	4 月	5 月	6 月	7 月	8 月	9 月
月降雨量（mm）	24.7	16.9	46.3	72.5	201.2	139.9	220	59.4	69.5
月多年平均降雨量（mm）	23.9	23.9	40.2	98.8	163.1	189.1	148.2	132.6	102
与多年相比变化率（%）	3.3	−29.3	15.2	−26.6	23.4	−26.0	48.4	−55.2	−31.9

2.9.3.2　来水

2012 年 1—9 月思林区间流域天然来水量 24.88 亿 m^3，比上年同期 13.15 亿 m^3 偏多 89.2%，比多年平均 29.77 亿 m^3 偏少 16.43%，2012 年 1—9 月思林区间天然来水量统计见表 2.9.2。

表 2.9.2　　　　　　　　　2012 年 1—9 月思林区间天然来水量统计表　　　　　（单位：亿 m³）

项目	1 月	2 月	3 月	4 月	5 月	6 月	7 月	8 月	9 月
月天然来水量（亿 m³）	1.09	1.16	1.62	1.94	6.94	4.76	4.97	1.60	0.80
月多年平均来水量（亿 m³）	1.24	1.17	1.47	2.93	5.27	6.61	5.33	3.39	2.36
与多年相比变化率（%）	−11.8	−0.5%	10.3	−33.8	31.7	−28.00	−6.7	−52.7	−66.2

2.9.3.3　预报及调度情况

2012 年思林水电站洪水精度评定统计见表 2.9.3。

表 2.9.3　　　　　　　　　2012 年思林水电站洪水精度评定统计表

电站	洪号	实测洪峰（m³/s）	实际峰现时间（月 日 时）	预报洪峰（m³/s）	预报峰现时间（月 日 时）	预报峰值精度（%）	滞时（h）
思林	20120626	1461	6 月 26 日 15 时	1500	6 月 26 日 14 时	97.4%	−1
	20120723	1550	7 月 23 日 21 时	1500	7 月 23 日 20 时	96.7%	1

思林本年共发生两场洪水，最大一场洪水洪峰 1550 m³/s（2012 年 7 月 23 日 21时），洪水历时 218h。洪水预报采用系统预报与人工修正相结合的方法，思林水库平均峰值精度分别为 97.05%，合格率 100%，达到部颁甲等标准。

2.9.3.4　调度过程

6 月 6—8 日，乌江流域发生一次自西向东较强降水天气过程。降雨主要集中在猫跳河、清水河、构皮滩及思林区间。6 月 19 日 6 时 2 分，思林 4 号机组因定子线棒下端部绝缘击穿保护动作跳闸，停机进行 4 号机组定子线棒更换处理和 4 号主变封闭母线检查。当时公司水电正处于抢发电量的时机，梯级水电日均发电量须保证1.2 亿 kW·h 以上，因思林 4 号机组事故停运后，思林的日均发电量从 2500 万 kW·h 降至 1800 万 kW·h。由于思林水位 432.71m，距汛限水位只有 2.29m，为了防汛安全，需立即调整梯级运行方式，从 19 日 8 时开始协调总调将构皮滩计划下调，以保证思林水位不超过 433m 运行（思林 6—8 月的汛限水位是 435m），同时思林以余下的 3 台机的最大出力发电。7 月 5 日思林 4 号机复备后，及时调整构皮滩发电计划，加大发电，降低弃水风险，日均电量达 6500 万 kW·h。

7 月中旬，乌江流域持续降雨，乌江梯级来水显著增大，乌江流域各厂在最大技术出力发电的情况下,位于构皮滩上游的水电厂相继开闸弃水。与中调协商取消思林水位最高 433m 左右的限制,7 月 23 日开始,思林水位按不超过 434.5m 控制,8 月 1 日,经长江防总同意,思林水位在构皮滩削峰期间按 438.76m 控制,并制定了思林水电站区间洪水防控调度预案,保证构皮滩在思林不弃水的前提下尽量加大出力发电。

2.10　彭水水电站

2.10.1　基本情况

彭水水电站位于乌江干流下游,为乌江干流开发的第 10 个梯级。电站位于重庆市彭水县城上游 11km,距河口涪陵 147km,坝址控制流域面积 69000km²,占全流域面积的 78.5%。彭水水电站是一座以发电为主,其次为航运,兼顾防洪及其他综合效益的年调节水库电站。彭水水电站正常蓄水位 293m,死水位 278m,防洪限制水位 287m,相应防洪高水位 293m,水库总库容 14.65 亿 m³,其中调节库容 5.18 亿 m³,防洪库容 2.32 亿 m³。枢纽为一等工程,由大坝、泄洪建筑物、引水发电系统及通航建筑物等组成。电站布置在右岸,为地下式厂房,电站保证出力 37.1 万 kW,装机容量 175 万 kW,安装 5 台单机容量为 35 万 kW 的大型混流式水轮发电机组,发电额定水头 67m,引用流量 2946 m³/s(5 台),多年平均年发电量为 63.51 亿 kW·h。通航建筑物布置在左岸,由单线船闸、升船机两级过坝建筑物组成,按 500 吨级船舶过坝设计,设计双向年通过能力 510 万吨。彭水水电站工程承担重庆电网的调峰、调频和事故备用任务,是重庆电网的骨干支撑电源;渠化长约 100km 的乌江航道,同时枯水期增加下游流量 30 m³/s,可改善乌江下游航运条件,促进区域航运业的发展;彭水枢纽是乌江洪水的控制性工程,与上游的构皮滩、思林等大型防洪水库联合运用,可配合三峡水库对长江中下游防洪起一定的作用。工程于 2008 年 2 月下闸蓄水,同期首台机组发电,2008 年底全部机组投产,2009 年汛后水库水位获准蓄至正常蓄水位 293m。2010 年 12 月 31 日,彭水水电站通航系统正式通过重庆市港航及相关技术监督单位验收,重庆市地方海事局于 2011 年 1 月 16 日宣布通航系统正式试运行,试运行时间一年。随着通航系统的投入运行,彭水水电站所有工程已全部完成竣工安全鉴定,具备设计运行条件。

2.10.2　防洪任务与调度原则

彭水水电站的防洪任务为:遇 20 年一遇入库洪水时,在满足库区沿河县城防护

要求的前提下,不增加下游彭水县城防护负担;配合三峡水库为长江中下游承担防洪任务。

彭水水电站的调度原则:

1)当不需要彭水水电站配合三峡水库为长江中下游承担防洪任务时,若彭水水电站入库洪水不大于 20 年一遇,水库按水库水位不超过 288.85m、最大下泄量不超过 19900 m³/s 控制运行;若入库洪水大于 20 年一遇或水库水位达到 288.85m,按出入库水量基本平衡调度。

2)当长江中下游防洪需要时,彭水水电站配合三峡水库为长江中下游承担防洪任务。

3)当水库水位达到 293.00m 之后,按保枢纽安全方式调度。

2.10.3 调度过程

2.10.3.1 雨水情

2012 年 1—9 月彭水流域降雨量比上年同期多 42.6%,比历年均值偏少 10.2%,属略偏枯年份。降雨主要集中在汛期 4—8 月,尤其是 5 月,月累计降雨突破 200mm,列各月降雨之最。全年未出现长时间大范围的大暴雨极端天气。彭水流域平均降水量统计见表 2.10.1。

表 2.10.1　　　　　　　　彭水流域平均降水量统计表

项目	1月	2月	3月	4月	5月	6月	7月	8月	9月	累计
月均降水量(mm)	19.3	5.4	47.9	106.7	245.4	144.8	178.5	110.9	88.4	947.3
2011 年月均降水量(mm)	10.4	13.6	31.2	40.6	95.7	206.9	51.4	137.3	76.9	664.1
比 2011 年(%)	185.6	39.7	153.5	262.5	256.4	70.0	347.0	80.8	114.9	142.6
多年平均降水量(mm)	19.5	24.6	52.1	112.9	179.0	197.1	186.6	150.9	132.6	1055.3
比多年(%)	99.0	22.0	91.9	94.5	137.1	73.5	95.7	73.5	66.7	89.8

2012 年 1—9 月彭水流域来水量比上年同期偏多 79.9%,比历年均值偏少 6.7%,属略偏枯年份。汛期来水分配较为均匀,彭水水库未出现大于 6000 m³/s 的洪水。

彭水水库最高水位为 292.88m,出现在 5 月 14 日 23 时 45 分,最低水位为 279.98m,出现在 6 月 25 日 23 时 20 分。5—9 月平均水库水位为 287.16m。坝下最高水位为 228.05m,出现在 7 月 25 日 7 时,最低水位为 202.81m,出现在 7 月 11 日

16 时 26 分。5—9 月坝下平均水位为 218.97m。

彭水时段最大入库流量为 5920 m^3/s，出现时间 5 月 12 日 14 时；最小入库流量为 0.73 m^3/s，出现时间 3 月 21 日 2 时。时段最大出库流量为 5318 m^3/s，出现时间为 7 月 25 日 7 时，最小出库流量 5.0 m^3/s，出现时间为 3 月 26 日 4 时。

2.10.3.2 降雨、洪水预报

根据中央气象台、地方气象部门实时发布的天气预报，及时制作月、周、日滚动水库用水计划，做到了长计划短安排。在预报有降雨天气时加密来水预测，本着"安全第一，常备不懈，以防为主，全力抢险"的防汛方针，对洪水的形成宁可信其有不可信其无，着力做好防洪调度工作。降水过程进行滚动水文预报，实时修正来水预测值，提高洪水预报准确率，做好预报预测调度工作。

全年彭水区间流域连续降水过程超过 20mm 的出现了 16 次，最大日雨量为 38.8mm，出现在 5 月 11 日。气象部门基本都作出了预报，但在量级上有些偏差。全年形成大于 4000 m^3/s 的洪水 5 次，4 次弃水，汛期还存在因调控水位发生的短时间弃水，全年启闭闸门 275 台次。2012 年彭水电站洪水预报精度统计见表 2.10.2。

表 2.10.2　　　　　　　　　2012 年彭水电站洪水预报精度统计表

序号	洪水编号	洪峰流量（m^3/s）		峰现时间		预报准确率 洪峰流量（%）	峰现误差 （h）
		预报	实际	预报	实际		
1	20120512	5600	5920	5 月 12 日 18 时	5 月 12 日 14 时	94.59	4
2	20120524	4500	4640	5 月 24 日 12 时	5 月 24 日 12 时	96.98	0
3	20120604	4000	4460	6 月 4 日 13 时	6 月 4 日 13 时	89.69	0
4	20120719	5300	5570	7 月 19 日 12 时	7 月 19 日 12 时	95.15	0
5	20120726	4800	5160	7 月 26 日 2 时	7 月 26 日 2 时	93.02	0
平均						93.89	

注：年洪水预报平均准确率为 93.89%，最大一次洪水预报准确率为 94.59%，最大一次洪水预报峰现误差为 4 小时。

2.10.3.3 调度过程

"5·12"洪水调度情况：彭水最大一次洪水起调水位为 287.13m，过程最大入库流量 5920 m^3/s，过程最大出库流量 4947 m^3/s，过程最高调洪水位 292.88m，拦蓄洪量 2.23 亿 m^3，削峰率达到 16.44%，滞洪近 20 小时，调洪效益明显。

大唐重庆分公司严格按照长江防总办批准的汛期调度运用方案进行彭水水库的

调度,从有降水预报开始,水调和运行人员就密切关注流域雨水情,洪水过程中根据彭水电站水情预报情况,尽量避免彭水加大出库叠加郁江洪峰,减小下游防汛压力,同时坚持"大水多放、小水少放"的原则,并努力保持好水头,控制出入库平衡,利用发电削减洪水。积极与重庆市电力调度联系,并得到大力支持;做好设备维护,力保新投机组满负荷运行,腾出部分库容接纳洪水;严格遵守调度规程,科学调度水库,精心操作防洪设施,适时开闸泄洪,有效地减轻了乌江下游两岸的洪灾损失。2012 年彭水电站洪水过程见表 2.10.3。

表 2.10.3　　　　　　　　2012 年彭水电站洪水过程统计表

洪号	降雨起止时间	累计降雨量 (mm)	洪水起止时间	峰现时间	洪峰流量 (m³/s)	起调水位 (m)	最高调洪水位 (m)	最大出库流量 (m³/s)	泄洪水量 (m³)	弃水历时	拦蓄水量 (m³)	削峰率 (%)
20120512	5 月 11 日 22 时至 12 日 9 时	105.3	5 月 11 日 22 时至 16 日 24 时	5 月 12 日 14 时	5920	287.13	292.88	4947	35804	74 时 31 分	22269	16.44
20120524	5 月 21 日 15 时至 24 日 20 时	58.7	5 月 22 日 1 时至 26 日 20 时	5 月 24 日 12 时	4640	282.15	286.58	2830	无弃水	/	15109	39.01
20120604	6 月 3 日 3 时至 4 日 10 时	41.1	6 月 3 日 8 时至 7 日 13 时	6 月 4 日 13 时	4460	286.33	288.84	4658	13878	32 时 22 分	8586	0.00
20120719	7 月 16 日 6 时至 19 日 20 时	42.0	7 月 17 日 8 时至 21 日 10 时	7 月 19 日 12 时	5570	286.11	288.16	4630	45747	134 时 31 分	7042	16.88
20120726	7 月 22 日 18 时至 24 日 23 时	49.1	7 月 24 日 6 时至 26 日 8 时	7 月 26 日 2 时	5160	287.29	289.24	5318	33537	149 时 55 分	6541	0.00

2.11　丹江口水库

2.11.1　基本情况

　　丹江口水利枢纽位于湖北省汉江干流与支流丹江汇合点下游 800m 处,距防洪控制点碾盘山 240km,距河口 652km,控制流域面积 95217km²(约占汉江全流域的

60％),1958 年 9 月开工,1973 年建成初期规模。

2.11.1.1　初期规模

丹江口水利枢纽初期规模坝顶高程 162m,正常蓄水位 157m,相应库容 174.5 亿 m³,死水位 140m,极限消落水位 139m,调节库容 98 亿~102.2 亿 m³,为年调节水库。现状汛限水位 149(夏汛)~152.5m(秋汛),预留防洪库容 77.2 亿(夏汛)~55 亿 m³(秋汛),电站保证出力 24.7 万 kW($P=90\%$),装机容量 90 万 kW,具有防洪、发电、供水(灌溉)、航运等综合利用效益。

丹江口水库作为汉江上中游控制性工程,防洪是其首要任务,防洪调度采取预报预泄、分级控泄、补偿调节方式。现状条件下遇类似 1935 年大洪水(相当 100 年一遇),经水库调节与配合沙洋以上民垸分蓄洪(约 24 亿 m³)及杜家台分洪工程运用,可保证汉江遥堤及汉江干堤安全;其次是发电,设计年发电量 38.3 亿 kW·h;初期规模灌溉引水 15 亿 m³。升船机规模 150 吨级。

2.11.1.2　后期规模

大坝加高工程建成后,混凝土坝及土石坝坝顶高程 176.6m,综合利用任务为:防洪、供水、发电及航运。水库正常蓄水位 170m(相应库容 290.5 亿 m³),死水位 150m,极限死水位 145m(相应库容 100 亿 m³),调节库容 98.2 亿(夏季)~190.5 亿 m³(汛后),具有多年调节性能,汛限水位 160(夏汛)~163.5m(秋汛),预留防洪库容 110 亿(夏汛)~81.2 亿 m³(秋汛),其设计洪水标准为 1000 年一遇,校核洪水标准为 10000 年一遇加大 20％。大坝加高后,遇类似 1935 年大洪水,经水库调节及杜家台分洪工程配合运用,沙洋以上个别民垸分蓄洪配合,可保证汉江遥堤及汉江干堤安全;除防洪之外,供水是其首要任务,南水北调中线一期工程调水 95 亿 m³;其次是发电,电站装机容量仍为 90 万 kW,采用 1956 年 5 月至 1998 年 4 月 42 年系列计算,多年平均发电量为 33.78 亿 kW·h;最后为航运,升船机规模由 150 吨级提高到 300 吨级。

2.11.1.3　丹江口水利枢纽大坝加高工程

丹江口水利枢纽大坝加高工程是南水北调中线一期工程的重要组成部分。根据丹江口水利枢纽大坝加高工程初步设计报告,加高工程施工时混凝土坝除坝后贴坡和坝顶加高外,表孔坝段闸墩及溢流面均需加高,堰顶自高程 138m 加高至 152m,加高 14m,闸墩由高程 162m 加高至 176.6m,加高 14.6m。升船机规模由 150 吨级提高到 300 吨级。泄洪深孔坝段大坝加高后新设置 11 台固定式卷扬机替代原 3 台移动

式卷扬机来启闭工作弧门,在新形成的坝顶高程 176.6m 布置新的坝顶门机,进行事故检修门的启闭。

丹江口水利枢纽大坝加高工程于 2005 年 9 月 26 日正式开工。2012 年底,丹江口水利枢纽大坝加高工程除部分溢流堰面和升船机外,其余部分基本按设计图纸施工完毕。

2.11.2 防洪任务与调度原则

2.11.2.1 调度原则

防洪始终是丹江口水利枢纽工程的首要任务,即在确保大坝安全的前提下,最大限度地拦蓄洪水,削减洪峰,并与下游错峰,保证在设计标准内通过水库对上游洪水进行调蓄,与中下游分蓄洪工程配合运用,减免洪水对下游所造成的灾害。水库洪水调度原则仍采用初期规模条件下的"预报预泄、补偿调节、分级控泄"原则,大水多泄、小水少泄、蓄泄兼顾,确保水库及汉江中下游防洪安全。

水库洪水调节中,根据水库上游来水,坝址至皇庄区间来水以及防洪控制点的允许泄量,来确定水库的下泄流量,并根据来水流量大小逐级加大防洪控制点的允许泄量。

当预报入库流量及丹江口至皇庄区间流量之和等于或小于某一判别流量时,丹江口水库即按皇庄这一级允许泄量补偿控制下泄。

当预报入库流量等于或小于 5 年一遇洪水时,皇庄处允许泄量为 11000～12000 m^3/s。

当预报入库流量大于 5 年一遇洪水直至等于 10 年一遇洪水时,皇庄处允许泄量为 16000～17000 m^3/s。

当预报入库流量大于 10 年一遇洪水直至等于 20 年一遇洪水时,皇庄处允许泄量为 20000～22000 m^3/s。

当预报入库流量大于 20 年一遇洪水直至等于 1935 年大洪水时,皇庄处允许泄量为 27000～30000 m^3/s。

当预报入库流量大于 1935 年洪水,而小于 10000 年一遇洪水时,应根据预报及水库水位上涨趋势逐级加大泄量(预报流量不大于 1000 年一遇洪水时,逐步加大至 35000 m^3/s 左右),避免骤然加大而加剧下游洪水灾害。

当发生大于 10000 年一遇特大洪水时,应采取一切保坝措施,以建筑物的最大泄洪能力宣泄洪水,以确保大坝安全。

2. 11. 2. 2　汛期调度运用方案

2012 年 7 月 6 日,长江防总办批复了《丹江口水利枢纽 2012 年汛期调度运用方案》(长防总办〔2012〕92 号),主要内容如下:

1)同意报告拟定的调度原则和方式,实时调度时可按现行的丹江口水利枢纽调度规程所确定的调度方案及各量级洪水的蓄泄控制标准进行。

2)度汛标准。基本同意 2012 年丹江口水利枢纽大坝加高工程施工期度汛标准同枢纽初期规模设计防洪标准,即 1000 年一遇洪水设计,10000 年一遇洪水校核,10000 年一遇加大 20% 洪水保坝。

3)防洪限制水位。由于受施工影响,为不降低防洪标准,2012 年夏汛期 6 月 21 日至 8 月 20 日防洪限制水位调整为 145m(吴淞高程,下同),秋汛期 9 月 1—9 月 30 日调整为 147m。8 月 21—31 日为夏秋汛期的过渡期,汛限水位从 145m 逐步过渡到 147m。为调度灵活,考虑闸门启闭操作等要求,允许水库水位在汛限水位上下浮动 0.5m。

4)汛期运行水位。当安康水库水位不超过汛限水位,预报五日内丹江口水库上游地区及丹江口至皇庄区间无中等强度及以上降水,且长江汉口站水位不超过 25.0m 时,丹江口水库夏汛期运行水位可在 145.0~147.5m 之间浮动,秋汛期运行水位可在 147.0~149.0m 之间浮动。水库水位上浮期间需密切关注丹江口水库上游、丹江口至皇庄区间降雨情况及汉口站水位实况和预测情况。当预报可能发生大洪水时,需及时将水库水位降至汛限水位。水库预泄期间,控制碾盘山流量夏季不超过 11000 m³/s,秋季不超过 12000 m³/s。

2. 11. 3　调度过程

2. 11. 3. 1　降雨

2012 年汛期(5—9 月)水库以上流域降水量 642.3mm,与均值持平(多年均值为 636.2mm),降水量属正常年份。从各月分布情况来看,除 6 月偏少 3.9 成外,其余各月均略偏多。从降雨的空间分布来看,汛期 5—9 月总的来讲分布不均,呈西多东少、南多北少趋势,2012 年汛期流域累计平均降雨 642.3mm,而安康水库以上流域累计平均降雨 759mm,安康至白河区间累计平均降雨 553.8mm,丹江流域累计平均降雨只有 512.3mm;汛期南岸累计降雨 687.5mm,北岸累计降雨 606.4mm,最大降雨地

点为喜神坝站,5—9月降雨1153mm。

2.11.3.2　来水

1—9月水库累计来水294.084亿m³,与多年均值(289.98亿m³)基本持平。其中,汛期的5—9月累计来水229.117亿m³,较多年均值(236.97亿m³)略偏少,占1—9月来水量的77.9%。

汛期5—9月,除7月、9月偏多外,其他各月均偏少,其中6月来水17.156亿m³,较均值偏少4.5成,属来水特枯月份。

2.11.3.3　调度过程

2012年汛期水库共发生5场入库洪峰流量大于5000 m³/s的洪水,其中7月、9月各发生两场,剩余一场发生在8月,最大入库洪峰流量10400 m³/s(9月9日8时)。2012年丹江口水库洪水特征值统计见表2.11.1。

表 2.11.1　　　　　　　　2012 年丹江口水库洪水特征值统计表

洪号	洪峰(m³/s)	洪量(亿m³)	最大出库流量(m³/s)	时间	削峰率(%)	降雨量(mm)
070512	7520	12.433	1120	5日20时	85.1	97.6
070902	9520	27.989	1570	13日20时	83.5	48.5
080608	7530	8.207	1520	6日2时	79.8	27.3
090306	8400	17.695	1790	3日20时	78.7	70.1
090908	10400	16.595	2460	11日2时	76.3	56.1

(1)"7·5"洪水调度

7月1—4日,500hPa欧亚大陆中纬度地区呈东高西低场,副热带高压中心稳定少动,同时低层700hPa、850hPa有低槽,有利于西南水汽向北输送,形成流域性中到大雨、局部暴雨的降水过程。受降雨影响,上游石泉、安康水库相继开闸泄洪,水库迎来入汛以来的首场洪水,洪峰7520 m³/s(5日12时),入库洪水总量12.433亿m³。受洪水入库影响,水库水位从138.86m(3日8时)开始上涨,至本次洪水结束时(7日20时)涨至140.83m,由于水库水位较低,本场洪水被水库全部拦蓄。

(2)"7·9"洪水调度

受7月6—10日水库以上流域持续降雨影响,水库迎来本月的第二场洪水过程,入库洪水总量27.989亿m³,洪峰9520 m³/s(9日2时)。受此影响,水库水位从7日20时的140.83m开始上涨,至本场洪水结束时(14日20时)水库水位涨至本次洪水最高的 144.93m,接近 2012 年水库汛限水位 145m。本场洪水也被水库全部拦蓄。

此后,由于上游水库持续满负荷发电,水库日均入库流量维持在 1650~2100 m³/s 范围内,水库在满负荷发电的情况下,水位持续缓涨,至 30 日 8 时,水位涨至本月最高的 145.90m,已超汛限水位,为降低水库水位迎接下一场洪水,水库于 30 日 10 时开启两个堰孔泄洪,下泄流量 2070 m³/s(含发电流量 1490 m³/s)。8 月 1 日 10 时关闭堰孔,结束泄洪,本次弃水 1.335 亿 m³。此后,为继续削落库水位,水库于 1 日 17 时至 2 日 17 时开启一个深孔泄洪,弃水 0.396 亿 m³。

(3)"8·6"洪水调度

8 月 4—6 日,库周普降大到暴雨,2 日内库周平均降雨量达到 119.2mm,其中盐池河降雨 438mm。受此影响,水库迎来入汛以来的第三场洪水,洪峰 7530 m³/s(6 日 8 时),入库洪水总量 8.207 亿 m³,由于降雨主要集中在库周,洪水汇流时间较短,过程呈陡涨陡落形态。受洪水入库影响,水库水位从 5 日 2 时的 145.85m 开始起涨,至 8 日 8 时洪水结束时涨至 146.63m。

8 日 8 时上游安康水库水位 313.52m,远低于其防限水位 325m,长江汉口站水位为 25.82m,且水位处于下降态势,根据当时气象预报,未来 5 日丹江口水库上游地区及丹江口至皇庄区间均无中等强度及以上降雨过程发生,根据长防总办〔2012〕92 号文关于《丹江口水利枢纽 2012 年汛期调度运用方案》(含《王甫洲水利枢纽 2012 年汛期调度运用方案》)的批复:当安康水库水位不超过汛限水位,预报五日内丹江口水库上游地区及丹江口至皇庄区间无中等强度及以上降水,且长江汉口站水位不超过 25.0m,丹江口水库夏汛期运行水位可在 145.0~147.5m 之间浮动,秋汛期运行水位可在 147.0~149.0m 之间浮动。按此批复,本次洪水处于夏汛期间,且条件基本满足,水库运行水位可按照 147.5m 控制,由于本次洪水水库最高水位 146.63m,低于 147.5m,为充分利用洪水资源,本场洪水水库全部拦蓄。

(4)"9·3"洪水调度

受 8 月 30 日至 9 月 2 日水库流域降雨影响,水库迎来了入汛以来的第四场洪水,洪峰 8400 m³/s(3 日 6 时),入库洪水总量 17.695 亿 m³。受洪水入库影响,水库水位自 1 日 20 时 145.63m 起涨,至 8 日 2 时洪水结束时涨至本场洪水最高的 147.08m,此时处于秋汛期,水库汛限水位为 147m,由于最高水位仅超汛限水位 0.08m,为充分利用汛期洪水资源,水库将本场洪水全部拦蓄,整个洪水过程以电厂满负荷发电出库控制,最大出库流量 1790 m³/s(3 日 20 时)。

（5）"9·9"洪水调度

受 9 月 7—9 日水库流域降雨影响，水库发生了 2012 年的第五场洪水，洪峰 10400 m³/s（9 日 8 时），洪量 16.595 亿 m³，水库水位自 147.18m（8 日 2 时）起涨，至 10 日 8 时水库水位已涨至 148.89m，当时天气预报表明，未来两天水库以上流域还有中雨过程，为降低水库水位，腾空库容迎接下一场洪水入库，水库自 10 日 9 时开启一个深孔泄洪，最大下泄流量 2460 m³/s（含发电下泄），削峰率为 76.3%。11 日 8 时，水库水位涨至 149.18m，此时最新天气形势表明，未来五天水库以上流域以晴好天气为主，局部地区有小到中雨过程发生，11 日 8 时长江汉口站水位为 22.56m（低于 25m），安康水库水位为 322.86m（低于 325m），根据度汛方案批复，此时水库的运行水位可在 147.0～149.0m 之间浮动，据此，为充分利用雨洪资源，水库于 11 日 10 时 45 分将深孔关闭，停止泄洪。此后水库水位在电厂满负荷发电的情况下缓涨，至 13 日 8 时本场洪水结束时涨至最高 149.67m。

整个汛期水库共弃水 3 次，累计弃水 6 天，总弃水量 2.372 亿 m³。

2.12　石泉水电站

2.12.1　基本情况

石泉水电站工程于 1971 年开始施工，1973 年 12 月首台机组发电，1979 年 11 月竣工验收，2000 年完成二期扩机工程，装机容量由原来的 13.5 万 kW（3 台 4.5 万 kW）增加到 22.5 万 kW（5 台 4.5 万 kW）。

大坝为混凝土空腹重力坝，坝高 65m，坝宽 16m，坝长 353m。大坝建有 1 个排沙孔、1 个底孔、5 个中孔、4 个表孔、1 个溢洪道，共 12 个泄洪闸门，对应 410m 水位的下泄能力为 18554 m³/s；405m 水位的下泄能力为 13560 m³/s。水库控制流域面积 2.34 万 km²，总库容 2.738 亿 m³，防洪限制水位 405m，防洪库容 0.976 亿 m³，为大（2）型季调节水库，2011 年 3 月实测 410m 以下总库容 2.738 亿 m³。

经过更新改造，石泉水电站建立了新一代的水调自动化系统、水雨情接收处理系统、卫星云图系统、气象预报接收系统，实现了水雨情信息实时监测、实时报送与接收，为水库调度提供了可靠的信息支持。

2.12.2　防洪任务与调度原则

2.12.2.1　防洪任务

石泉水库调节库容小，汉江洪水峰高量大、陡涨陡落，水库基本无削峰、错峰能力,不承担下游防洪任务。但为了不给下游造成人为洪水,一般情况下应控制下泄流量小于入库洪峰流量,尽可能地为下游调峰错峰。

水库的下泄流量控制根据水库水位和入库流量两个因素确定。水库泄流必须确保大坝的安全。

2.12.2.2 调度原则

当预报入库流量在 3000 m^3/s 以下时,以发电调度为主;当水库水位在 400~405m 时,控制下泄流量不大于入库流量;当水库水位在 405m 左右时,控制下泄流量等于入库流量。

当预报入库流量在 3000 m^3/s 以上 10000 m^3/s 以下时,以泥沙调度为主;水位在 400m 左右运行,控制下泄流量小于入库洪峰流量。

当预报入库流量在 10000 m^3/s 以上时,以防洪调度为主。

当入库流量等于或大于 13700 m^3/s,且水库水位已超过 405m 时,除小表孔外所有闸门全开。

当入库流量等于或大于 16300 m^3/s 时,所有闸门全开,大坝呈自由泄流状态。

2.12.3 调度过程

2.12.3.1 雨水情

2012 年 5—9 月石泉流域降水量 757.4mm,接近多年平均值 767.9mm。7 月受西风槽、高原低值系统和偏南暖湿气流共同影响,发生了两场洪水,月平均降雨量 246.7mm。8 月受北方弱冷空气南下和副热带高压外围暖湿气流共同影响,降水量与往年相比略偏少,流域月平均降雨量 115.3mm,发生两场洪水。9 月受新疆冷空气和副热带高压外围西南暖湿气流共同影响,发生了 3 次大范围的强降水,发生两场洪水,其中"20120902 洪水"是石泉水电站自 1998 年后的最大一场洪水,降雨强度、持续时间均创造了近十年之最。流域月平均降雨量达 183.6mm,其中 9 月 17 日流域日平均降雨量有 5 个站超过 100mm,最大的小河口站日降雨量达 133.6mm,发生了石泉水库有水文观测资料以来的第六大洪水,也是建库以来的第五大洪水。

2012 年(截至 9 月 30 日)石泉水库入库水量 89.62 亿 m^3,弃泄水量 27.47 亿 m^3,出库水量 90.23 亿 m^3,闸门运行 747.2 小时,发电水量 62.76 亿 m^3,来水主要集中在 7—9 月。汛期(5—9 月)入库水量 78.77 亿 m^3,是上年同期(132.3 亿 m^3)的 59.5%,是多年同期值(77.03 亿 m^3)的 102.3%,弃泄水量 27.47 亿 m^3。主汛期(7—9 月)来

水量 69.13 亿 m³,是多年同期值(51.43 亿 m³)的 134.4％,占汛期来水量的 87.8％。

2012 年石泉流域入汛略偏迟,洪水在时间上分布较均匀,但洪水峰高量大,连续性洪水多。全年共发生六场洪水,最早一场洪水发生在 7 月 9 日,洪峰流量 7970 m³/s;最后一场洪水发生在 9 月 8 日,洪峰流量 2180 m³/s;最大一场发生在 9 月 2 日,洪峰流量 13600 m³/s,总水量 17.29 亿 m³,历时 156 小时。

2.12.3.2　洪水预报

2012 年石泉流域发生六场洪水,调度人员准确预报,以量化指标为手段,进行精细化调度,洪水的平均预报准确率为 91.5％,超过部颁"平均预报精度≥80％"的标准。"2012902"洪峰预报准确率为 97.1％,满足部颁"最大一场洪水预报精度≥90％"的标准。2012 年石泉水库洪水预报统计见表 2.12.1。

表 2.12.1　　　　　　　　　2012 年石泉水库洪水预报统计表

洪号	实际数据			预报数值			预报准确率		
	Q 洪峰 (m³/s)	W 总净 (亿 m³)	峰现时间	Q 洪峰 (m³/s)	W 总净 (亿 m³)	峰现时间	洪峰 (％)	洪量 (％)	峰现时差 (h)
20120709	7970	13.89	7 月 9 日 21 时	7500	12.9	7 月 9 日 20 时	94	94	−1
20120722	2890	3.026	7 月 22 日 20 时	3000	3.1	7 月 22 日 17 时	96	96	−3
20120815	1100	1.148	8 月 15 日 23 时	1200	1.15	8 月 15 日 22 时	91	92	−1
20120818	1410	4.467	8 月 21 日 11 时	1700	4.3	8 月 21 日 12 时	79	83	1
20120902	13600	13.89	9 月 2 日 1 时	14000	14.12	9 月 2 日 1 时	97	97	0
20120908	2180	3.026	9 月 8 日 20 时	2000	3	9 月 8 日 20 时	92	92	0

2.12.3.3　阶段调度目标与调度过程

2012 年石泉水库流域的六场洪水调度中,都提前腾库迎洪,在发生的两场大于 6000 m³/s 的"20120709"与"20120902"洪水,起调水位都在 393.80m,低于死水位 6.20m,低于汛限水位 11.20m,最大限度发挥水库的拦洪调蓄作用,减轻了下游的防汛压力。其他四场小洪水,通过合理控制水位,依靠石泉水库自身调节,没有对下游各水库及沿江两岸居民防洪安全造成影响。2012 年石泉水库洪水调度过程统计见表 2.12.2。

表 2.12.2　　　　　　　　2012 年石泉水库洪水调度过程统计表

参数 场次	洪水编号	最大入库 (m³/s)	出库流量 (m³/s)	削峰流量 (m³/s)	削峰率 (%)	起调水位 (m)	最高调洪水位 (m)
1	20120709	7970	7360	610	8	393.80	405.40
2	20120722	2890	680	2210	76	398.92	403.28
3	20120815	1100	680	420	38	400.68	403.05
4	20120821	1410	662	748	53	398.16	404.75
5	20120902	13600	12700	900	7	393.81	405.60
6	20120908	2180	4640	-2460	-113	403.40	404.16

2.13　安康水电站

2.13.1　基本情况

安康水电站是国家"七五"重点建设项目,是陕西省最大的水电站。电站工程由北京水电勘测设计研究院设计,中国水利水电第三工程局施工,工程于 1975 年筹备兴建,1978 年正式开工,1983 年截流,1989 年 12 月下闸蓄水,1990 年首台机组投产发电,1992 年 2 月 25 日机组全部并网发电。2010 年大坝枢纽工程通过国家验收。安康水电站是汉江上游陕西省境内七级梯级开发的第四级电站,也是梯级中调节能力最强、装机容量最大的电站,是西北电网重要的调峰、调频和事故备用主力电厂。

安康水电站枢纽由折线形混凝土重力坝、坝后式厂房、升压变电站、泄洪建筑物和 100 吨级过船设施等组成。最大坝高 128m,坝长 541.5m,共分 27 个坝段,从右至左编号:0~4 号为右岸非溢流坝段,6~9 号为厂房坝段,11~15 号为表孔坝段,10号、16 号为底孔坝段,17~21 号为中孔坝段,22~27 号为左岸非溢流坝段。水库控制流域面积 3.56 万 km²,平均年径流量 192 亿 m³,水库正常高水位 330m,正常蓄水位库容 25.85 亿 m³,有效库容 16.7 亿 m³,汛限水位 325m,防洪库容 3.6 亿 m³,死水位300m,为不完全年调节水库。大坝按 1000 年一遇洪水设计,其洪峰流量 36700 m³/s;按 10000 年一遇洪水校核,其洪峰流量 45000 m³/s。水库预留 3.6 亿 m³ 防洪库容,可以削减 5~20 年一遇洪水洪峰流量 3000~4500 m³/s。泄洪建筑物安装有 14 扇泄洪闸门(5 个表孔、5 个中孔、4 个底孔),主厂房内安装有 4 台单机容量为 20 万 kW 的国产水轮发电机组,利用排沙洞安装一台 5.25 万 kW 的水轮发电机组,总装机容量85.25 万 kW。电站以 330kV 双回线通过金洲、柞水、西安南郊与陕西电网连接,通过另一回 330kV 安、喜、汉向汉中电网供电,通过五回 110kV 出线与安康地方电网相连。

安康水电站是一座以发电为主,兼有航运、防洪、养殖、旅游等综合效益的大型水利枢纽工程。设计年发电量 28.57 亿 kW·h,保证出力 17.5 万 kW。电站投产发电后,使陕西电网水电比重有了大幅度的增长,提高了陕西电网的调峰、调频能力,增加了事故备用容量,大大改善了陕西电网的安全运行状况。

在不考虑预报的情况下,可利用的防洪库容为 3.6 亿 m³(库水位在 325～330m),库水位 300～305m 之间(约 2.0 亿 m³)留有备用库容以保证电力系统发生事故时一台机组发电用水的需要,襄渝铁路的防洪标准为 100 年一遇洪水,且水库水位不得超过 330m,下游安康市防洪标准为 20 年一遇。

2.13.2 防洪任务与调度原则

2.13.2.1 防洪任务

安康水电站枢纽工程为大(1)型工程,大坝按 1000 年一遇洪水设计,10000 年一遇洪水校核;厂房按 100 年一遇洪水设计,1000 年一遇洪水校核。

安康水电站技术设计及施工设计中,对设计洪水标准、防洪要求、水库控制下泄流量以及洪水调度运行的主要规则等均做过深入细致的调查研究与分析计算工作,主要考虑如下几点:安康水库以发电为主,而汉江洪水特性复杂、峰高量大;相对而言,安康水库容积不大,在满足对径流调节要求的同时,可用于下游防洪的库容较小。汛期限制水位 325.0m 以上至正常蓄水位之间的防洪库容仅 3.6 亿 m³,其库容相当于 20 年一遇洪水 3 天洪量的 1/10。因此,安康水库对下游的防洪作用有限。防洪调度设计主要考虑在仅有的防洪库容和运行条件基础上,进行优化调度,尽可能满足上、下游防洪要求。

根据水电与铁道两部门的有关协议,为达到沿安康水库库区通过的襄渝铁路设计洪水标准下运行安全的要求,当 100 年一遇洪水时,安康水库坝前最高洪水位不得超过 330.0m。安康水电站技术设计中,根据下游安康城郊对防洪的要求,在汛期发生洪水时,采取分级控制泄量的运行方式,以削减洪峰,提高下游防洪标准,减少洪水灾害。安康沿江筑有城堤,可抗御 100 年一遇的洪水。但在技术设计阶段,当时城堤外沿江河街及东西关一带地势较低,有很多居民户,每逢 2～3 年的洪水就受到灾害。所以根据安康水库的设计及运用条件,在力所能及的条件下,削减一些洪水流量,特别是对遇 20 年一遇以下的中小洪水削减部分洪峰流量,具有较大的防洪效益。汉江上游于 1983 年 7 月 31 日发生了特大洪水,经洪水频率分析,确定其重现期为 133 年,安康城堤和房屋大部分被冲毁;1985 年重建防护围堤,其抗御洪水标准为 100 年一遇。原河街住户已迁至堤内重建新居,且新建房屋结构多为坚固的砖混结构。因此,安康市的防洪要求至今已有些变化。据调查,现今安康城东西关一带地势较低,有农田菜地及部分民居,当遇中小洪水时,仍然受淹,特别是当洪水流量在 17000 m³/s 以上时,仍然受到不同程度的灾害,故调度运用中,仍按技术设计关于下游防洪要求所确定的原则进行洪水调度运用。

2.13.2.2　调度原则

7—9 月为主汛期,水库限制水位为 325m。

1)当来水流量小于 12000 m³/s 时,下泄流量等于来水流量。

2)当来水流量不小于 12000 m³/s 且小于 15100 m³/s,水库水位不大于 326m 时,下泄流量等于 12000 m³/s;水库水位大于 326m 时,下泄流量等于来水流量。

3)当水库水位大于 326m 且不大于 328m,来水流量大于 15100 m³/s 且不大于 17000 m³/s 时,下泄流量等于来水流量。

4)当来水流量大于 17000 m³/s 且不大于 21500 m³/s,水库水位大于 326m 且不大于 328m,下泄流量等于 17000 m³/s,水库水位不小于 328m 时,下泄流量等于来水流量。

5)当来水流量大于 21500 m³/s 且不大于 24200 m³/s,水库水位不小于 328m 时,下泄流量等于来水流量。

6)当来水流量不小于 24200 m³/s 时,敞开泄流。

7)当来水流量不小于 21250 m³/s(P 等于 5%),下泄流量不大于 17000 m³/s(P 等于 20%),来水流量不小于 15100 m³/s,下泄流量不大于 12000 m³/s 时,此为调度辅助方式。

8)水库水位 300m,开启左右底孔,低水位冲沙,达到恢复有效库容的目的。

9)每场洪水的洪峰过去后,入库流量逐渐减少,水库水位逐渐降低时,应控制水库水位在汛限水位 325m 以下运行。

10)泄量一般应随入库流量增大而增大,反之随入库流量减少而减少,以避免因预报不准而引起的多泄或少泄。

2.13.3　调度过程

2.13.3.1　雨水情

2012 年安康区间流域 1—9 月降雨 885.1mm,与多年均值 1031mm 相比降雨偏少一成半。2012 年石泉—安康区间 1—9 月降雨情况见表 2.13.1。

表 2.13.1　　　　　　　　　2012 年石泉—安康区间 1—9 月降雨情况表

月份	1	2	3	4	5	6	7	8	9
区间雨量（mm）	9.6	3.3	25.5	51.8	169.2	96	241.7	133	155
区间多年平均雨量（mm）	11	14	46	88	128	155	233	140	216
比较（%）	87	23	55	59	132	62	104	95	72

2012 年汛期由于降雨集中，总体来水偏多，来水主要集中在 7 月上旬和 9 月上旬。主汛期汉江流域干流发生 4 次洪水过程，特别是"9·2 洪水"，安康水库持续 20 小时入库流量在超过 10000 m^3/s 以上。安康水电站 2012 年洪水过程统计见表 2.13.2。

表 2.13.2　　　　　　　　　安康水电站 2012 年洪水过程统计表

洪水编号	洪峰流量（m^3/s）	洪现时间	洪水总量（亿 m^3）	弃水（亿 m^3）	起调水位（m）	最高库水位（m）	出现时间	最大出库流量（m^3/s）	出现时间
20120704	12288	7 月 4 日 21 时	9.3	0.45	313.82	324.73	7 月 6 日 8 时	2512	7 月 5 日 14 时
20120710	9264	7 月 10 日 15 时	20.4	13.4	320.17	325.41	7 月 11 日 8 时	8700	7 月 8 日 24 时
20120902	16698	9 月 2 日 12 时	17.0	5.45	315.21	327.18	9 月 5 日 8 时	8178	9 月 2 日 12 时
20120908	10300	9 月 8 日 9 时	11.78	7.17	322.77	325.02	9 月 13 日 23 时	7950	9 月 8 日 13 时

截至 9 月底，安康水库入库水量 154.9 亿 m^3，出库水量 160.56 亿 m^3，弃水水量 26.4 亿 m^3，发电量达 21.62 亿 kW·h，水量利用率 83.3%。2012 年安康最大入库洪峰流量为 16698 m^3/s，峰现时间为 9 月 2 日 12 时。最大日洪量为 9 月 2 日，入库水量 7.90 亿 m^3。主汛期最高库水位 327.47m，出现在 9 月 4 日 10 时。最低水位为 308.05m，出现在 6 月 17 日。总开启闸门 39 次，泄洪历时 742.45 小时。

2.13.3.2　调度过程

2012 年汛期汉江流域发生 4 次洪水过程，洪水主要集中在 7 月和 9 月，通过共同努力、合理调度，保证了安康水电站的正常稳定运行。

"20120704 洪水"出现在 7 月 4 日 21 时，安康水库出现入库洪峰流量 12288 m^3/s，最大下泄流量 2512 m^3/s，拦蓄洪量 6.7 亿 m^3，削峰 9776 m^3/s，削峰达到 80%。为应对本次降雨洪水过程，安康水库从 6 月 24 日开始，联系调度加大机组负荷运行，以腾库迎汛。

"20120710 洪水"是一场复式洪水过程,7 月 8 日 1 时安康水库出现第一个洪峰,流量为 7326 m^3/s;7 月 10 日 15 时出现第二次洪峰,流量为 9264 m^3/s。7 月 8 日 1 时,最大出库流量为 8700 m^3/s,拦蓄洪量 3.6 亿 m^3,削峰 564 m^3/s,削峰率 6%,本场洪水过程水库总入库水量 21 亿 m^3,弃水总量 9.14 亿 m^3。安康水库本次调度过程严格按照安康市防汛指挥部文件执行。

"20120902 洪水"出现在 9 月 2 日 12 时,入库洪峰流量 16698 m^3/s,9 月 2 日 10 时,最大出库流量7935 m^3/s,拦蓄洪量 3.6 亿 m^3,削峰 8763 m^3/s,削峰达到 52%,洪水总量 17 亿 m^3,弃水 5.45 亿 m^3,库水位蓄至 327.18m。为应对本次降雨洪水过程,安康水库从 8 月 29 日开始,联系调度加大机组负荷运行,以腾库迎汛。水库水位于 8 月 31 日 8 时从 315.21m 开始起涨,9 月 1 日下午 5 时,起涨流量超过 10000 m^3/s,并持续近 20 个小时。安康水库严格执行安康市政府指令,通过精确调蓄,控制下泄流量不超过 8000 m^3/s,多次调整闸门运行方式,最大下泄流量 7935 m^3/s,削峰达到 52%,保障下游蜀河镇不发生大规模人员撤离搬迁,减少人民群众生命财产损失,维护社会稳定。

"20120908 洪水"出现在 9 月 8 日 9 时,洪峰流量 10300 m^3/s,最大出库流量 7950 m^3/s,拦蓄洪量 1.6 亿 m^3,削峰 2350 m^3/s,削峰达到 23%,总入库水量约 11.78 亿 m^3,弃水 7.17 亿 m^3。经过安康水库的调节,错峰 4 个小时。为应对本次降雨洪水过程,安康水库从 9 月 6 日 22 时 30 分开启 2 号、4 号表孔进行预泄,随后根据降雨洪水情况进行了闸门的调整,最多开启了 4 个底孔、两个表孔进行泄洪。库水位于 9 月 10 日 16 时降至 322.77m。

2012 年汛期共有 4 次强降雨和洪水过程,总体来水偏多,安康水电站在各级防汛指挥部门的正确领导下,积极应对,科学调度,通过准确预报、提前腾库等办法,充分发挥安康水库调洪调蓄能力,全力减轻安康市防汛压力,得到省、市政府领导的肯定。

2.14 蔺河口水电站

2.14.1 基本情况

蔺河口水库流域在东经 108°48′~109°22′、北纬 31°51′~32°35′之间,多年平均流量 34.9 m^3/s,年径流量 11 亿 m^3,控制集水面积 1450km²。岚河属峡谷山溪性河流,流域内山高谷深,整个流域呈东南高、西北低的长条形。流域内气候温和,雨量充沛,植被良好,水系发育,河网密度大,河长在 10km 以上的支流有 15 条。

水库正常蓄水位 512m,死水位 485m,汛限水位 510m,水库总库容 1.47 亿 m³,兴利调节库容 0.875 亿 m³,防洪库容 0.1 亿 m³,为不完全年调节水库。蔺河口水电站大坝设计为碾压混凝土双曲拱坝,坝高 96.5m,坝身布置 5 孔 9m×10.5m(单孔尺寸)泄洪表孔和液压工作弧门,表孔堰顶高程 502m。泄洪洞位于大坝左岸上游 650m 岚河弯道处,主要由进口段、洞身段和出口消能段组成。全长 351.85m,进水口底板高程 464m,进口布置一道 4m×4m 工作弧门,洞身为城门洞型,最大泄量为 400 m³/s。电站装机容量 7.2 万 kW。

大坝及泄洪建筑物设计防洪标准为 100 年一遇、1000 年校核,相应洪水流量分别为 2950 m³/s、3750 m³/s,水库调蓄后的下泄流量分别为 2780 m³/s、3480 m³/s。

2.14.2 防洪任务与调度原则

蔺河口水电站是一座以发电为主兼顾养殖、旅游等综合效益的二等大(2)型枢纽工程,为了提高水库发电效益,合理解决防洪与兴利的矛盾,主汛期,在确保水库防汛安全的前提下,保证一定的兴利(发电)蓄水,前、后汛利用水库的调蓄作用,适时调蓄水量。

2.14.2.1 水库设计防洪标准以内的洪水调度

水库设计防洪标准以内的洪水,是指小于水库防洪标准(100 年一遇,洪峰流量 2950 m³/s),考虑下游县城河道防洪标准(30 年一遇,洪峰流量 2400 m³/s),调度时,根据库水位、洪峰流量及持续时段,调控下泄流量小于入库流量,水库水位尽可能不超过 511.1m;当入库流量不超过 2480 m³/s时,水库最大下泄流量不超过 2340 m³/s,水库水位维持在 510m 以下运行;当入库流量大于 2950 m³/s而小于 3750 m³/s时,按照出入库平衡控制水库最大下泄流量,水库水位不超过 511.1m。

2.14.2.2 保坝洪水调度

当入库流量不小于 3750 m³/s时,超过了水库防洪标准(1000 年一遇),为防止洪水漫坝溢流,危及大坝安全,此时按来多少泄多少的原则,5 个表孔及泄洪洞全开泄洪。

2.14.2.3 错峰调度

蔺河口水电站主汛期,汛期起调水位 510m,防洪库容 900 万 m³。洪水由岚河汇入安康水库。当安康水库在紧急情况下,水调人员要服从市防总的统一指挥,配合安康电站做好错峰调度。

安康水电站入库流量超过 10000 m³/s,石泉、喜河水电站入库流量小于 6000 m³/s,蔺河水电站入库流量小于 1000 m³/s,且水库上游降雨较小,关闸限泄减小安康水库入库洪水。

进入主汛期,通过加大发电的方式,保持水库低水位运行,并在洪水到来之前,预泄腾库,具体控制水位如下:6—7 月,洪前水库水位控制在 505m;8 月,控制在 507m;9 月,控制在 508m;10 月,控制在 510m。

2.14.3 调度过程

2.14.3.1 雨水情

汛期(4 月 1 日至 9 月 30 日)蔺河口水库流域平均降雨量为 746.9mm,最大 1 小时降雨量是八仙站为 30mm/h(9 月 8 日),最大 3 小时降雨量是八仙站为 47mm/h(9 月 8 日),最大 6 小时降雨量是漳河站为 76mm/h(9 月 8 日),最大 24 小时降雨量是八仙站为 92mm/h(9 月 1 日),最大 48 小时降雨量是八仙站为 122mm/h(6 月 29 日),最大 72 小时降雨量是八仙站为 122mm/h(6 月 29 日)。日最大降雨量是八仙站为 90mm/h(9 月 1 日)。主汛期(7—9 月)降雨量平均为 476.8mm,占汛期平均降雨量的 63.8%。2012 年汛期降雨量比多年平均略偏多,且主要集中在主汛期,降雨强度大,间隔和持续时间短,但降雨在空间分布不均,只在部分流域出现强降雨,所以没有发生大的洪水过程。2012 年 7—8 月有一次一个多月的伏旱,降雨总量偏少。

汛期径流总量为 5.9159 亿 m³,暴雨洪水总量 2.7145 亿 m³,其中暴雨洪水占汛期径流总量的 45.9%。

2012 年度洪水特征为洪峰较小,洪水量较少,洪水过程持续 2～3 天,2012 年汛情主要集中在 7 月、9 月。在全年 7 次暴雨洪水中,最大洪峰流量 899.9 m³/s(7 月 4 日 23 时至 5 日 24 时)。场次洪水过程总量小,最大洪量 0.5238 亿 m³,最小洪量 0.155 亿 m³。

2.14.3.2 降雨、洪水预报

汛期通过网络、电视和省、市防汛部门等多种渠道了解天气信息。掌握暴雨发生发展过程,预测暴雨洪水总量,指导水库调度工作。

洪水预报采用水情自动测报系统中的洪水预报模块,选定预报时间后,由系统自动给出洪峰流量、峰现时间。该模型采用三水源新安江模型,选定流域内的典型洪水过程自动核定预报参数,为后期洪水预报奠定基础,受典型洪水选取和上游小水库蓄

泄等多种因素的影响,较小流域内的洪水预报准确率较低。

2.14.3.3 调度过程

汛期,尽量通过加大发电方式,保持水库处于低水位运行,以保证暴雨洪水时多滞蓄洪水、削减洪峰。做到有水即发,最大可能地把洪水资源转化为电力资源。汛末,适时抬高库水位,为枯水期存蓄水量。

汛前水库水位 495.6m(4 月 30 日 8 时),防洪库容 5058 万 m^3。5 月上旬末的一次暴雨来洪水 3875 万 m^3,洪峰 566 m^3/s,经调蓄出库流量为 55 m^3/s,削峰 511 m^3/s,削峰率 90.3%,库水位上涨到 500.36m。经加大发电,水库水位降到 490.0m 左右,为迎接主汛期的暴雨洪水做好了调蓄准备。

到 7 月上旬,流域内连续发生两次暴雨洪水,过程降雨量 151mm,洪峰流量899.9 m^3/s,起调水位 489.59m,出库流量 86 m^3/s,最高调洪水位 505.55m,拦蓄洪量 8878 万 m^3,削减洪峰 814 m^3/s,削峰率 90.5%。1 月中下旬至 8 月底,流域内降雨不均匀,没有发生较大的地表径流,水库水位多在 490m 以下的低水位运行。

9 月上旬降雨偏多,自 9 月 1 日 17 时起至 9 月 12 日 17 时止,在短短的 11 天内,蔺河口水库流域连降 3 次大到暴雨。流域平均降雨量累计达 185mm,洪峰流量分别为 791.67 m^3/s、898.61 m^3/s、677 m^3/s,因支援下游岚皋县城污水处理厂建设,没有及时开机发电。直到 9 月 4 日 11 时才开机发电,但受上网限制,一直没能持续满发,限负荷最低时达到 3 台机带 3.16 万 kW。水库水位持续上涨,至 11 日 20 时 30 分,蔺河口水库开启 3 号表孔泄洪,下泄流量 282 m^3/s,洪峰流量 677 m^3/s,削减洪峰319 m^3/s,削峰率 47%。3 次洪水总量超过 1.38 亿 m^3。至 14 日 20 时 20 分,水库水位 510m,入库流量 66 m^3/s,关闭 3 号表孔闸门,泄洪历时 71 小时 50 分,共计弃水2669 万 m^3。2012 年蔺河口水库洪水调度统计见表 2.14.1。

表 2.14.1 　　　　　　　　　　2012 年蔺河口水库洪水调度统计表

日期		洪峰流量 (m^3/s)	起涨水位 (m)	最高水位 (m)	流域平均降雨量 (mm)	洪水总量 (亿 m^3)	泄洪水量 (亿 m^3)	径流深 (mm)	径流系数
开始时间	结束时间								
5 月 7 日	5 月 10 日	565.61	492.27	500.36	73.1	0.3875		26.7	0.37
5 月 28 日	5 月 30 日	189.94	487.22	490.23	29.9	0.155		10.7	0.36
6 月 29 日	7 月 3 日	587.56	489.59	496.43	88.2	0.3641		25.1	0.28
7 月 3 日	7 月 6 日	899.9	495.1	505.55	62.7	0.5238		36.1	0.58

续表

日期		洪峰流量（m³/s）	起涨水位（m）	最高水位（m）	流域平均降雨量（mm）	洪水总量（亿 m³）	泄洪水量（亿 m³）	径流深（mm）	径流系数
开始时间	结束时间								
9月1日	9月3日	791.67	488.78	500.65	71.1	0.3611		25	0.35
9月8日	9月10日	898.61	498.39	507.71	72.3	0.4735		33	0.45
9月11日	9月14日	677	507.69	510.6	41.8	0.4495	0.267	31	0.74
合计（最大、高）		899.9		510.6	439.1	2.7145	0.267	187.6	0.43

2.15　黄龙滩水电站

2.15.1　基本情况

黄龙滩水电站位于鄂西北山区、汉江主要支流堵河的下游、湖北省十堰市黄龙镇以上 4km 的峡谷出口处，坝址控制流域面积为 1.11 万 km²，总库容 11.625 亿 m³，正常蓄水位 247m，防洪限制水位 247m，防洪库容 1.5 亿 m³。根据黄龙滩水文站 1950—1973 年实测径流资料统计，多年平均流量为 191 m³/s，多年平均径流量达 60.2 亿 m³；根据黄龙滩水库 1974—2008 年入库流量资料统计，多年平均流量为 172 m³/s，多年平均径流量达 54.6 亿 m³；根据 1950—2009 年资料系列统计，多年平均流量为 179 m³/s，多年平均径流量达 56.7 亿 m³。

拦河坝坝型为混凝土重力坝，坝顶高程为 252m，最大坝高 107m，坝顶总长 371m，由右至左共分 22 个坝段。其中 5 号为城市供水取水口坝段，设计引用流量 3.0 m³/s。6 号为升船机坝段，最大船只载荷 30t，年过坝货运量 19.1 万 t。7 号为表孔溢流坝段，堰顶高程 238.0m。8～13 号为带胸墙的河床潜孔式溢流坝段，堰顶高程 227.0m。14 号为深水式泄水、排沙放空水库坝段，堰顶高程 197.0m。17 号、18 号为电站进水口坝段。坝顶 7～13 号坝段防浪墙顶高程 253.77m，非溢流坝段防浪墙顶高程 254.30m。

本工程设计使用年限为 50～100 年，属二等工程，是一个以发电为主，兼有供水、防洪等效益的大型水利水电工程。其主要建筑物按 100 年一遇坝址洪水 13300 m³/s 设计，500 年一遇坝址洪水 16600 m³/s 校核。2001 年 7 月大坝安全二轮定检将湖北黄龙滩水电站列为二等工程，相应大坝列为二级建筑物。由于大坝的防洪设计标准偏低，不能满足现行规范对二级建筑物的防洪要求，对照《水电站大坝安全检查施行

细则》,2003 年 12 月被评为病坝。2009 年 7 月至 2010 年 12 月,国家大坝安全监察中心组织了黄龙滩水电站大坝安全第三次定期检查,2011 年 10 月正式下发坝监安监〔2011〕49 号文《黄龙滩水电站大坝安全第三次定期检查审查意见》,上游潘口水电站水库的建成投运之后,通过潘口水库预留防洪库容和两库联合防洪调度,黄龙滩水电站大坝可以达到 2000 年一遇的防洪标准,因此评定为正常坝,装有两台 7.5 万 kW 水轮发电机组。1993 年增容改造为两台 8.5 万 kW 水轮发电机组;2002 年 6 月扩机增容两台 17 万 kW 水轮发电机组,于 2005 年 6 月、8 月相继投产发电;现总装机容量 51 万 kW。

2.15.2　防洪任务与调度原则

2.15.2.1　防汛任务和目标

遇设计标准内洪水,确保不垮坝、不漫坝、不淹发电厂房。

2.15.2.2　调度原则

坚持"安全第一、常备不懈,以防为主、全力抢险"的方针。对于特大洪水的可能发生,"宁可信其有、不可信其无"、"宁可信其大、不可信其小",从最坏处着想,向最好方向努力。

2.15.3　调度过程

2.15.3.1　雨水情

截至 9 月底,2012 年堵河流域累计降雨量 711.1mm,较多年均值 800.2mm 偏少89.1mm,偏小 11.1％;汛期 4—9 月累计降雨量 673.2mm,较多年均值 722.1mm 偏少 48.9mm,偏小 6.8％。

(1)降雨特征

降水偏少,来水偏枯,受台风影响仅 5 月、9 月两个月降水略偏多。黄龙滩水库2012 年 4—9 月降雨见图 2.15.1。

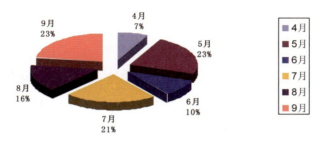

图 2.15.1　黄龙滩水库 2012 年 4—9 月降雨图

（2）来水特征

黄龙滩水库年累计入库水量 27.03 亿 m³，较多年均值 45.97 亿 m³ 少 18.94 亿 m³，偏少 41.21%。4—9 月，累计入库水量约 22.90 亿 m³，较多年均值 41.26 亿 m³ 少 18.36 亿 m³，偏少 44.5%。

黄龙滩水库 2012 年 1—9 月入库水量分配见图 2.15.2。

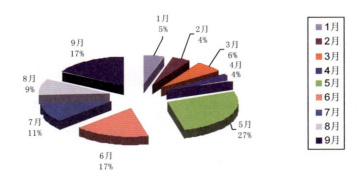

图 2.15.2　黄龙滩水库 2012 年 1—9 月入库水量

2012 年来水特征与降水对应关系不强，除蒸发影响外，主要因上游水库潘口水电站的拦蓄与调节，对水量重新进行了时段分配。黄龙滩水库 2012 年汛期水雨情与历年同期均值见表 2.15.1。

表 2.15.1　　　　　黄龙滩水库 2012 年汛期水雨情与历年同期均值对照表

月份	降水量（mm）			入库流量（m³/s）		
	2012 年	历年均值	距平（%）	2012 年	历年均值	距平（%）
4 月	49.5	80.8	−39	40.3	187	−78
5 月	156.2	109.9	41	271	249	9
6 月	64	121.5	−47	176.8	235	−25
7 月	144.7	154.5	−9	113.3	336	−66
8 月	104.8	137.1	−24	89.7	277	−68
9 月	154	118.3	−33	177	291	−39
合计/平均	673.2	722.1	−6.8	144	262	−45

注：表中历年均值为 1950—2011 年历年平均数值。

2.15.3.2　降雨、洪水预报

截至 9 月底，2012 年堵河流域平均降水量 711.1mm，因受上游各水电站尤其是潘口水库拦蓄及下泄影响，黄龙滩水库来水仅有 27.03 亿 m³，属于偏枯年份。全年

未发生流量超过 1000 m³/s 的较大洪水。

（1）配合省道襄关线堵河大桥施工

2012 年 2 月 16 日接到《竹山县人民政府关于调节黄龙滩水库蓄水位的请示》，位于黄龙滩水水库上游的省道襄关线堵河大桥因使用年限超过设计年限，竹山县计划于 2012 年 3 月 1 日至 11 月 30 日对省道襄关线堵河大桥墩台和上部构造进行维修加固，届时需要黄龙滩电厂配合将水库水位控制在 239m 以下。

潘口水电站因处理上游滑坡体及工程施工需要，于 2012 年 3 月 5—13 日开启闸门泄洪，将水库水位控制在 334m 以下，黄龙滩电厂平均入库维持在 200 m³/s。

为了优化调度潘口水电站下泄水量，合理利用每滴水发好每度电，又要确保省道襄关线堵河大桥维修加固工程顺利进行，黄龙滩电厂先将水库水位蓄至汛限水位 247m 左右，于 4 月 1 日至 5 月 4 日集中发电，将黄龙滩水库水位消落至 239m 以下，以满足省道襄关线堵河大桥维修加固工程工期顺利开展的条件。

（2）积极应对台风"达维"、"苏拉"来袭

2012 年 8 月 3 日，黄龙滩水调人员收到十堰市气象部门发布流域将发生中到大雨、局部暴雨的天气预警后，立即向厂防汛领导小组相关领导汇报，并将水雨情信息通知运行中控室。运行分场根据度汛方案立即加强防雷、防闪电措施，检修分场起重班进入 24 小时防汛待命状态。

8 月 4—6 日，受第 10 号台风"达维"及强热带风暴"苏拉"影响，黄龙滩水库迎来入汛以来最强一次降雨，暴雨中心集中在区间，黄龙滩区间 3 个遥测站点降雨量超过 50mm，其中坝前降雨量最大达 114mm。由于来水迅猛，坝前水位自 8 月 5 日 17 时开始迅速上涨直逼汛限水位，6 日 7 时坝前水位最高涨至 246.65m，距离汛限水位不足 0.4m，最大入库流量为 625 m³/s（8 月 6 日 8 时）。在省公司调控中心的积极协调下，黄龙滩电厂于 6 日凌晨 4 时起 4 台机组全部满发，发电出力达 51 万 kW，出库流量增加至 680 m³/s，以发电流量逐渐消落库水位，水位始终控制在汛限水位以下，有效减轻了水库的防洪压力。据统计，此轮降雨为水库带来近 0.6 亿 m³ 水量，折合电量 1100 万 kW·h。

2.16 潘口水电站

2.16.1 基本情况

潘口水电站坐落于湖北省十堰市竹山县上游 13km，位于汉江支流堵河流域，坝址

以上控制面积 8950km²，多年平均流量 164 m³/s，多年平均径流量 51.7 亿 m³。水库校核洪水位 360.82m，设计洪水位 357.14m，正常蓄水位 355.00m，防洪限制水位 347.60m（暂定），死水位 330.00m，总库容 23.38 亿 m³，死库容 8.5 亿 m³，调节库容 11.20 亿 m³，预留防洪库容 4 亿 m³，为完全年调节水库。

潘口水电站大坝主体结构为混凝土面板堆石坝，坝顶高程 362.0m，最大坝高 114.0m，坝顶宽 9.2m，坝长 292m，主要泄洪设施为布置在右岸坝肩的 3 孔溢洪道和布置在溢洪道右侧山体内的 1 孔泄洪洞，总泄洪能力 15800 m³/s。

潘口水电站第一台机组于 2012 年 5 月建成投产，工程以发电为主，兼有防洪、供水等综合效益。电站总装机容量 50 万 kW，由 2 台 25 万 kW 混流式水轮发电机组成，设计保证出力 8.7 万 kW，多年平均发电量 10.785 亿 kW·h，设计水头 83m，设计单机引用流量 342 m³/s，全厂机组设计最大过水能力 684 m³/s，经一回 500kV 出线与电网相连。

2.16.2　防洪任务与调度原则

2012 年是潘口水电站工程发挥综合效益的关键性年份，潘口水电站工程基本完工，具备正常运用条件。根据潘口水电站工程进度和施工安排，7 月底之前完成最后一孔溢洪道弧形工作门的安装工作，以及大坝防浪墙、坝顶回填及坝顶公路等项目的施工，7 月底之后工程基本完工，具备正常运用条件。

（1）7 月底前水库的防洪任务与调度原则

7 月底前潘口水库仍处于工程建设期，不具备正常运行条件，枢纽不承担防洪任务，水库调度运用原则只是按枢纽工程自身安全进行调度，控制水位运行，确保大坝和泄洪消能建筑物的安全。

2012 年 5 月，溢洪道检修闸门和左右侧两扇表孔弧门尚未安装完毕前，控制水库水位不超过 335.0m；2012 年 6 月、7 月可利用已安装好的两扇弧门和一扇检修闸门挡水，按 1000 年一遇洪水坝前最高水位不超过 356.0m 控制，水库蓄水位按不超过 340.0m 控制。

（2）7 月底之后水库的防洪任务与调度原则

7 月底之后工程已经基本完工，具备正常运用条件，开始承担下游防洪任务，按照正常运行的防洪调度方式进行调度。

潘口水库的防洪任务是在确保水库大坝安全的前提下充分发挥水库的拦洪削峰作用，将黄龙滩水库防洪标准由 100 年一遇设计提高到 500 年一遇，500 年一遇校核

提高到 2000 年一遇;将竹山县城防洪标准由 20 年一遇提高到 50 年一遇;配合丹江口水库对汉江中下游的防洪任务,削减其成灾洪量。

对于汉江中下游,潘口水库控制的洪量所占比例较小,其防洪作用的发挥主要是与丹江口水库配合运用,削减进入丹江口水库的洪量,提高丹江口水库的蓄洪错峰能力,并通过丹江口水库的补偿调度予以实现,而对于黄龙滩水电站大坝,潘口水库的防洪调度直接影响黄龙滩大坝的防洪安全。因此,潘口水库的防洪调度方式,应兼顾黄龙滩大坝防洪安全。按照此项原则,并参考 2006 年 8 月长江水利委员会长江勘测规划设计研究院编制的《湖北省堵河潘口水库防洪专题研究报告》,初拟潘口水库的防洪调度方式如下:

1)主汛期当堵河和汉江中下游均未发生大洪水,不需要潘口水库防洪时,原则上按泄量等于来量的方式控制水库下泄流量,保持水库水位为防洪限制水位 347.60m。

2)若预报丹江口—碾盘山区间流量大于 10000 m^3/s,潘口水库开始按配合丹江口水库对汉江中下游防洪的方式拦蓄洪水(具体拦蓄要求由长江防汛抗旱总指挥部明确),直至水库水位达到 353.20m。

3)若预报丹江口—碾盘山区间流量小于 10000 m^3/s,而潘口入库流量大于 347.60m,对应泄流能力 6460 m^3/s,潘口水库按敞泄方式调度,水库水位自然壅高,直至水库水位达到 353.20m;其间若预报丹江口—碾盘山区间流量超过 10000 m^3/s,即转入 2)的方式调度。

4)当与潘口水库水位达到 353.20m,即按提高黄龙滩大坝防洪标准的方式调度。若入库流量小于 353.20m,对应泄流能力 10200 m^3/s,逐步开启泄洪设施,保持泄量等于来水流量,水库水位保持 353.20m 运用;若入库流量超过 353.20m 对应泄流能力,水库水位壅高后,控制下泄流量不超过 10700 m^3/s,直至水库水位达到 358.40m。

5)当潘口水库蓄洪至防洪高水位 358.40m 后,则按敞泄方式调度,确保枢纽工程防洪安全。

6)水库调洪蓄水后,在洪水退水过程中,应根据黄龙滩水电站、汉江中下游的洪水实际情况和防洪形势,在保障下游行洪安全的前提下,使水库水位尽快消落至防洪限制水位 347.60m,以利于防御下次洪水。

2.16.3 调度过程

2.16.3.1 降雨

因潘口水库调度自动化系统在 6 月 1 日才投入试运行,缺少 6 月以前的水库调度运行数据,因此只统计 2012 年汛期 6—9 月的数据。2012 年汛期(6—9 月)水库以上流域降水量 491.2mm,较多年均值(533.5mm)偏少不到 1 成,降水量属正常略偏少年份。从各月分布情况来看,9 月偏多,7 月持平,6 月、8 月偏少。从降雨的空间分布来看,从上游到下游递减趋势,汇湾河、县河、泉河降雨量偏多,官渡河流域降雨量偏少。最大降雨地点为杨家扒站,6—9 月雨量 883mm。2012 年潘口水电站汛期降水、来水情况见表 2.16.1。

表 2.16.1　　　　　　　　2012 年潘口水电站汛期降水、来水情况表

时间	降水量(mm)	均值(mm)	趋势	入库	均值	趋势
6 月	66.9	120.3	−4.4	102	220.3	−5.4
7 月	159.3	159.0	持平	176	283.1	−3.8
8 月	103	137.9	−2.5	119.3	226.3	−4.7
9 月	162	116.3	3.9	234.1	264.5	−1.1
合计	491.2	533.5	−0.8	157.7	248.7	−3.7

2.16.3.2　来水

6—9 月水库累计来水 16.621 亿 m^3,较多年均值 26.212 亿 m^3 偏少 3.7 成。

汛期 6—9 月,除 9 月偏少 1 成左右,其他各月均偏少 3.8 成以上,其中 6 月来水较均值偏少 5.4 成,属来水较枯月份。

2.16.3.3　调度过程

2012 年汛期潘口水库共发生 1 场入库洪峰流量大于 800 m^3/s 的洪水,洪水发生在 9 月,本场洪水为复峰洪水,最大入库洪峰流量 1270 m^3/s(9 月 13 日 1 时),洪水总量 1.862 亿 m^3。2012 年潘口电站洪水特征值统计见表 2.16.2。

表 2.16.2　　　　　　　　2012 年潘口水电站洪水特征值统计表

洪号	洪峰(m^3/s)	洪量(亿 m^3)	最大出库(m^3/s)	时间	削峰率(%)	降雨量(mm)
091301	1270	1.862	374	9 月 13 日 1 时	100%	58.6

(1)5 月水库调度情况

5 月由于潘口水电站尚未投产发电,溢洪道检修闸门和左右侧两扇表孔弧门尚未安装完毕,水库水位按不超过 335m 控制。5 月 1 日 8 时,水库水位 335.83m,潘口水库开启泄洪洞下泄多余水量,并根据水库水位和入库流量以及小漩水电站施工围

堰的要求等情况进行控泄,最大下泄流量 462 m³/s(15 日 21 时竹山站流量)。8 日 15 时水库水位最高上涨至 336.15m 后开始缓慢下降,12 日 9 时水库水位下降至 334.98m,随后水库水位维持在 335m 附近运行 1 周左右。从 17 日开始,水库水位又开始缓慢下降,至 22 日 20 时水库水位下降至 332.21m 后,水库开始逐步减小下泄流量至 200 m³/s 左右,25 日 11 时水库水位最低降低至 332.15m。考虑潘口电站 1 号机组在月底将并网发电,水库进一步减小下泄流量 40 m³/s 左右,水库水位开始逐步回升,至月底水库水位回升至 335.42m(6 月 1 日 8 时)。潘口水电站 1 号机组于 5 月 31 日并网发电。

(2)6 月水库调度情况

由于 6 月水库工程尚未完工,水库蓄水位按不超过 340m 控制。1 号机投运后,开始通过发电下泄降低水库水位。水库水位从最高的 336.37m(5 日 6 时)逐步降低,6 月 21 日时水库水位降低至 330.24m,接近死水位,电站开始转入调峰方式运行,水位开始缓慢回升,至月底水位回升至 331.75m(7 月 1 日 8 时)。

(3)7 月水库调度情况

7 月 1—15 日,由于水库水位降低,电站仍采用调峰方式运行,水库水位开始逐步回升,至 16 日 8 时水库水位上涨至 338.01m,接近水位控制上限,为防止弃水,电站开始逐步加大出力,水库水位最高上涨至 338.24m(18 日 8 时)。随后水库在电站加大发电下泄的情况下,水库水位开始缓慢下降,至月底水位降至 337.11m(8 月 1 日 8 时)。

(4)8 月水库调度情况

8 月工程已经基本完工,具备正常运用条件,开始承担下游防洪任务,按照正常运行的防洪调度方式进行调度。按规定 8 月 20 日前水库防汛限制水位为 347.6m,8 月 20 日后水库可逐步蓄水至 355m。8 月水库调度主要是在确保防洪安全的前提下,电站以调峰方式运行,蓄水储能,逐步抬高水库水位,水库水位从月初的 337.11m 缓慢上升至月末的 341.77m(9 月 1 日 8 时)。由于小漩水电站未能与潘口水电站同步建成,小漩水库不能进行反调节,潘口水电站在调峰运行时,下游水势不稳,河水易陡涨陡落,同时河流的生态流量及下游城镇的生产生活用水不能满足,为避免引起水事纠纷,潘口水库应地方政府的要求,于 8 月 7 日 13 时部分开启泄洪洞,下泄水量以满足生态流量和下游生产生活用水,下泄流量约 35 m³/s。本月弃水约 0.757 亿 m³。

(5)9 月水库调度情况

9 月上旬水库仍以蓄水储能为目标,电站停止发电,库水位从月初的 341.77m 上升至 344.62m(11 日 8 时)。9 月 7—8 日,水库以上流域普降大到暴雨,过程雨量 65.7mm,降雨主要集中在 7 日,日降雨量 46.7mm。受降雨的影响,上游的松树岭等中小水库相继开闸泄洪,水库入库流量迅速增大,水库水位快速上涨。9 月 10 日预测 10—12 日水库以上流域将有 50～80mm 降水发生,预计洪峰流量 800～1000 m³/s,入库洪水总量约 2 亿 m³,水库水位可能达到 348m 左右。7—8 日的降雨过程未形成大的洪水过程,但增加了底水,使上游的中小水库失去了调蓄能力。10—12 日水库以上流域又普降大雨,过程雨量 58.6mm,降雨主要集中在 11 日,日降雨量 42.1mm。

受降雨的影响,上游的松树岭等中小水库再次开闸泄洪,水库迎来了入汛以来的首场洪水。受水库开闸泄洪影响,本场洪水洪峰呈现为复峰,第一个洪峰流量为 1200 m³/s(11 日 21 时),第二个洪峰流量 1270 m³/s(13 日 1 时),本场洪水入库洪水总量 1.862 亿 m³。受洪水入库的影响,水库水位自 344.63m 开始起涨,至 14 日 7 时本场洪水结束时涨至 347.31m,水库以满负荷发电下泄,泄洪洞闸门未操作仍处于局部开启状态,泄洪洞下泄流量约 38 m³/s,最大下泄流量 374 m³/s。水库完全拦蓄了本场洪水,拦蓄洪量 1.323 亿 m³。

9 月中旬接到通知,由于库区内工程施工要求潘口水库水位 10 月控制在 345m 左右,为尽快将水库水位削落,9 月中、下旬电站加大发电出力运行,至月底将水库水位削落至 345.75m(10 月 1 日 8 时),本月水库水位最高蓄至 347.92m(19 日 1 时)。泄洪洞闸门于 9 月 24 日 9 时关闭,本月共弃水约 0.779 亿 m³。

2.17　鸭河口水库

2.17.1　基本情况

鸭河口水库位于长江流域汉江支流唐白河的白河上游,是一座以防洪、灌溉为主,兼顾工业及城市用水,结合发电、养鱼等综合利用的大型水利枢纽工程。

鸭河口水库防洪标准为 1000 年设计、10000 年校核,控制流域面积 3030km²,总库容 12.2 亿 m³,正常蓄水位 177m,防洪限制水位 175.7m,防洪库容 5.21 亿 m³,电站装机容量 1.3 万 kW,多年平均年径流量 10.93 亿 m³,多年平均降雨量 800mm,其中 70% 集中在 6—9 月。

水库主要建筑物有:大坝,全长 3537m,其中主坝长 1700m,坝顶高程 183.6m;输

水洞 2 条,分别位于大坝的左、右岸,左岸输水洞为直径 3.5m 的钢筋混凝土圆洞,长 127.5m,控泄流量 25 m³/s;右岸输水洞直径为 5m 的钢筋混凝土圆洞,长 118m,控泄流量 75 m³/s;溢洪道共 2 座,位于大坝右岸,1 号溢洪道堰顶高程 170.5m,共 4 孔,每孔装 12m×9m 弧形钢闸门一扇,最大下泄流量 3591 m³/s;2 号溢洪道堰顶高程 166.0m,共 4 孔,每孔装 12m×12m 弧形钢闸门一扇,最大下泄流量 5215 m³/s。

鸭河口水库始建于 1958 年,1960 年开始拦洪蓄水,并于 1988—1992 年进行了除险加固,2009—2011 年再次进行了除险加固。

2.17.2　防洪任务与调度原则

2.17.2.1　水库防洪任务

在遭遇 100 年一遇以下标准洪水时,保证水库下游人民生命财产安全,南阳市主城区和白河两岸 7.733 万 km² 农田不受淹,保护宁西铁路、312 国道、合西高速、许南高速、南水北调总干渠等重要基础设施安全。

2.17.2.2　调度原则

鸭河口水库调度运用采用以下方式:

1)水库水位在 100 年一遇水位以下,入库流量小于 2600 m³/s,按入库流量下泄,大于 2600 m³/s,控泄 2600 m³/s。

2)水库水位超过 100 年一遇水位,当入库流量小于水库的泄流能力时,则基本上按入库流量下泄,但后一个时段流量不得小于前一时段;当入库流量大于水库的泄流能力时,则按泄流能力下泄。

3)水库水位在 100 年一遇水位或 100 年一遇水位以下时,启用 2 号溢洪道泄洪;当水库水位达到 100 年一遇水位以上时,启用 1 号、2 号溢洪道同时泄洪。

2.17.3　调度过程

2.17.3.1　雨水情

鸭河口水库 2012 年汛期流域平均降雨量 618.6mm,占年平均降雨量的 77%。汛期来水 7.36 亿 m³,出水 4.91 亿 m³。汛期最大的一场降雨发生在 7 月 4—5 日,日平均降雨量 104.6mm,最大点口子河站日降雨量 194mm。本次降雨来水 1.69 亿 m³,最大洪峰 2200 m³/s。

2.17.3.2　降雨、洪水预报

鸭河口水库 2012 年汛期最大的两场降雨过程分别发生在 7 月 4 日和 9 月 2 日。

（1）"20120704 洪水"

"20120704 洪水"降雨量见表 2.17.1。

表 2.17.1　　　　　　　　　　　"20120704 洪水"降雨量表　　　　　　　　　（单位：mm）

站名	白河	乔端	洞街	钟店	焦元	马市	羊马坪	南召	斗垛	口子河	下店	鸭河	平均
降雨	15.5	64	121	120.5	35.9	58	44.5	91.2	82.2	194	148.3	102	104.6

本次降雨最大点口子河站 24 小时降雨量 194mm,也是本年度最大点降雨站,暴雨中心在下游廖庄、建坪、口子河一带。

洪水预报:本次洪水水库起涨水位 170.39m,预报来水 1.6 亿 m^3。8 日 8 时本场洪水全部入库水量共计 1.69 亿 m^3,最大洪峰 2200 m^3/s,预报精度 95％。

（2）"20120902 洪水"

"20120902 洪水"降雨量见表 2.17.2。

表 2.17.2　　　　　　　　　　　"20120902 洪水"降雨量表　　　　　　　　　（单位：mm）

站名	白河	乔端	洞街	钟店	焦元	马市	羊马坪	南召	斗垛	口子河	下店	鸭河	平均
降雨	48.9	51.3	76.5	85	55.8	60.2	36.5	81.2	136	95	124.7	79.6	82.1

本次降雨最大点斗垛站 24 小时降雨量 136mm,暴雨中心在库区下游斗垛、建坪、下店一带。

洪水预报:起涨水位 174.60m,预报来水 0.9 亿 m^3。5 日 8 时本场洪水全部入库水量共计 0.87 亿 m^3,最大洪峰 2000 m^3/s,预报精度 97％。

2.17.3.3　阶段调度目标与实际调度过程

鸭河口水库 2012 年汛期防洪调度目标是遭遇 100 年一遇(洪峰流量 2600 m^3/s)及以下洪水时下游不受灾,遭遇超标准洪水时不垮坝。由于 2012 年汛期水库最大的两次洪水洪峰流量均小于水库 100 年一遇洪峰流量(分别为 2200 m^3/s 和 2000 m^3/s),水库将这两场洪水全部拦蓄。两场洪水实际调度过程见表 2.17.3。

表 2.17.3　　　　　　　　　　　　两场洪水实际调度过程表

洪水场次	起调水位 (m)	最大入库流量 (m^3/s)	最大出库流量 (m^3/s)	最高调洪水位 (m)	拦蓄洪量 (亿 m^3)	削峰率 (％)
20120704	170.39	2200	0	173.32	1.69	100
20120902	174.60	2000	18	175.79	0.87	99

2.18　陆水水库

2.18.1　基本情况

陆水水利枢纽位于湖北省赤壁市城区东南端,控制流域面积 3400km²,占全流域面积的 86%。枢纽由主坝、15 座副坝、电站厂房及开关站、升船机、南北灌渠渠首等主要建筑物组成。15 座副坝自右向左编成 13 个号,其中 1 号、6 号各分为 A、B 两座。主坝、3 号副坝为混凝土重力坝,2 号副坝为泄洪闸,4 号、5 号副坝为浆砌块石坝;其余均为土坝。8 号副坝规模最大,全长 1543m,最大坝高 25.6m,校核洪水标准为 5000 年一遇。陆水水库是以防洪为首要任务的大(2)型水库,水库总库容 7.42 亿 m³,校核洪水位 57.67m,设计洪水位 56.50m,防洪高水位 56.00m,汛限水位 54.00m(4 月)和 53.00m(5—6 月),防洪库容 1.13 亿 m³ 和 1.63 亿 m³,库区流域多年平均降雨 1550mm,多年平均入库水量 27.1 亿 m³。枢纽工程以 100 年一遇洪水设计,2000 年一遇洪水校核,水库对下游民垸的防洪标准为 15 年一遇洪水。下游河道安全泄量约 3000 m³/s。陆水水库南北灌渠设计灌溉面积 3.8 万 hm²,目前实际灌溉面积 1 万 hm²。陆水电站装机 5 台,总容量 4.27 万 kW。其中,原电站装机 4 台,装机容量 4.04 万 kW;防汛及试验自备电厂装机 1 台,容量 0.23 万 kW。

2.18.2　防洪任务与调度原则

2.18.2.1　防洪任务

陆水水库汛期较早,一般发生在长江主汛期之前,4 月开始进入汛期,至 9 月结束,其中,5—6 月为主汛期,7—9 月为后汛期。2012 年水库的防洪标准是:设计洪水标准为 100 年一遇,校核洪水标准为 2000 年一遇,遭遇 2000～5000 年一遇洪水时启用爆溃式非常溢洪道保坝运用。

当发生 15 年一遇及以下洪水时,保证下游城镇和民垸的防洪安全;当发生 15～100 年一遇洪水时,水库下泄流量原则上不超过京广铁路蒲圻大桥的安全通过流量;当发生超过 100 年一遇洪水时,以保证大坝安全为主控制运用。

2.18.2.2　调度运用原则

根据调度规程的规定,陆水水库采用分级控制泄量的防洪调度方式,操作时以预报入库流量的大小作为区分洪水量级的判别条件,配合预报水库水位进行调度,具体规定如下:

1）预报入库流量为 3400 m^3/s 以下时,水库下泄流量不超过 2100 m^3/s;

2）预报入库流量为 3400～5400 m^3/s 时,水库按 2500 m^3/s 控制下泄;

3）预报入库流量为 5400～6080 m^3/s,且按 2500 m^3/s 下泄,预报水库水位明显超过 56.0m 时,水库控制下泄 3000 m^3/s;

4）当预报入库流量为 6080～9390 m^3/s 时,且按 3000 m^3/s 下泄,水库水位明显超过 56.5m 时,可视入库流量的大小逐渐加大泄量,在控制水库水位不超过 56.5m 的同时,泄流量尽可能不超过 7400 m^3/s,以保证京广铁路蒲圻大桥的安全;

5）当预报入库流量在 9390～10600 m^3/s,且控泄 7400 m^3/s,水库水位明显超过 56.5m 时,敞开主坝和 3 号副坝(含底孔)闸门泄洪;

6）当预报入库流量为 10600～13300 m^3/s,且敞开主坝和 3 号副坝闸门后,水库水位仍将超过 57.1m 时,再敞开 2 号副坝闸门泄洪,控制水库水位在 57.1m 以内;

7）当入库流量为 13300～14500 m^3/s 时,水库按照现有泄洪设施的最大泄流能力敞泄;

8）当入库流量大于 14500 m^3/s,水库水位达到 57.67m 且预报将继续上涨时,启用爆溃式非常溢洪道(1 号 B 副坝)泄洪。

2.18.3　调度过程

2.18.3.1　降雨

陆水流域地处鄂东南暴雨区,其降雨多受季风环流影响。2012 年陆水流域气候异常,全年降雨偏多。截至 2012 年 9 月 30 日,流域平均降雨 1502mm,为上年同期 1128mm 的 133%,为多年同期 1366mm 的 110%。在时程分配上,1 月正常,2—5 月偏多、6—7 月偏少,8—9 月偏多。2012 年陆水流域各主要站降雨特征值见表 2.18.1。

表 2.18.1　　　　　　　　2012 年陆水流域各主要站降雨特征值表

站名	最大 24 小时降雨		最大 3 日降雨		最大 7 日降雨		年降雨量 (mm)
	降雨量 (mm)	开始日期 (月 日 时)	降雨量 (mm)	开始日期 (月 日)	降雨量 (mm)	开始日期 (月 日)	
麦　市	103	4 月 30 日 8 时	186	4 月 28 日	211	4 月 24 日	1705
通　城	102	4 月 30 日 8 时	179	4 月 28 日	224	4 月 24 日	1557
北　港	87	9 月 8 日 8 时	136	4 月 28 日	189	4 月 24 日	1461
施家段	81	4 月 30 日 8 时	143	4 月 28 日	167	4 月 24 日	1454
大沙坪	108	9 月 8 日 8 时	120	9 月 7 日	156	9 月 7 日	1392

续表

站名	最大 24 小时降雨		最大 3 日降雨		最大 7 日降雨		年降雨量 (mm)
	降雨量 (mm)	开始日期 (月 日 时)	降雨量 (mm)	开始日期 (月 日)	降雨量 (mm)	开始日期 (月 日)	
塘　口	73.5	7 月 13 日 8 时	118	4 月 28 日	148	8 月 8 日	1592
崇　阳	81.5	7 月 13 日 8 时	113	7 月 12 日	176	7 月 12 日	1360
坝　上	70	4 月 24 日 8 时	127.5	6 月 25 日	168	6 月 24 日	1416
全流域	59.5	4 月 30 日 8 时	117.4	4 月 28 日	154.9	4 月 24 日	1502

注：本表数据为遥测统计数据。

2012 年陆水流域月平均降水量见图 2.18.1。

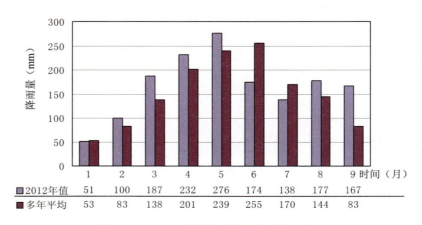

图 2.18.1　2012 年陆水流域月平均降水量图

2.18.3.2　来水情况

陆水是闭合的雨洪河流,水库来水主要为库区流域内的降雨。2012 年 1—9 月入库水量 28.821 亿 m³,为上年同期值的 153%,为多年同期值的 118%,属来水量偏多年份。从年内分配看,来水基本与降雨同步,反映出雨洪河流特性。各月来水较多年同期值比较,1 月、4 月、6 月偏少,其余各月均偏多。其中 5 月来水偏多 4 成,9 月来水是多年均值的 2.85 倍。

最大入库洪峰 1720 m³/s,最大出库流量 610 m³/s,最高水库水位 55.07m(9 月 10 日 11 时 25 分),弃水总量 1.393 亿 m³,弃水总历时 109h。陆水水库 2012 年入库水量特征值见表 2.18.2,2012 年陆水水库月入库水量见图 2.18.2。

表 2.18.2　　　　　　　　　陆水水库 2012 年入库水量特征值表

项目	最大一日		最大三日		最大七日		最大一次洪水	
	水量（亿 m³）	时间	水量（亿 m³）	开始日期	水量（亿 m³）	开始日期	水量（亿 m³）	起止日期
数值	0.729	5 月 2 日	1.555	4 月 30 日	2.49	4 月 29 日	1.838	5 月 12 日 8 时至 17 日 8 时

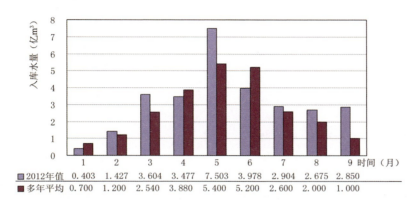

图 2.18.2　2012 年陆水水库月入库水量图

2.18.3.3　洪水预报

洪水预报是防洪调度的重要依据之一，也是水库控制运用中最重要的基础工作之一。2012 年陆水水库的洪水预报，采用 2001 年与河海大学共同研制开发的陆水水库洪水预报系统进行，并以修订后的陆水水库入库洪水预报方案作为补充和参考，运用计算机实施滚动预报、实时校正，为水库防洪调度提供了优良的水文预报成果。本年度发生洪峰流量 1000 m³/s 以上的洪水一场，水库主汛期六场洪水的预报值与实际值详见表 2.18.3。

表 2.18.3　　　　　　　　　2012 年陆水水库主要场次洪水预报情况表

洪水号	洪峰（m³/s）			峰现时间			洪量（亿 m³）				作业预报时间
	实测	预报	误差（%）	实测	预报	误差（h）	时段	实测	预报	误差（%）	
0501	1720	1630	−5.2	5 月 1 日 24 时 30 分	5 月 1 日 24 时	0.5	4 月 30 日 8 时至 5 月 4 日 8 时	1.689	1.737	2.8	4 月 30 日 20 时
0512	860	800	−7	5 月 12 日 21 时	5 月 12 日 20 时	1	5 月 12 日 8 时至 5 月 17 日 8 时	1.838	1.805	−1.8	5 月 12 日 20 时

续表

洪水号	洪峰(m³/s)			峰现时间			洪量(亿 m³)				作业预报时间
	实测	预报	误差(%)	实测	预报	误差(h)	时段	实测	预报	误差(%)	
0519	620	700	13	5 月 19 日 19 时	5 月 19 日 20 时	1	5 月 18 日 20 时至 5 月 20 日 20 时	0.569	0.615	8	5 月 19 日 8 时
0525	600	700	13	5 月 25 日 2 时	5 月 25 日 2 时	0	5 月 24 日 2 时至 5 月 28 日 2 时	1.264	1.296	3	5 月 24 日 20 时
0530	450	560	24	5 月 30 日 2 时	5 月 30 日 2 时	0	5 月 29 日 8 时至 6 月 2 日 8 时	0.500	0.562	12	5 月 29 日 20 时
0628	700	780	11	6 月 28 日 11 时	6 月 28 日 8 时	3	6 月 26 日 8 时至 7 月 1 日 8 时	1.310	1.304	-0.5	6 月 28 日 8 时

注:实测数据为反推入库流量的统计数据。

2.18.3.4 防洪调度

陆水水库地理位置重要,防洪任务十分艰巨。该工程除本身以 100 年一遇洪水设计,2000 年一遇洪水校核,对下游还承担有 15 年一遇洪水的防洪保护任务,而且当流域发生 15～100 年一遇标准洪水时,应适当控制下泄流量以满足京广铁路蒲圻铁路大桥的防洪要求,因此,陆水水库的防洪调度显得特别重要。2012 年汛前,根据当年水情展望,并结合工程实际编制了陆水水利枢纽 2012 年汛期调度运用计划,并经长江防总批复。调度过程中紧密结合天气形势和陆水水库调节性能差的特点,积极采用预报预泄与预报预蓄调度措施,以期实现水库各级防洪目标。在各场次洪水调度中,一方面加强水情、雨情和工情的监测,根据水雨情实时做好洪水预报,另一方面随时了解水库上下游的防汛形势及其变化,以及上下游防汛及电力系统对水库的需求,力求使调度决策尽可能科学、正确。

2012 年陆水水库自进入汛期以来,呈现"两多一早"的特点,即具有降雨时日多、降雨雨量多、入汛入梅早的特点,加上陆水水利枢纽的地理位置险要,防洪库容相对较小,防洪保安任务重,2012 年陆水水库防洪调度工作十分艰巨。

陆水水库 4—5 月降雨日数多达 37 日,来水明显偏多。截至 2012 年 9 月 30 日,共发生了 9 场洪水,其中洪峰流量超过 1000 m³/s 的洪水 1 场,尤其是主汛期的 5 月连续发生复式洪峰的洪水 5 场,最大入库洪峰流量 1720 m³/s(5 月 1 日 0 时 30 分),最大出库流量 610 m³/s(5 月 14 日 8 时 30 分),最高调洪水位 53.91m(5 月 14 日 8

时)。5 场洪水总量 5.86 亿 m³,弃水总历时 109 小时,弃水总量 1.393 亿 m³。主汛期过后,最高库水位为 55.07m(9 月 10 日 11 时 25 分)。

在长江防总办的指导下,陆水防指科学研判雨情、水情、工情,洪水发生时指挥长每次均到值班室指挥会商,防汛人员更是加强预测预报和会商分析,精心调度水库拦洪削峰错峰,做到了风险可控、效益最大,成功调度了各场洪水,取得了 2012 年防汛抗洪胜利。经初步统计分析,陆水水利枢纽 2012 年累计减免农田淹没约 0.05 万 hm²,减免城镇淹没人口约 2 万人次,约合防洪减灾效益 3000 万元。

(1)"20120501 洪水"调度

陆水水库自 4 月进入初汛期,4 月降雨日数达 17 日,流域平均累计降雨 231.5mm,是多年同期值的 1.15 倍。"20120501 洪水"的降雨发生在 4 月 28 日 15 时至 5 月 1 日 8 时,流域平均降雨 117.9mm。其中,4 月 28 日流域平均降雨 57.4mm,4 月 30 日降雨 60.5mm。

在 4 月 30 日的降雨过程中,暴雨中心高枧站 103mm,其中最大时段(6 小时)降雨 71mm。降雨时空分布不均,呈现下游向上游逐步递增特点。陆水水库"20120501 洪水"各主要站降雨特征值见表 2.18.4。

表 2.18.4　　　　　　陆水水库"20120501 洪水"各主要站降雨特征值表

站名	总降雨		最大时段降雨	
	数值(mm)	时间	数值(mm)	时间
坝　址	29	4 月 30 日 8 时至 5 月 1 日 8 时	24.5	4 月 30 日 8—14 时
崇　阳	37	4 月 30 日 8 时至 5 月 1 日 8 时	21	4 月 30 日 8—14 时
青　山	51	4 月 30 日 8 时至 5 月 1 日 8 时	28.5	4 月 30 日 8—14 时
大沙坪	54	4 月 30 日 8 时至 5 月 1 日 8 时	38	4 月 30 日 8—14 时
高　枧	103	4 月 30 日 8 时至 5 月 1 日 8 时	71	4 月 30 日 8—14 时
通　城	102	4 月 30 日 8 时至 5 月 1 日 8 时	71	4 月 30 日 8—14 时
麦　市	103	4 月 30 日 8 时至 5 月 1 日 8 时	65	4 月 30 日 8—14 时
流域平均	60.5	4 月 30 日 8 时至 5 月 1 日 8 时	40.8	4 月 30 日 8—14 时

本次降雨是本年度发生的最大暴雨洪水,洪峰流量 1720 m³/s(5 月 1 日 0 时 30 分),预报洪峰流量 1630 m³/s,次洪总量 1.689 亿 m³(4 月 30 日 8 时至 5 月 4 日 8 时),预报次洪总量 1.737 亿 m³,预报最高调洪水位 53.80m(5 月 2 日 14 时),最大出库流量 210 m³/s,削峰比为 88%,最高调洪水位 53.66m(5 月 3 日 4 时 46 分)。

本次洪水的调度采用实时监测、滚动预报、及时会商的办法,紧密结合水库水位的高低、入库流量的大小进行。

4 月 28 日流域平均降水 57.4mm 后,陆水试验枢纽管理局防办提前做好了洪水预报前期准备工作,启动了防汛值班轮班制,全力迎战即将发生的暴雨洪水,防办人员在"五一"节日期间严密值守、实时监测水雨情,并提出合理调度建议,29 日 8 时陆水电站 4 台机组即开始满负荷运行。4 月 30 日 8—20 时,流域再次普降大到暴雨,防办人员迅速开展实时洪水作业预报,根据预报结果,逐级汇报至陆水防汛指挥部,在防汛指挥部的指导下,共提出三套预报调度方案,洪水预报精度较高,在统筹各种因素后,决策不开闸,以陆水电站、自备电厂机组满发方式泄水。至 5 月 11 日 20 时,水库水位消落至 52.98m。

(2)"20120512 洪水"调度

继 5 月初发生较大洪水后,陆水流域从 5 月 8 日又开始降雨,5 月 8—14 日流域平均累计降雨 112.3mm,水库水位从 5 月 12 日 14 时 52.91m 开始起涨,根据 5 月 12 日 2 时至 13 日 8 时的降雨,预报洪峰流量将达到 800 m^3/s,最高调洪水位将至 53.87m,实况是入库洪峰流量 860 m^3/s,5 月 14 日 8 时涨至最高库水位 53.91m。综合天气预报等各因素,决策于 14 日 8 时 30 分,开启 3 号副坝堰孔闸门泄洪,下泄流量 400 m^3/s,总出库流量 610 m^3/s,至 15 日 23 时,水库水位 53.61m,关闭泄洪闸门,尔后通过发电继续消落水库水位。弃水总量 0.554 亿 m^3,弃水历时 38.5 小时,削峰比为 29%。

(3)"20120519 洪水"调度

5 月 18 日 20 时至 19 日 8 时两个时段,流域平均降雨 40.2mm,发生了一场洪水总量为 0.569 亿 m^3(18 日 20 时至 20 日 20 时)的小洪水,综合水情、工情、天气预报等各因素,决策于 19 日 10 时,开启 3 号副坝堰孔闸门泄洪,下泄流量 400 m^3/s,至 20 日 7 时 30 分,水库水位 53.41m,关闭泄洪闸门。弃水总量 0.31 亿 m^3,弃水历时 21.5 小时,最高调洪水位 53.63m(19 日 9 时 24 分),最大出库流量 610 m^3/s,尔后以发电方式继续消落水库水位。

(4)"20120525 洪水"调度

5 月 23 日 20 时至 25 日 8 时,流域平均降雨 42.6mm,发生了一场洪水总量为 1.264 亿 m^3(24 日 2 时至 28 日 2 时)的小洪水,综合水情、工情、天气预报等各因素,决策于 25 日 10 时,开启 3 号副坝堰孔闸门泄洪,下泄流量 300 m^3/s,至 26 日 21 时,水库水位 53.48m,关闭泄洪闸门。弃水总量 0.378 亿 m³,弃水历时 35 小时,最高调洪水位 53.73m(25 日 22 时 35 分),最大出库流量 510 m³/s,尔后通过机组发电继续消落水库水位。

(5)"20120530 洪水"调度

5 月 28 日 8 时下午,气象部门预计 5 月 29 日白天到夜间,受高空低槽和地面冷空气影响,陆水流域内有一次暴雨、局部大暴雨天气过程,过程雨量 50~70mm,局部 100mm 以上,并伴有雷电、短时雷雨大风等强对流天气。据此,迅速进行防洪调度会商,提出洪水预报调度方案 6 套。分别考虑未来(29 日 14 时雨始,持续 6~12 小时)降雨 60mm、80mm,起调水位 53.35m(29 日 14 时)情况下的各种预报预泄调度方案。在不泄洪和机组满发情况下,最高调洪水位将至 54.61m。为有效应对即将发生的暴雨洪水,综合天气预报成果,结合水情、雨情、工情,经防洪调度会商决策,决定提前预泄,腾空防洪库容,低水位迎洪,29 日 9 时开启 3 号副坝堰孔闸门泄洪,下泄流量 300 m³/s,29 日 14—20 时流域平均降雨 26.4mm 后,降雨基本停止,在综合分析天气形势后,29 日 23 时水库水位降至 53m 时关闭泄洪闸门,弃水历时 14 小时,弃水总量 0.151 亿 m³。

2.19　水布垭水电站

2.19.1　基本情况

清江梯级中,水布垭电站位于湖北省恩施州巴东县境内,坝址上距恩施市 117km,下距已建成的隔河岩水电站 92km,坝址以上流域面积 1.086 万 km²,是清江干流中下游河段三级开发的龙头梯级水电站,是一座以发电为主,兼顾防洪、航运效益的大型水利枢纽。大坝全长 660m,坝顶高程 409m,最大坝高 233m。工程于 1999 年开工,2009 年正常运用。工程按千年一遇设计,设计洪水位 402.24m,洪峰流量 20200 m³/s;按万年一遇校核,校核洪水位 404.03m,洪峰流量 24400 m³/s。水库防洪库容 5.0 亿 m³,水库库容系数 0.272,具有多年调节能力,是湖北省乃至华中地区不可多得的调节性能优异的水电站。

2.19.2　防洪任务与调度原则

在确保枢纽本身防洪安全的前提下,拦蓄洪水,提高下游沿江城镇的防洪标准,配合三峡水利枢纽对长江荆江河段的防洪进行补偿调度。

5月21—31日，水布垭水库防洪限制水位为397m；6月1—20日，水布垭水库防洪限制水位391.8m，控制水位397m，当预报长江荆江河段可能发生较大洪水时，水布垭水库水位应尽快消落至防洪限制水位391.8m，并按长江防洪的总体安排进行防洪调度；6月21日至7月31日，水库按汛期防洪限制水位391.8m控制运用；8月1—10日，水库水位按397m控制运用；8月11日至9月30日，水库兴利调度运行水位不超过正常蓄水位400m。

在长江干流洪水与清江洪水遭遇情况下，利用防洪限制水位以上防洪库容进行错峰、削峰调度，以争取避免或减少荆江分洪区的运用，推迟荆江分洪时间和削减分洪总量，减轻荆江防洪压力。洪水的消退阶段，根据长江和清江的实时气象、水文预报结果，在确保两江防洪安全的前提下，在下次洪水到来之前使水库水位消落至防洪限制水位。

2.19.3　调度过程

2.19.3.1　雨水情

2012年汛期（5—9月）水布垭以上流域总降水量781.6mm，较多年同期偏少15.3%，月降雨分布为5月、9月偏多，6月、7月、8月均偏少。2012年汛期水布垭以上流域分月降水量见表2.19.1。

表 2.19.1　　　　　　　　　2012 年汛期水布垭以上流域分月降水量表

月　份	5 月	6 月	7 月	8 月	9 月	5—9 月累计
降水量（mm）	216.7	68.7	193.9	128.3	174.0	781.6
多年平均（mm）	178.5	202.4	227.2	172.7	142.2	923.0
距平（%）	21.4	−66.1	−14.7	−25.7	22.4	−15.3

2012年汛期（5—9月）水布垭平均入库流量323 m^3/s，较多年同期偏少近3成，月来水分布5月、9月略偏多，6月、7月、8月均明显偏少，其中6月偏少4成以上，7月偏少近5成，8月偏少5成以上。2012年汛期水布垭分月入库流量见表2.19.2。

表 2.19.2　　　　　　　　　2012 年汛期水布垭分月入库流量表

月　份	5 月	6 月	7 月	8 月	9 月	5—9 月平均
入库流量（m^3/s）	517	277	332	161	327	323
多年平均（m^3/s）	453	506	637	370	317	457
距平（%）	14.2	−45.3	−47.9	−56.3	3.0	−29.3

2.19.3.2　洪水预报

全年水布垭共发生 1 次较大洪水,清江公司及时发布了洪水预报。2012 年水布垭洪水预报及实况见表 2.19.3。

表 2.19.3　　　　　　　　　　2012 年水布垭洪水预报及实况表

洪水编号		洪峰流量(m^3/s)	峰现时间	三天洪量(亿 m^3)
120912 号	实况	4340	12 日 12 时	4.0
	预报	4600	12 日 14 时	4.2
	精度	94.0%	合格	95.0%

2.19.3.3　阶段调度目标与调度过程

由于 1—5 月水布垭以上流域累计降水、来水均比多年平均偏多,且根据华中区域 2012 年汛期气候趋势补充预测会商会意见,预计华中区域 2012 年入梅较早,雨量偏大,6 月主要以加大发电、腾库迎汛、减少梯级电厂弃水风险作为主要目标,在梅雨期开始之前的 6 月中旬末将梯级龙头水库水布垭的水库水位消落至 370m 附近。但是实际 2012 年入梅时间推迟,梅雨期清江流域降水并不明显,通过及时调整发电策略,申请大幅降低出力,尽量维持梯级电厂水库水位不致消落过低。而后 7 月和 8 月来流也明显偏枯,水库调度策略转为保持和抬升水库水位为主,为供水期调度做准备。

9 月 11—12 日流域出现 2012 年入汛以来最强降水过程,流域面平均雨量累计达 112.6mm,水布垭三天(12—14 日)入库洪量达 4.0 亿 m^3,通过抓住有利时机抬升梯级电站水库水位,水布垭水库水位由起涨前的 380.3m 最高升至 391.69m,涨幅 11.4m,为梯级电站第四季度调度运行打下良好基础。

2.20　隔河岩水库

2.20.1　基本情况

隔河岩水电站位于长阳县城上游 9km 处,下距清江河口 62km,坝址以上流域面积 1.44 万 km^2,是一座以发电为主,兼顾防洪、航运效益的大型水利枢纽工程。大坝全长 653.5m,坝顶高程 206m,最大坝高 151m。工程按千年一遇洪水设计,设计洪水位 203.14m,洪峰流量 22800 m^3/s;按五千年一遇洪水校核,校核洪水位 204.54m,洪峰流量 27800 m^3/s,防洪库容 5.0 亿 m^3,水库库容系数 0.18,具有年调节能力。

2.20.2　防洪任务与调度原则

在确保枢纽本身的防洪安全的前提下,拦蓄洪水,提高下游沿江城镇的防洪标准,配合三峡水利枢纽对长江荆江河段的防洪进行补偿调度。

6月1—20日,隔河岩水库控制水位为198m,当预报长江荆江河段可能发生较大洪水时,隔河岩水库水位应尽快消落至防洪限制水位,并按长江防洪的总体安排进行防洪调度;6月21日至7月31日,根据长江汛情和水文气象预报,在192.2~194.5m之间实现防洪限制水位的动态调度;8月1日至9月30日,在不需要进行防洪蓄水时,水库按最高运行水位200m控制运用;当预报清江上游有较大洪水时,水库水位应尽快降至198m。

在长江干流洪水与清江洪水遭遇情况下,利用防洪限制水位以上防洪库容进行错峰、削峰调度,以争取避免或减少荆江分洪区的运用,推迟荆江分洪时间和削减分洪总量,减轻荆江防洪压力。洪水的消退阶段,根据长江和清江的实时气象、水文预报结果,在确保两江防洪安全的前提下,在下次洪水到来之前使水库水位消落至防洪限制水位。

当隔河岩水库水位在200.0~203.0m之间时,最大下泄流量不超过13000 m³/s,以不影响长阳城区安全为原则进行调度。

当隔河岩水库水位高于203.0m时,以确保大坝安全为原则进行洪水调度。

2.20.3　调度过程

由于有上游龙头枢纽水布垭调节,隔河岩2012年汛期的调度策略主要以适当保持较高水位运行。在汛前降低水库水位至190m附近,进入主汛期后,来水偏枯,转为以保持水位经济运行为主。即便如此,由于来水偏枯严重,还是在8月最低消落至185m左右,后于9月中旬流域发生强降雨后,来水增加,水位得以抬升到190m左右。

2.21　五强溪水电站

2.21.1　基本情况

五强溪水电站于湖南省境内的沅江干流上,距沅陵市73km,混凝重力坝,最大坝高85.8m,正常蓄水位108m,总库容29.9亿m³,装机容量120万kW,保证出力25.5万kW,多年平均发电量53.7亿kW·h。工程以发电为主,兼有防洪和航运效益。1988年开工,1994年12月第一台机组发电,1996年全部机组投入运行。淹没耕地

3066hm²,迁移 115600 人。坝址以上流域面积 8.38 万 km²,多年平均流量 2040 m³/s,实测最大流量 27000 m³/s,调查历史最大流量 41700 m³/s。拦河坝按千年一遇洪水(设计洪峰流量 55900 m³/s)设计,相应水位 111.14m,相应库容 35.9 亿 m³;万年一遇洪水(设计洪峰流量 67300 m³/s)校核,相应水位 114.53m,相应库容 42.55 亿 m³,防洪限制水位 98m,防洪库容 13.5 亿 m³,死水位 90m,相应库容 9.7 亿 m³。多年平均输沙量 1660 万 t。工程由混凝土重力坝、厂房、泄水建筑物和三级船闸组成。大坝坝顶高程 117.5m,坝顶总长 724.4m。溢流坝位于河床左侧主河槽,设有表孔 9 个,中孔 1 个,底孔 5 个。表孔堰顶高程 87.8m,每孔宽 19m,高 23.3m,设计下泄流量 39988 m³/s,最大下泄流量 50522 m³/s。中孔底坎高程 76m,孔口宽 9m,高 13m,最大下泄流量 2586 m³/s。底孔布置在闸墩内,进口底部高程 67m,宽 3.5m,高 7m,最大下泄流量 3015 m³/s。

2.21.2 防洪任务与调度原则

(1)防洪任务

提高本流域尾闾堤垸的防洪标准,其次是代替洞庭湖区部分蓄洪垦殖区的蓄洪任务。按设计要求,沅水尾闾堤垸保护农田 11.933 万 hm²,人口 122 万,建库前防洪标准为 5 年一遇,建库后,防洪标准提高到 20 年一遇。

(2)调度原则

以发电为主兼有防洪、航运运用。五强溪水库的洪水调度必须与上游支流酉水凤滩水库的洪水调度一并考虑,进行梯级联合调度。当水库水位在 108m 以下,应尽量满足沅水尾闾和洞庭湖区防洪要求,如遇特大暴雨洪水,按照来量下泄,确保大坝安全。

2.21.3 调度过程

2012 年汛期,五强溪水库共发生明显洪水过程 5 次,其中 5 月、6 月各 2 次,7 月 1 次,洪峰 10000~20000 m³/s 洪水过程 4 次,20000 m³/s 以上 1 次。7 月中旬洪水过程是五强溪水库自 2000 年以来最大一次洪水过程,洪峰流量 29600 m³/s,重现期超过 10 年一遇。

(1)"5·10"洪水

5 月 8—14 日,五强溪水库区间累计平均降雨 172mm,最大单站累计降雨庄坪站 284mm。受降雨影响,水库入库流量从 9 日 5 时的 3790 m³/s 开始增加,10 日 1 时洪

峰入库,流量 16200 m³/s。为有效控制库水位,水库于 9 日 10 时开闸泄洪,开闸时水位 100.35m,入库流量 5230 m³/s,出库流量 6150 m³/s。根据汛情变化,水库分别于 9 日 17 时、10 日 12 时加大下泄至 8000m³/s、10000 m³/s。11 日 11 时出库流量减小至 8000 m³/s,之后随着来洪减少逐步减小下泄,16 日 21 时全关泄洪闸门。此次洪水过程洪水总量 55.89 亿 m³,拦蓄洪量 2.04 亿 m³,弃水量 30.1 亿 m³,调洪最高水位 105.01m(10 日 17 时 30 分),最大出库流量 10300(12 日 13 时),削减洪峰 5900 m³/s,削峰率 36.4%,水量利用率 44.1%。

(2)"5·26"洪水

降雨从 5 月 21 日傍晚开始,至 27 日五强溪库区间累计平均降雨 99mm,其中安江至五强溪和酉水流域降雨量较大。水库水位从 22 日 0 时 102.97m 起涨,由于沅江流域前期持续发生降雨,流域内各水库水位相对偏高,调蓄能力有所减弱。为确保安全,五强溪水库于 22 日 13 时开闸预泄,出库流量 6000 m³/s。受凤滩水库开闸泄洪影响,五强溪水库入库流量迅速增加,26 日 1 时洪峰流量 10700 m³/s,11 时水库加大下泄至 10000 m³/s。此次洪水过程洪水总量 44.34 亿 m³,弃水量 25.91 亿 m³,起调水位 103.24m,调洪最高水位 103.9m(26 日 15 时)。

(3)"6·11"洪水

6 月 3—11 日,五强溪库区间累计平均降雨 97.3mm,最大单站累计雨量为清浪站 287mm。此次降雨过程五强溪出现两次洪峰,第一次洪峰是受五强溪区间降雨影响,水库于 4 日 22 时出现洪峰,流量 7740 m³/s,随后入库流量有所消退。第二次洪峰是受上游支流洪江及辰水来水影响,水库于 11 日 16 时出现洪峰,流量 14600 m³/s。5 月下旬以来,沅江流域持续发生降雨,区间产汇流迅速,五强溪水库于 3 日 20 时开闸预泄,下泄流量 6000 m³/s。随着入库流量不断增加,11 日 17 时加大下泄至 10000 m³/s。此次洪水为尖瘦型洪水过程,洪水总量 62.8 亿 m³,弃水量 31.51 亿 m³,起调水位 97.94m,调洪最高水位 100.79m,削减洪峰 4400 m³/s,削峰率 30.14%,水量利用率 51.28%。

(4)"6·27"洪水

6 月 25—30 日,沅江发生全流域性降水,其中五强溪区间累计平均降雨 130.4mm,降雨从沅江流域上游逐步发展至中下游,最大单站累计雨量为矮寨站 374mm。水库水位从 26 日 9 时 94.18m 起涨,入库流量 2490 m³/s,27 日 6 时入库流量达到 10900 m³/s,随后出现短时回落;受辰水、武水及五强溪区间降水影响,27 日

17 时出现第二次洪峰 14200 m^3/s。水库于 27 日 12 时开闸,出库流量 6000 m^3/s,闸门于 30 日 9 时全关,关闸后最高水位 103.04m。此次洪水过程洪水总量 25.41 亿 m^3,拦蓄洪量 8.29 亿 m^3,弃水量 7.07 亿 m^3,最大出库流量 6170 m^3/s(28 日 14 时),削减洪峰 8030 m^3/s,削峰率 56.6%,水量利用率 58.71%。

(5)"7·18"洪水

7 月 11 日开始,沅江流域出现了一轮集中强降雨天气过程,暴雨历时长、覆盖范围大,至 19 日降雨结束,洪江至五强溪区间累计平均降雨 172mm,五强溪区间累计平均降雨 157mm,最大单站累计降雨矮寨站 424mm。降雨首先从酉水中上游开始,15 日主雨带移至沅江干流五强溪区间及以上并徘徊至 18 日,18 日 0 时开始,雨带向沅江中下游摆动,五强溪库区及沅陵至桃源、酉水、武水支流出现强降水。五强溪水库水位从 16 日 11 时 96.41m 起涨(预留防洪库容 15.09 亿 m^3),入库流量从 3150 m^3/s 开始增长,至 17 日 23 时达到 16600 m^3/s,水位上涨至 103.04m,18 日凌晨 2 时以后上涨速度有所放缓。受近库区强降水产流和洪江及辰水、武水洪水恶劣组合影响,从 18 日 5 时开始,五强溪水库入库流量从 20000 m^3/s 逐步增加至 15 时的洪峰流量 29600 m^3/s。水库于 17 日 11 时开闸下泄,开闸时水位 100.52m,入库流量 10700 m^3/s,出库流量 6000 m^3/s,之后随着入库流量的增加分别于 18 日 11 时、13 时逐步加开闸门至 15000 m^3/s、17000 m^3/s。根据洪水预报,水库于 18 日 15 时再次加大下泄流量至 20000 m^3/s,19 日 1 时五强溪水库出现调洪最高水位 107.83m。随着入库洪量不断减少,水库于 19 日 9 时之后逐步关小闸门,出库流量按 17000m^3/s、14000m^3/s、10000m^3/s、6000 m^3/s 逐步减小,22 日 8 时闸门全关,关闸时水位 103.55m。此次洪水过程是五强溪水库 2000 年以来最大洪水过程,洪水总量 71.48 亿 m^3,占其年均径流总量的 11%,拦蓄洪量 5.73 亿 m^3,弃水量 35.87 亿 m^3,最大出库流量 20000m^3/s(18 日 16 时),削减洪峰 9600 m^3/s,削峰率 32.4%,水量利用率 45.5%。

2.22　凤滩水电站

2.22.1　基本情况

凤滩水电站位于湖南省境内沅江支流酉水下游,距沅陵市 45km。混凝土空腹重力拱坝,最大坝高 112.5m,校核洪水位时总库容 17.33 亿 m^3,装机容量 40 万 kW,保证出力 10.3 万 kW,多年平均发电量 20.43 亿 kW·h,以发电为主,兼顾防洪、航运、灌溉、养殖等。1970 年 10 月开工,1978 年 5 月第一台机组发电,1979 年完工。坝址

以上流域面积 17500km²，多年平均流量 504 m³/s，实测最大流量 16900 m³/s，多年平均输沙量 352 万 m³。千年一遇设计洪峰流量 29400 m³/s，相应洪水位 209.56m，5000 年一遇校核洪峰流量 34800 m³/s，相应洪水位 221.4m，相应库容 17.33 亿 m³。正常蓄水位 205m，相应库容 13.9 亿 m³，死水位 170m，相应库容 3.3 亿 m³，调节库容 10.6 亿 m³。汛期防洪控制水位 198.5m，防洪库容 2.77 亿 m³。水库淹没耕地 495hm²，迁移人口 1.1 万。枢纽建筑物包括混凝土空腹拱坝、放空兼泄洪底孔，坝内厂房和过船过木筏道。上游通航水位 170～205m，下游通航水位 114.2～117.36m。可通过 50 吨级船只，年过坝能力为木材 10 万 t，货物 10 万 t。两条直径为 1.6m 的灌溉引水管布置在右岸 21～22 号坝段内，引用流量为 8 m³/s。

2.22.2　防洪任务与调度原则

（1）防洪任务

当遇设计标准洪水时要求做到不垮坝、不漫坝、不水淹发电厂房；当遇超标准洪水时，要尽量使损失减小到最低程度；凤滩水库调节库容较小，一般情况下不直接承担对沅江尾闾的防洪任务，而对五强溪水库进行补偿调度，共同为沅江干流错峰，减轻下游的防洪压力。

（2）调度原则

正确处理大坝安全、发电、防洪的关系，当发电、防洪与大坝安全发生矛盾时，以保大坝安全为重，当发电与防洪发生矛盾时，一切服从防洪。凤滩水库 2.77 亿 m³ 的防洪库容，主要用于酉水与沅江干流错峰，其次是拦蓄部分洪量。当五强溪水库水位在 101m 以下时，凤滩水库应尽快下泄，以腾空库容；当凤滩水库水位在 205m 以下时，下泄要尽量考虑不超过下游河道安全泄量；当凤滩水库水位达到 205m 时，按出库流量等于入库流量进行调度，直至所有泄洪闸门全部开启。

2.22.3　调度过程

凤滩水库 2012 年共发生五场洪峰流量超过 2000 m³/s 的洪水过程，其中最大一次为 7 月中旬洪水过程。

（1）"5·9"洪水

5 月 8—11 日，流域累计平均降雨 50.3mm，9 日 11 时入库洪峰 2225 m³/s。库水位从 8 日 14 时 191.4m 开始起涨，坝前最高水位 193.21m 出现在 5 月 10 日 14 时。此次洪水过程总量 3.9 亿 m³，由于前期降雨较少，水库未开闸泄洪，洪水全部拦蓄。

(2)"5·12"洪水

紧接 5 月 9 日洪水过程,5 月 12—16 日流域再次发生降雨,累计平均降雨 75.6mm。由于前期降雨致使土壤含水量较高,且凤滩水库上游小水库群基本处于蓄满状态,因此流域产流很快,水库入库流量迅速增加,12 日 23 时即出现洪峰 5461 m^3/s。随后,水库水位出现快速上涨,13 日 14 时 30 分水库开启两孔闸门泄洪,水库水位 202.38m,入库流量 3100 m^3/s,出库流量 2700 m^3/s。13 日 23 时,流域降雨再次加大,14 日 17 时出现第二次洪峰 3217 m^3/s,水库仍维持两孔闸门泄洪。随着入库流量不断减小,15 日 7 时水库全关泄洪闸门。此次洪水过程总洪量 9.7 亿 m^3,拦蓄洪量 1.04 亿 m^3,弃水 2.1 亿 m^3,削减洪峰 300 m^3/s,削峰率 50.5%。

(3)"5·25"洪水

流域从 21 日 17 时开始降雨,26 日 5 时结束,降雨主要集中在 24 日、25 日,流域累计平均降雨 78.7mm。水库水位从 5 月 22 日 14 时的 199.97m 开始起涨,入库流量从 1147 m^3/s 开始逐步增加,25 日 5 时,出现入库洪峰 3213 m^3/s。水库于 25 日 9 时开启两孔闸门泄洪,开闸时水位 203.31m,入库流量 2998 m^3/s,出库流量 3060 m^3/s。随着入库流量不断减小,水库于 27 日 20 时全关泄洪闸门。此次洪水过程洪水总量 8.7 亿 m^3,最大出库流量为 3070 m^3/s,最高调洪水位 203.44m(25 日 12 时),弃水量 2.7 亿 m^3,水量利用率 69%。

(4)"6·27"洪水

26 日 11 时至 27 日 17 时,流域发生了一次短历时、高强度的降雨过程,30 小时内累计平均降雨 132.8mm。由于一直保持满负荷发电消落库水位,起涨水位仅为 185.53m(6 月 26 日 8 时),相应入库流量 369 m^3/s,其后,入库流量迅猛增加,库水位快速上涨,6 月 27 日 17 时水库出现洪峰流量 6918 m^3/s。由于起涨水位较低,水库调蓄能力较强,过程中未开闸泄洪,仅通过发电调控水位,6 月 30 日 9 时,库水位达到最高调洪水位 201.68m。此次洪水过程洪水总量 10.7 亿 m^3,最大出库流量为 1325 m^3/s,削减洪峰 5593 m^3/s,削峰率 81%,无弃水发生,水量利用率 100%。

(5)"7·18"洪水

7 月 16 日 2 时至 7 月 20 日 8 时,凤滩水库发生了一次较强降雨过程,流域累计平均降雨 77.7mm,降雨主要集中在 7 月 17 日 8 时至 7 月 18 日 14 时,最大单站累计降雨为梅江站 347mm,其次为石砚站 264mm。此次降雨具有历时长、局部强度大、分布在流域南部的特点。水库水位从 7 月 17 日 5 时的 192.13m 起涨,相应入库流量

340 m³/s,出库流量 45 m³/s。7 月 18 日 9 时 30 分开始,上游碗米坡水库持续大流量泄洪,凤滩水库水位快速上涨,7 月 18 日 11 时,水库水位 195.84m,入库流量 2773 m³/s,出库流量 1254 m³/s。为有效减轻五强溪水库防洪压力,凤滩水库于 18 日 13 时减小发电出力为五强溪水库错峰,至 19 时才再次带满负荷。18 日 20 时,凤滩水库出现洪峰 8454 m³/s。考虑到凤滩水库水位上涨迅猛,加之五强溪水库入库洪水转退,21 时凤滩水库开启两孔闸门泄洪。19 日,流域再次发生降雨,为确保库区安全,水库于 19 日 18 时加开 2 孔闸门调控水位,24 时考虑水情变化,将加开的 2 孔闸门关闭,20 日 19 时全关泄洪闸门。此次洪水过程峰高量大,退水过程偏胖,洪水总量 12.6 亿 m³,拦蓄洪量 2.26 亿 m³,弃水量 3.8 亿 m³,调洪最高水位 204.87m(19 日 18 时),最大出库流量 5692m³/s(19 日 23 时),削减洪峰 2762 m³/s,削峰率 32.7%,水量利用率 69.6%。

2.23 柘溪水库

2.23.1 基本情况

柘溪水库位于湖南省境内资水干流上,距安化县东平镇 12.5km。坝型为混凝土单支墩大头坝,最大坝高 104m,装机容量 44.7 万 kW,保证出力 11.27 万 kW,多年平均发电量 21.74 亿 kW·h。工程以发电为主,兼有防洪、航运等效益。1958 年 7 月开工,1962 年 1 月第一台机组发电,1975 年 7 月全部投产。坝址以上流域面积 22640km²,多年平均流量 586 m³/s。1955 年实测最大洪峰流量为 15300 m³/s,调查最大历史洪水为 21500 m³/s。大坝按 200 年一遇洪水设计(洪峰流量 16500 m³/s),相应水库水位 171.19m;按千年一遇校核(洪峰流量 20400 m³/s),相应库水位 172.71m,相应库容 35.65 亿 m³。正常蓄水位原设计为 167.5m,实际运行为 169.5m,相应库容 30.2 亿 m³,调节库容(兴利库容)22.58 亿 m³,死水位 144m,死库容 7.62 亿 m³。汛期防洪限制水位取 165~167.5m 时,防洪库容为 11.65 亿~8.35 亿 m³,相应共用库容 6.2 亿~2.9 亿 m³。水库淹没耕地 6170hm²,迁移人口 13.95 万。枢纽由大坝、厂房、泄水建筑物和过坝设施组成。大坝总长 330m,坝顶高程 174m,防浪墙高 1.5m。过坝建筑物布置在左岸,采用干式拖运方案。拖运滑道全长 750m,升船机最大载货量 50t,年货运量 25 万 t,过木量 12 万 m³。

2.23.2 防洪任务与调度原则

柘溪水库防洪任务是充分利用防洪高水位 170m 以下防洪库容为下游蓄洪错

峰,当来水未超过设计标准时,应控制水库下泄流量与柘桃区间流量叠加组合流量桃江站不超过安全泄量 9700 m³/s。当调洪水位达到 170m 以后,应按来水进行泄放。

具体调度原则:①汛期当柘溪来水为常遇洪水,柘溪下泄流量与柘桃区间来水叠加后不超过桃江站 9700 m³/s,柘溪水库在调洪过程中出现水库水位短时超过汛期限制水位时,应尽快将水库水位降至汛期限制水位。②当柘溪来水为常遇洪水,柘桃区间来水洪峰流量为 5600～7900 m³/s 时,柘溪下泄(包括发电)流量应以桃江站不超过 9700 m³/s 进行补偿调度,但当水库水位达到 170m 时,则应按来水进行泄放。③当柘溪来水为常遇洪水,柘桃区间来水洪峰流量为 7900～10200 m³/s 时,柘溪下泄(包括发电)流量应以桃江站不超过 12000 m³/s 进行补偿调度,但当库水位达到 170m 时,则按来水进行泄放。

2.23.3　调度过程

2012 年汛期柘溪水库发生洪峰流量在 3000 m³/s 以上的洪水共有 5 次,其中 7 月中旬降雨较为明显。

"7·17"洪水:流域从 7 月 13 日开始降雨,15 日 2 时起强度明显加大,至 19 日流域累计平均降雨 172.4mm,最大单站累计降雨为水车站 279mm,降雨主要集中在资水中游新化一带。根据气象预报从 7 月 10 日开始加大发电出力,降低水库水位,以腾库迎洪,水库水位从 7 月 9 日 8 时的 164.21m 最低消落至 159.33m,降低 4.88m。水库水位从 14 日 23 时的 159.33m 起涨,入库流量由 1070 m³/s 逐步增加,17 日 18 时出现入库洪峰,流量 6670 m³/s。17 日起,水库保持满负荷运行,最大出水库流量 1950 m³/s。由于仅通过发电调蓄洪水,水库水位出现明显上涨,19 日 8 时水库水位 166.8m,20 日 7 时出现最高调洪水位 167.16m。为确保防洪安全,根据防汛应急响应要求,柘溪水库于 7 月 24 日 0—14 时开闸泄水(开闸时水库水位 166.14m),下泄流量 3000 m³/s。此次洪水过程总洪量 18.41 亿 m³,拦蓄洪量 6.33 亿 m³,弃水 0.76 亿 m³,削减洪峰 3670 m³/s,削峰率 55%。

2.24　皂市水电站

2.24.1　基本情况

皂市水利枢纽位于洞庭湖水系澧水流域的一级支流渫水上,坝址下游距湖南省石门县城 19km,距皂市镇 2km。该枢纽是澧水流域规划中渫水支流梯级开发的最下

游一个梯级,坝址控制流域面积 3000km²,占溇水总流域面积的 93.7%。枢纽任务以防洪为主,兼顾发电、灌溉、航运等综合利用。水库正常蓄水位 140m,总库容 14.4 亿 m³,防洪库容 7.83 亿 m³,坝型为碾压混凝土重力坝,坝轴线长 351m,坝顶高程 148m,最大坝高 88m。皂市水利枢纽工程于 2004 年 2 月 8 日正式开工,于 2007 年 10 月 25 日正式下闸蓄水。

皂市水库与江垭水库、宜冲桥水库(拟建)联合调度,以配合溇水流域整体防洪,使石门以下松澧地区防洪标准近期提高到 20 年一遇,远景达到 50 年一遇,石门以上地区防洪标准达到 50 年一遇。电站装机容量 12 万 kW,年发电量 3.33 亿 kW·h,装机利用小时数为 3178 小时;灌区灌溉面积 0.35 万 hm²,灌流设计引用流量 4.15 m³/s,渠首高程 115m;斜面升船机(预留)通航能力为 50t。枢纽属 I 等工程。根据皂市水库需承担的防洪任务,考虑溇水流域梯级开发和尽量减少移民等因素,选定其特征水位为:正常蓄水位 140.0m,相应库容 12 亿 m³;防洪高水位和设计洪水位为 143.56m,相应库容 13.94 亿 m³;校核洪水位 144.5m,相应库容 14.4 亿 m³;防洪限制水位 125.0m;死水位 112.0m。考虑到溇水与长江干流洪水遭遇的几率较多,洪水地区组成复杂,在溇水流域规划确定皂市承担 7.83 亿 m³ 防洪任务的基础上,将坝高增加 2m(坝顶高程由 146m 改为 148m)以获得 1 亿 m³ 库容,作为稀遇超标准洪水的防汛紧急备用库容。

2.24.2 防洪任务与调度原则

2.24.2.1 防洪任务

皂市水库对溇水干流三江口进行补偿调度,配合江垭水库可将尾闾地区的防洪标准由 3~5 年一遇提高到 20 年一遇。

2.24.2.2 调度原则

当溇水干流洪水较大时,皂市进行补偿调度,有效控制溇水洪水,与江垭水库联合为干流错峰。

2.24.3 调度过程

2012 年汛期皂市水库发生入库洪峰 1000 m³/s 以上的洪水有 5 次,其中 5 月、6 月、7 月各 1 次,8 月 2 次。

(1)"5·12"洪水

5 月 8 日 0 时至 5 月 14 日 13 时,流域累计平均降雨 131.9mm,最大单站累计降雨为竹巷口站 173.5mm。此次降雨特点是降雨持续时间较长,强度不大,分布较均匀。库水位从 5 月 9 日 5 时 119.52m 起涨(入库流量 75 m^3/s),12 日 20 时出现入库洪峰流量 1181 m^3/s。全过程水库未开闸泄洪,仅短暂发电运行,17 日 5 时出现最高库水位 126.66m,涨幅 7.14m。此次洪水过程洪水总量为 2.58 亿 m^3,拦洪 2.17 亿 m^3,削减洪峰 1136 m^3/s,削峰率 96%。

(2)"6·26"洪水

6 月 25 日 17 时至 29 日 8 时,流域累计平均降雨 145.9mm,最大单站累计降雨量为竹巷口站 336mm。此次降雨主要集中在水库流域下游,洪水汇流速度快。入库流量从 75 m^3/s 开始增长,6 月 26 日 15 时出现洪峰 2556 m^3/s,6 月 27 日 16 时出现最高水库水位 136.36m,水库水位涨幅达 3.77m。按照工程验收要求,27 日 15 时皂市水库水位在 135m 以上时开始对各种闸门开度、组合的水力学原型进行观测试验,为确保防洪安全水库于 27 日 21 时开闸泄洪,下泄流量 1000 m^3/s,开闸时水位 136.19m。随着入库流量不断减小,29 日 4 时水库减小下泄流量至 600 m^3/s,29 日 9 时关闭泄洪闸门,29 日 19 时,工程水力学实验全部完成,试验最大下泄流量 3832 m^3/s。此次洪水过程洪水总量为 3.03 亿 m^3,拦洪 0.82 亿 m^3,弃水 1.09 亿 m^3。

(3)"7·18"洪水

7 月 13—19 日,流域累计平均降雨 180.4mm,最大单站累计降雨为皂市站 232.5mm,降雨主要集中在库区中下游。水库水位从 13 日 12 时起涨,起涨水位 129.77m,相应入库流量 84 m^3/s,18 日 7 时出现洪峰 2813 m^3/s。从"6·26"洪水后水库始终保持满负荷发电消落水库水位,洪水过程中未开闸泄洪,7 月 19 日 17 时出现最高水库水位 133.12m,涨幅 3.35m。此次洪水过程洪水总量 3.25 亿 m^3,拦洪 1.22 亿 m^3,削减洪峰 2530 m^3/s,削峰率 91%。

(4)"8·06"洪水

受台风"海葵"及"苏拉"外围环流共同影响,流域从 8 月 5 日 0 时开始降雨,6 日 22 时基本结束,流域累计平均降雨 88.7mm,最大单站累计降雨为泥市站 140.5mm。水库于 8 月 6 日 8 时出现洪峰 1764 m^3/s,全过程未开闸泄洪,8 月 8 日 8 时出现最高水库水位 129.21m,水库水位涨幅 2.21m。此次洪水过程洪水总量 0.96 亿 m^3,拦洪 0.76 亿 m^3,削减洪峰 1733 m^3/s,削峰率 98.2%。

(5)"8·21"洪水

8 月 20 日 13 时至 21 日 13 时,流域累计平均降雨 114.4mm,最大单站累计降雨

为雁池站 270mm。入库流量从 20 日 16 时的 82 m^3/s 开始增加,21 日 7 时出现洪峰 2463 m^3/s,全过程未开闸泄洪,22 日 6 时出现最高库水位 130.78m,水库水位涨幅 2.52m。此次洪水过程洪水总量 1.19 亿 m^3,拦洪 0.91 亿 m^3,削减洪峰 2381 m^3/s,削峰率 96.7%。

2.25 江垭水库

2.25.1 基本情况

江垭水利枢纽位于湖南省境内澧水支流溇水的中游,距慈利县城 57km。全断面碾压混凝土重力坝,最大坝高 131m,总库容 17.41 亿 m^3,装机容量 30 万 kW,保证出力 3.71 万 kW,多年平均发电量 7.56 亿 kW·h。工程以防洪为主,兼有发电、灌溉、航运、供水等效益。下游防洪保护面积 12.2 万 hm^2,可将澧水尾闾地区的防洪标准从 4~7 年一遇提高到 17 年一遇。工程于 1995 年 5 月开工,1999 年 5 月第 1 台机组发电。

坝址控制流域面积 3711km^2,多年平均流量 132 m^3/s,实测最大流量 6630 m^3/s,调查历史最大流量 10000 m^3/s。大坝按 500 年一遇洪峰流量 12100 m^3/s 设计,5000 年一遇洪峰流量 15600 m^3/s 校核,水库正常蓄水位 236m,死水位 188m,防洪限制水位 210.6m,防洪库容 7.38 亿 m^3。枢纽由大坝、地下厂房、升船机等组成。大坝坝顶高程 245m,坝顶长 327m,其中 88m 长的中央坝段为溢流坝段,布置 4 个表孔和 3 个中孔。表孔堰顶高程 224.0m,孔口尺寸 14m×12m,设弧形闸门控制。中孔进口底部高程 180m,孔口尺寸 5m×7m,进口设事故平板检修门,下游出口段设弧形门,采用表中孔高低鼻坎大差动空中碰撞消能。左岸 10 号坝段设 1 个管径 1.1m 的取水孔,引用流量 4.3 m^3/s,灌溉面积 5800hm^2。

2.25.2 防洪任务与调度原则

(1)防洪任务

江垭水库通过最大预留的 7.38 亿 m^3 防洪库容,可将尾闾地区的防洪标准由 3~5 年一遇提高到 17 年一遇,与皂市水库联合调度可进一步提高至 20 年一遇。

(2)调度原则

科学调度洪水,正确处理大坝安全、防洪、发电、航运的关系,当防洪、发电与大坝安全发生矛盾时,一切服从大坝安全,当发电与防洪发生矛盾时,一切服从防洪。当遇 50 年一遇洪水标准时,控制三江口流量不超过 12000m³/s,当洪水标准不超过 50 年一遇时,应控制下泄流量不超过 1700m³/s。

2.25.3 调度过程

2012 年汛期,江垭水库坝址以上流域降雨偏少,仅在 7 月中旬发生一次明显的洪水过程。

"7·13"洪水:受高空低槽及中低层切变线共同影响,7 月 11—14 日流域强降雨过程,累计平均降雨 136.1mm,最大单站累计降雨为江坪河站 295mm。此次降雨具有强度大、历时长、产流多的特点。13 日 23 时水库出现入库洪峰,流量 3400 m³/s,全过程未开闸泄洪,过程最高水库水位 215.32m。此次洪水过程洪水总量 2.84 亿 m³,拦洪 2.09 亿 m³,削减洪峰 3000 m³/s,削峰率 88.2%。

2.26 水府庙水库

2.26.1 基本情况

湖南省水府庙水电站位于湘江主支流涟水中游双峰、湘乡、娄底三县(市)交界处的溪口,是驰名中外的韶山灌区之源,是集灌溉、防洪、发电、供水、旅游、养殖等综合效益于一身的大型水利枢纽工程。水库控制流域面积 3160km²,总库容 5.6 亿 m³,正常蓄水位 94m,防洪限制水位 93m,防洪库容 0.55 亿 m³,水库面积 44.3km²,属不完全季调节水库,灌溉湘潭、韶山等七县(市)近百万亩农田。水利枢纽工程由拦河坝、船闸、发电厂房三大建筑物组成。电站装机容量 3 万 kW(4 台 0.75 万 kW),设计多年平均发电量 1.09 亿 kW·h。

2.26.2 防洪任务与调度原则

水库利用 93～94m 之间 0.45 亿 m³ 库容滞洪调蓄,削减部分洪峰,并考虑下游湘乡允许安全泄量和侧水错峰,以尽量减少下游洪水灾害。水库运用方式以 93m 为界,93m 以上为调洪库容,93m 以下为发电调节库容。

2.26.3 调度过程

水府庙水库 2012 年汛期降雨主要集中在 6 月中旬和 7 月中旬,未出现流域性暴雨洪水,共发生洪峰流量在 1000 m³/s 左右的洪水 2 次。

(1)"6·11"洪水

6 月 10 日 8 时至 11 日 8 时流域累计平均降雨 39.3mm,最大单站日雨量为潭溪

站 118mm。由于 5 月下旬开始，流域一直持续阴雨天气，水库水位一直缓慢上涨。水库于 7 日 20 时开闸预泄，开闸时水位 93.77m，入库流量 200 m^3/s，出库流量 328 m^3/s。随后水位开始下降，至 6 月 10 日 20 时，水位降至 93.22m。受降雨影响，水库入库流量不断增加，11 日 13 时出现洪峰，流量 1056 m^3/s，12 日 8 时，出现调洪最高水位 93.82m。13 日 11 时，水库关闭泄洪闸门。此次洪水过程总洪量 1.43 亿 m^3，拦蓄洪量 0.27 亿 m^3，弃水 0.61 亿 m^3，削减洪峰 720 m^3/s，削峰率 68%。

（2）"7·19"洪水

流域从 7 月 13 日开始发生持续降雨，至 18 日累计平均降雨 169.1mm，其中 15 日、16 日降雨较大。由于前期库区一直干旱少雨，7 月 13 日 22 时水库水位一度降至 91.17m。考虑到水库已恢复正常运用，加之后期水库供水、灌溉任务较重，降雨过程中一直处于蓄水状态，至 19 日 8 时水位已涨至 93.82m。为确保防洪安全，19 日 8 时，水库开启两孔闸门泄洪，出库流量 480 m^3/s，19 日 9 时，水库出现洪峰，流量 993 m^3/s，19 日 20 时，水库关闭一孔闸门，保留 1 孔闸门调控水位，22 日 8 时关闭最后一孔闸门，水位缓慢上涨，至 23 日 8 时成功蓄至 93.99m。此次洪水过程总洪量 1.08 亿 m^3，拦蓄洪量 0.11 亿 m^3，弃水 0.58 亿 m^3，削减洪峰 507 m^3/s，削峰率 51%。

2.27 欧阳海水库

2.27.1 基本情况

欧阳海水利枢纽位于湖南省湘江支流春陵水流域。枢纽工程是以灌溉为主，兼有发电、航运等效益的综合利用工程。其主要建筑物有：混凝土双曲拱坝，下游砌石二道拱坝，左右干渠渠首建筑物，斜面升船机，电站厂房，引水系统等。坝体混凝土工程量约 6.4 万 m^3。该拱坝工程曾荣获 1982 年国家优质工程银质奖、20 世纪 70 年代国家优秀设计奖和湖南省科技大会奖。水库采用坝体开大孔口泄洪，是我国第一座大孔口泄流双曲拱坝工程。坝址以上流域面积 5409km^2，多年平均降雨量 1474mm，多年平均流量 130 m^3/s，多年平均径流量 41.7 亿 m^3，设计洪水流量 4370 m^3/s，校核洪水流量 7210 m^3/s，水利枢纽设计蓄水位近期为 125.5m，远期为 130m，校核洪水位为 133.4m，总库容 4.24 亿 m^3，防洪限制水位 128m，防洪库容 0.57 亿 m^3。设计灌溉面积约 4.85 万 hm^2，实际灌溉面积达 6 万 hm^2；电站总装机容量 3.6 万 kW，多年平均发电量 2 亿 kW·h，年过坝货运量 20 万 t。混凝土双曲拱坝高 58m，坝顶高程 134m，坝顶弧长 230.56m，最大中心角 116°40′，坝顶厚 3.26m，坝底厚 13.88m，厚高比 0.239,弧高比 3.98。坝体分 12 个坝段,分缝设在孔口闸墩中间,缝内埋设灌浆设备,以便在混凝土达到稳定温度以后进行封拱灌浆。

2.27.2　防洪任务与调度原则

4—6 月,水库运用以防洪为主,预留 0.57 亿 m³ 库容调节洪水,结合灌溉、发电等综合效益;7—9 月,水库灌溉任务繁重,尽力在灌溉期保证灌溉用水的需要。

2.27.3　调度过程

欧阳海水库 2012 年汛期未出现流域性暴雨洪水,共发生常遇洪水 11 次,其中洪峰流量大于 800 m³/s 的洪水 2 次,时间主要集中在 4 月中旬和下旬。

(1)"4·13"洪水

受中低切变线和冷空气共同影响,流域从 4 月 6 日开始出现持续降雨,至 13 日流域累计平均降雨 88.3mm,其中 12 日降雨强度最大,平均降雨量达 42.2mm,最大单站日降雨量为千家洞站 75mm(4 月 12 日)。此次降雨持续时间长,分布较为均匀,洪峰流量不大。水库水位从 6 日 22 时 125.51m 开始起涨,8 日 22 时,水库出现第一次洪峰 660 m³/s,此时水库水位 126.89m,出库 220 m³/s。12 日,流域再次发生降雨,13 日 4 时洪峰入库,洪峰流量 880 m³/s,水库水位 127.92m,接近汛限水位 128m,出库 220 m³/s。虽然此次洪水过程洪峰不大,但考虑到洪量较大,13 日 17 时,水库开闸泄洪,下泄流量 360 m³/s,此时水库水位 128.84m,入库流量 750 m³/s。由于后期无明显降雨,水库于 14 日 8 时关闸,16 日 0 时水库水位涨至 129.51m。此次洪水过程总洪量 2.21 亿 m³,拦蓄洪量 1.05 亿 m³,弃水 0.076 亿 m³,削减洪峰 520 m³/s,削峰率 59%。

(2)"4·26"洪水

4 月 23—25 日,流域普降中到大雨,局部大到暴雨,累计平均降雨量 62.9mm,最大单站累计降雨量为千家洞站 90mm。由于受前期降雨影响,水库起涨水位较高,水库水位从 24 日 2 时 129.3m 起涨,入库流量 260 m³/s,出库流量 233 m³/s。由于水库水位较高,省防指密切监视雨水情变化,于 25 日 1 时开闸泄洪,泄洪流量 500 m³/s。之后根据汛情于 25 日 8 时加大下泄流量至 650 m³/s,此时水库水位 129.55m,入、出库流量分别为 400 m³/s、650 m³/s,25 日 16 时水库水位降至 129.28m。随着入库流量的迅速增加,25 日 20 时水库水位再次上涨,26 日 4 时水库出现洪峰,流量 1040 m³/s。26 日 8 时,水库水位已上涨至 129.67m,入库流量 894 m³/s,出库流量 644 m³/s,水库

于 10 时加大下泄至 890 m^3/s,及时降低水库水位,腾空库容。之后,随入库流量不断减少逐步关闭闸门。此次洪水过程总洪量 3.24 亿 m^3,拦蓄洪量 0.14 亿 m^3,弃水 1.43 亿 m^3,削减洪峰 150 m^3/s,削峰率 15%。

2.28 万安水库

2.28.1 基本情况

万安水库位于江西省境内赣江干流上,是一座以发电为主,兼有防洪、航运、灌溉等综合效益的大型水利枢纽工程,属国家一级水利工程。水利枢纽建筑物有大坝、泄洪建筑物(10 个底孔、9 个表孔)、电站厂房、土坝、船闸及灌溉引水洞等,其主要挡水建筑物属一级建筑物。设计洪水位 100m,标准:千年一遇洪水($P=0.1\%$),洪峰流量 27800 m^3/s。校核洪水位 100.7m,标准:万年一遇洪水($P=0.01\%$),洪峰流量 33900 m^3/s。保坝水位 103.6m,标准:可能最大暴雨(PMF),洪峰流量 40700 m^3/s。水库总库容为 22.16 亿 m^3,坝顶高程 104m。正常蓄水位:初期 96m,相应库容:11.17 亿 m^3,死水位、防洪限制水位:初期 85m,死库容 3.19 亿 m^3,兴利库容:初期 7.98 亿 m^3(85~96m),防洪库容:初期 7.98 亿 m^3。100m 和 96m 高程时,水库面积分别为 140.1km^2、107.5km^2。泄水建筑物最大下泄总量 38100 m^3/s;左右岸设管道和涵洞引水灌溉下游农田。万安水电站设计最终规模为:正常蓄水位 100m,防洪限制水位 90.0m,防洪高水位 100m。

2.28.2 防洪任务与调度原则

万安水库以下赣江中下游防洪保护对象主要有沿江的万安、泰和、吉安、吉水、新干等城市,以及农田集中连片的赣抚平原(赣东大堤保护区)、吉泰盆地和沿江圩堤等。

江西省防总于 2012 年 4 月 1 日批复了万安水库 2012 年度汛方案,4 月 1 日至 6 月 20 日,汛期限制水位为 85~88m;6 月 21 日至 9 月 30 日,控制水位为 93.5~96m。万安水库后汛期没有防洪库容,主要依靠动态控制,根据洪水预报,在洪水来到之前将水位降到 93.5m,腾出库容,拦蓄洪水。

枯水期运用方案:为保障赣江中下游生产、生活和生态需水要求,水库后汛期运行水位在首次蓄水达到 91m 后,至次年 2 月底,水库水位一般应控制不低于 91m 运行;下游河道出现低水位时,水库应尽可能少调峰,均衡发电,稳定出流,遇特殊情况,省防总实施应急调度,保证下游用水安全。

2.28.3　调度过程

2.28.3.1　雨水情

（1）降雨

2012 年 1—9 月降雨量较多年均值偏多,3—6 月为降雨集中期,流域出现了 7 次明显的集中降雨过程。1—9 月累计降雨量 1660.8mm,为历年同期均值的 120%,为上年同期的 159%。其中 1—3 月降雨量 445.7mm,为历年同期均值的 136%;4—6 月降雨量 843.2mm,为历年同期均值的 122%;7—9 月降雨量 371.9mm,为历年同期均值的 103%。降雨集中期分别出现在 2 月下旬至 3 月上旬、4 月下旬至 5 月中旬、6 月上旬及下旬和 8 月上旬。

与历年同期均值相比,只有 7 月降水为历年均值的六成及 5 月降水略偏少,其他月份降水均偏丰;特别是 1 月和 4 月,其中 1 月降雨 138.4mm,为历年同期的 231%;4 月降雨 300.5mm,为历年同期的 154%。

（2）水库来水量

1—9 月总的来水量为 347.49 亿 m^3,为历年同期 263.49 亿 m^3 的 132%,为上年同期 134.96 亿 m^3 的 257%。

1—9 月平均入库流量为 1466 m^3/s,为历年同期均值的 132%。1—3 月平均入库流量为 1093 m^3/s,为历年同期均值的 177%;4—6 月平均入库流量为 2391 m^3/s,为历年同期均值的 127%;7—9 月平均入库流量为 919 m^3/s,为历年同期均值的 108%。各月平均入库流量除 7 月和 9 月偏少,其他月份均超历年同期值,其中 3 月为历年同期的 2 倍多。

2.28.3.2　洪水预报

2012 年 1—9 月,共发生洪峰流量大于 3000 m^3/s 的洪水 7 次。按照洪水调度预报的要求,根据降雨情况实现滚动预报,实时修正预报结果。万安水库 2012 年洪水预报与实测统计见表 2.28.1。

表 2.28.1　　　　　　万安水库 2012 年洪水预报与实测统计表

序号	洪水编号	洪峰流量（m^3/s)		峰现时间		预报准确率（%）	峰现误差时间（小时）
		预报	实际	预报	实际		
1	2012030808	9290	8960	8 日 14 时	8 日 8 时	96.32	6
2	2012042620	5980	5960	26 日 20 时	26 日 20 时	99.66	0

续表

序号	洪水编号	洪峰流量(m³/s)		峰现时间		预报准确率	峰现误差时间
		预报	实际	预报	实际	(%)	(小时)
3	2012050420	4710	4640	5 日 2 时	4 日 20 时	98.49	6
4	2012051502	4760	4690	15 日 2 时	15 日 2 时	98.51	0
5	2012061220	4000	4110	13 日 2 时	12 日 20 时	97.32	6
6	2012062514	10600	10800	25 日 14 时	25 日 14 时	98.15	0
7	2012080520	7820	7960	5 日 20 时	5 日 20 时	98.24	0
平均						98.10	

2.28.3.3　调度过程

2012 年 1—9 月,省防总共调度万安水库 41 次,水库严格执行调度命令进行洪水调节,有效减轻了下游的防洪压力,防洪直接经济效益显著。

峡江水利枢纽工程位于万安水库下游,万安水库的出流调节将直接影响该工程的施工进程。8 月是峡江水利枢纽工程截流的关键时期,为了配合其顺利截流,水库严格控制出库流量。特别在 14 号台风"天秤"可能对本流域有影响的情况下,实行提前发电预泄。8 月 20 日,水库加大出库流量,腾出库容;8 月 23 日,水库在入库流量本身偏小的情况下,为了配合峡江水利枢纽工程截流成功,将出库流量控制为 1200 m³/s,水库水位迅速下降,8 月 25 日水库水位最低降到 92.25m。为确保峡江水利枢纽工程的顺利截流,省防总 4 次对万安水库下达了调度命令,水库的调度取得了较好的社会效益。

(1)阶段调度目标

根据省防总的调度,3 月底及时作出水库消落计划,通过增大发电量稳步地将水库水位降至 88m 入汛。4 月 1 日至 6 月 20 日,汛期限制水位为 85～88m;6 月 20—30 日,在天气形势不明、赣南雨季未结束的情况下,水库蓄水上限以 93.5m 控制;7 月 1 日至 9 月 30 日,控制水位为 93.5～96m。6 月 17 日省防总根据当时汛情和未来天气趋势,万安水库于 6 月 25 日按后汛期限制水位控制。

(2)调度过程

6 月 21 日 20 时至 25 日 8 时受高空低槽、中低层切变线和西南急流的共同影响,流域出现连续性的暴雨到大暴雨天气过程,流域平均降雨量达 138.9mm。受上游中、小水库泄水及前期降雨影响,万安水库在 23 日 20 时入库流量已超过 4000 m³/s,

水库水位达 88.89m，由于入库流量上涨过快，且无法用机组满发来完全调蓄洪水，省防总根据实时雨水情及洪水预报下达调度指令：23 日 21 时起，万安水库总出库流量按 5000 m³/s 控制；24 日 11 时入库流量已超过 6000 m³/s，水库水位达 89.62m。省防总根据实时雨水情下达调度指令：24 日 11 时 30 分起，万安水库总出库流量按 6000 m³/s 控制；25 日 8 时入库流量 9850 m³/s，水库水位达 92.20m。省防总根据实时雨水情下达调度指令：25 日 9 时 30 分起，万安水库总出库流量按 8000 m³/s 控制；本次洪水洪峰流量 10800 m³/s，出现在 6 月 25 日 14 时，水库水位达到了 93.00m；26 日 8 时入库流量已降到 8000 m³/s 以下。省防总根据实时水情下达调度指令：26 日 10 时起，万安水库总出库流量按 6000 m³/s 控制；26 日 20 时入库流量已低于 6000 m³/s。省防总根据实时水情下达调度指令：26 日 21 时 30 分起，万安水库总出库流量按 4000 m³/s 控制；27 日 18 时根据后期天气情况及流域内各中小水库蓄泄情况作出调算。省防总于 27 日 20 时下达万安水库闸门全关的调度指令：闸门全关时水库库水位 94.29m，入库流量 3800 m³/s，最终水库水位最高达到 95.28m。本次洪水削减洪峰 2800 m³/s，削峰率为 25.9%。

2.29　港口湾水库

2.29.1　基本情况

港口湾水库位于安徽省宁国市境内水阳江上游支流西津河上，是以防洪为主，结合发电、灌溉、城市供水、水产养殖和旅游开发等综合利用水库。集水面积 1120km²，总库容 9.41 亿 m³，正常蓄水位 133m，防洪限制水位 133m。

枢纽工程包括大坝、溢洪道、泄洪洞、发电引水隧洞、发电厂房和升压变电站等。主坝为钢筋混凝土面板堆石坝，坝顶高程 146m（吴淞高程），最大坝高 68m；副坝距主坝 6km，为均质土坝。溢洪道在大坝右岸，堰顶高程 130m，设二扇弧形钢闸门控制。泄洪洞位于左岸山体内，进口底板高程 81m，设一扇弧形钢闸门控制。发电引水隧洞位于右岸，一洞两机供水方式。发电厂房布置在坝下右岸，为岸边地面式，安装两套混流式水轮发电机组，电站装机 6 万 kW。开关站位于厂房和主坝之间。

1994 年水利部批复同意港口湾水库按照百年一遇洪水设计、万年一遇洪水校核标准建设。港口湾水库于 1998 年 10 月开工建设，2001 年 3 月 1 日下闸蓄水，2002 年底枢纽工程竣工验收。

2.29.2 防洪任务与调度原则

水库的防洪任务是保护下游宁国市、宣城市城区 45 万人的防洪安全。

调度原则是当水库水位超过汛限水位,如果河沥溪站流量不大于 1500 m³/s 时,水库按小于 1000 m³/s 控制泄洪;如果河沥溪站流量大于 1500 m³/s 时,关闭水库全部泄洪设施,仅两台发电机组满发。当水库水位超过 137.5m 时,全部开启溢洪道、隧洞泄洪。

2.29.3 调度过程

第 11 号强台风"海葵"于 8 月 8 日 20 时前后进入安徽东南部后,减弱为热带风暴,9 日 5 时"海葵"的中心位于安徽省泾县境内,8—11 日在安徽南部徘徊少动,螺旋云带完整,云系覆盖广,对安徽的影响长达 5 天,为历史少见。8 月 7—11 日(5 天)累计降雨量大于 100mm 的有 7.34 万 km²,占安徽总面积的 52.7%。大于 50mm 的有 11.3 万 km²,占安徽总面积的 81%。

受"海葵"影响,8 月 7 日 16 时港口湾水库库区开始强降雨,8 月 7—11 日港口湾水库以上面雨量 238mm,水阳江宣城站以上 178mm。8 月 8 日 8 时港口湾水库水位 128.02m 即开始起涨,预报港口湾水库水位将达汛限水位 133m 左右,决定立即开启 2 台发电机组发电泄洪,至 8 月 11 日 20 时达最高水位 132.66m,本次洪水过程,港口湾水库共蓄滞洪水 1.77 亿 m³,削减洪峰 92.9%,降低宣城站洪峰水位约 0.8m,避免了宁国市城区严重受淹,充分发挥了削峰错峰作用。

2.30 陈村水库

2.30.1 基本情况

陈村水库位于长江支流青弋江上游,坝址在泾县陈村镇以上 3km,是以防洪、发电为主,结合灌溉、航运、养鱼等综合利用的多年调节水库,集水面积 2800km²,总库容 26.9 亿 m³,正常蓄水位 119m,防洪限制水位 117m,防洪库容 1.91 亿 m³。

枢纽工程包括大坝、溢洪道、中孔、底孔、电厂和筏道等。大坝为混凝土重力拱坝,上游面在 105m 以下为 1:0.1 的倒悬坝,坝内设有 69.3m 高程的灌浆廊道、68.1m 高程的排水廊道及 105m 高程的检查廊道各一条。在大坝左、右岸各设有 2 孔开敞式溢洪道。第 22 坝块设有中孔一道,配合泄洪和其他泄水用。第 12 坝块设底孔一道,作放空水库用。电厂装机 4 台共 18 万 kW。水库工程于 1958 年 7 月开工,

1962 年停工缓建,1969 年复工,1972 年基本建成。1978 年大坝加高 1.3m,1982 年 2 月枢纽工程办理竣工验收,1984 年 5 月坝基 F_{32} 断层加固处理工程验收。

1970 年 8 月水库蓄水,同年 10 月至 1975 年 7 月电厂 3 台机组先后安装投产。1975 年前,是水库初蓄水期,运行不够正常。1984 年工程按设计标准运行后,水库工程在防洪、发电、灌溉等方面都发挥了显著效益。

2.30.2　防洪任务与调度原则

水库的防洪任务是保护下游 30km 的泾县县城,还有南陵县、芜湖县及芜湖市的防洪安全。

调度原则是当水库水位低于 115.5m,预报水库水位将超过汛限水位,可视情况开启中孔预泄;当水库水位高于 115.5m,预报水库水位将超过汛限水位,开启中孔预泄并可视情况开启溢洪道预泄;当库水位超过汛限水位,全开中孔和溢洪道。在 5 月 1 日至 7 月 31 日期间,当水库水位高于 113m,发电机组还需满发泄水。

2.30.3　调度过程

第 11 号强台风"海葵"于 8 月 8 日 20 时前后进入安徽东南部后,减弱为热带风暴,9 日 5 时"海葵"的中心位于安徽省泾县境内,8—11 日在安徽南部徘徊少动,螺旋云带完整,云系覆盖广,对安徽的影响长达 5 天,为历史少见。受"海葵"影响,8 月 7 日 18 时陈村水库开始降雨,8 月 8 日 16 时雨势渐强,8 月 7—11 日陈村水库以上面雨量 302mm。为迎战台风暴雨,在台风生成之前省防指即调度陈村水库发电预泄,将水库水位控制在较低水平。

8 月 8 日 22 时应下游泾县、芜湖要求,停止发电,为下游河道错峰近 36 小时,减轻了下游的防洪压力,8 月 10 日 10 时,下游洪峰消退后,又及时调度陈村水库机组满发泄水。8 月 13 日 8 时水库水位最高达 116.17m,比汛限水位低 0.83m,本次洪水最大入库流量 2720 m^3/s,削峰率 100%,最大拦蓄洪量 6.09 亿 m^3。

第 3 章 工程险情与防洪减灾效益

3.1 工程险情及抢护

3.1.1 工程险情概况

2012 年汛期，长江流域极端天气频发，部分地区降雨强度大，多条河流发生超警戒水位、超保证水位或超历史洪水。长江上中游出现 5 次洪峰，三峡水库出现建库以来最大入库洪峰，长江干流宜宾至寸滩河段一度全线超保证水位，其中朱沱站出现历史最大洪水；四川省安宁河、渠江干流及其支流、涪江支流、岷江下游、大渡河、沱江下游、嘉陵江，湖北省荆南四河，湖南省洞庭湖四水，江西省鄱阳湖信江、饶河、抚河、赣江，安徽省水阳江、青弋江、黄溢河等支流发生了较大洪水，有些支流部分河段出现超历史洪水。受此影响，流域内部分堤防、水库等防洪工程出险，有些河段发生崩岸险情。

根据贵州、四川、重庆、湖北、湖南、江西、安徽、江苏等省（市）防办提供的有关资料统计，截至 2012 年 10 月，长江干流及主要支流堤防共出现险情 2148 处，按堤防类别统计，长江干堤 89 处，湖区堤防 202 处，主要支流及尾闾堤防 1857 处。按堤防险情类别统计，散浸 215 处，管涌 64 处，渗漏洞 151 处，滑坡 129 处，裂缝 420 处，塌陷 594 处，穿堤建筑物险情 77 处，崩岸险情 75 处（其中长江干流 17 处，支流及尾闾 58 处），崩岸长度 15127m（其中长江干流 6603m，支流及尾闾 8524m），其他险情 423 处。

根据水库统计资料，2012 年共有 402 座水库发生险情。按水库规模分：中型水库 44 座，小型水库 358 座，其中湖南省益阳市桃江县新塘村八斗村小（2）型水库溃坝。

汛期，有关省（市）对堤防、水库和崩岸险情均进行了应急处置，险情基本得到控制。

3.1.2 典型工程险情及抢护

（1）四川省金马河黄水镇江碾段堤防险情

6 月下旬以来，受紫坪铺水库入库流量持续偏高导致下泄流量增大的影响，成都市金马河流量持续保持在 1000 m³/s 以上,沿河河床及堤防基础冲刷严重,8 月 2 日,双流县金马河黄水镇江碥段堤防由于入汛以来持续受倒滩水冲刷,堤防基础掏空,造成 200m 堤防基础塌陷。

接到险情报告后,双流县迅速启动应急预案,投入抢险。成都市防汛办、市水务局、双流县委、县政府相关负责人第一时间到达出险河段查看险情,并成立堤防抢险指挥部,相关水利专家制定了四面体、条石抛填护脚、大卵石铅笼、竹笼固坡的抢险工作方案,并立即调配 200m³ 四面体进行临时抢险。经过 8 月 2—3 日的全力抢险,堤防险情基本排除。累计投入铅丝笼 400 条、竹笼 150 条、四面体 200m³、条石 2450m³,共加固出险堤防及上下游堤防 530m。

(2)四川省城南河堤新华段险情

7 月 18 日,受岷江、大渡河、青衣江流域强降雨影响,乐山市五通桥区岷江洪峰水位 341.05m,流量 14000 m³/s(距警戒水位 0.15m,距警戒流量 200 m³/s),造成城南河堤新华段 200 余 m 河堤基础掏空,坡面滑塌,危及周边农化园、永祥等工业园区安全。乐山市防汛指挥部得到险情报告后立即制定出抢险方案,组织大量物资进行抢险,经过 19—21 日应急抢险,初步控制了险情。7 月 22 日,岷江出现超警戒水位,洪峰水位达 342.50m,流量 19500 m³/s,造成城南河堤新华段再次出现垮塌,险情进一步扩大,受损长度达 410m,出险堤段堤脚冲毁、坡面沉降、部分堤段整体崩塌。

22 日下午,国家防总、省防办相关领导及专家组到五通桥检查指导防汛抢险工作,市抢险领导小组立即调整抢险方案,采取四面体、钢筋笼装卵石抛填护脚、砂卵石回填、沙袋护坡等应急抢险措施,确保了堤防安全,累计投入人力、物资价值共计 415 余万元,整护坡面 3100m²,护填堤脚 310m。

(3)贵州省锦屏县九江水库险情

九江水库位于锦屏县启蒙镇雄黄村,所在河流属沅江水系清水江支流八洋河的一级支流九江溪,位于清水江右岸。该水库坝址以上流域面积 2.5km²,总库容 104 万 m³,是一座以农田灌溉和人饮工程为主的小(1)型水利工程。大坝为均质土坝,最大坝高 33.5m;水库有效库容 79.1 万 m³,死库容 0.4 万 m³。

6 月 25 日 20 时至 6 月 27 日 8 时贵州省东部出现强降雨天气,造成锦屏县 15 个乡镇不同程度受灾,其中启蒙镇降雨量 145.7mm。26 日 9 时,由于强降雨,山洪爆发,导致该县九江水库水位迅速抬升,溢洪道进口底板过流水深为 30cm。由于溢洪道尾部边坡滑坡,造成溢洪道末端左边墙 2m 悬空,引起坝肩与溢洪道连接坡体地面

处裂开下沉,随着降雨的不断持续加大,裂隙加剧延伸。

险情发生后,锦屏县及时启动防洪应急预案,紧急转移下游受威胁 1800 余人,并实施稳洪引流技术处理方案,即采取沙袋围砌溢洪道左侧,使溢洪道洪水从右侧流出,消除洪水对坝基的冲刷,并调集 2 台挖掘机,通过公安特勤、消防官兵、应急民兵、当地群众等 300 余人 10 多个小时的连续奋战,开挖溢洪道长约 30m、宽约 2.5m、砌筑引洪沙袋墙长约 10m、高约 1.5m,6 月 27 日 20 时 15 分引流排洪成功,下沉右坝基得到控制,险情得到有效控制。7 月 10 日 10 时,水库放空运行。

(4)贵州省大方县毛栗水库险情

毛栗水库位于大方县西部文阁乡境内,集雨面积 9.5km^2,总库容 375 万 m^3,是一座以人畜饮水为主的小(1)型水利工程,设计年供水能力 251 万 m^3。水库始建于 1956 年,2008 年 7 月对水库进行除险加固施工,2010 年 11 月投入使用。水库兴利库容 315 万 m^3,防洪库容 60 万 m^3,正常蓄水位 1545.89m,校核洪水位 1547.71m,死水位 1524.00m。水库主要建筑物为黏土斜墙土坝两座,主坝最大坝高 28m,顶宽 4m,坝顶长 100m;副坝最大坝高 22.9m,顶宽 5.5m,坝顶长 57m;溢洪道为开敞式,最大泄量 49.4 m^3/s。

7 月 24—25 日,贵州省毕节市大方县毛栗水库库周及上游发生连续降雨(绿塘站降雨量资料为 62.8mm),7 月 25 日 10 点左右,主坝右岸下游 80m 处干渠右侧山体发生局部滑坡,将右干渠堵塞,干渠放水涵洞出口渠段水流漫出冲刷大坝下游右坝脚靠近堆石棱体部位的山体,影响堆石棱体基础安全。毛栗水库管理所运行人员将右干渠放水闸门关闭。由于连续降雨,入库水量加大,水库水位不断上升,至 7 月 26 日 10 点,水库水位上涨至 1545.31m(距溢洪道堰顶高程 0.58m)。由于三元支渠下游涉及三元村 3000 多人及几百亩农田灌溉用水,三元支渠放水箱涵进口闸门一直处于全开启放水状态,随着水库水位上升,进口闸门无法关闭,造成放水箱涵由正常的无压工作状态快速变为有压状态。7 月 26 日,下泄流量初估达 2.5~3.0 m^3/s,大大超过三元支渠设计流量,造成出口处渠首边墙被冲毁,水流沿左坝脚与山体之间沟槽流至坝趾堆石棱体处归入原河道,对靠近放水箱涵出口处的左坝脚产生了局部冲刷。

险情发生后,毕节市、大方县高度重视,主要领导紧急赶赴现场组织指挥抢险排险工作。一是立即启动预案,紧急转移安置下游可能受到洪水威胁群众 1000 余人;二是在滑坡体处破渠泄流,右干渠渠首水位下降并停止漫溢;三是对下游左右坝脚被冲刷部分的回填和防冲保护;四是对下距左干渠渠首约 80m 较窄渠道进行拓宽处理,加大渠道过流能力;五是全力组织在库内抛沙袋封堵左岸放水涵洞进口,避免因冲刷导致放水涵洞进一步被损坏进而危及大坝安全。与此同时,省防指第一时间安排工作组专家组紧急赶赴现场指导帮助抢险排险工作。

7月27日工作组、专家组对水库漏水区域进行研判,初步判明左支渠进水消力池出口与防渗灌浆齿墙接触处箱涵破坏,造成放水涵管出流量异常加大,危及大坝安全。省防指专家组立即提出采取潜水员水下牵引,消防官兵水面投放角铁钢筋笼到水下漏水处固定,再投放沙石袋封填方案。据统计,整个封堵工作省防汛抗旱应急抢险总队潜水员共水下作业 13 次,作业时间达 30 小时,投放沙石袋 4000 余袋。截至 7 月 31 日 16 时全面完成放水涵管漏水处封堵,左支渠出水流量由封堵前的 2.6 m^3/s 降至 0.45 m^3/s,封堵效果明显。与此同时,水库坝脚冲刷回填、溢洪道开挖等均完成,毛栗水库应急抢险排险工作取得阶段性成效。

(5)贵州省天柱县五甲冲水库险情

五甲冲水库是一座以灌溉为主的小(2)型水库,位于贵州省黔东南州天柱县兰田镇境内,汶溪河左岸一级支流杞寨溪河段上,距天柱县城 20km。水库坝址以上集水面积 0.9km²,水库正常蓄水位 413.50m 时,相应库容 13.8 万 m³。水库大坝为均质土坝,坝顶高程 415.20m,最大坝高 16.0m,坝顶宽 2.5m,坝顶长 35.3m;上游坝坡为块石护坡,坡比为 1:2.1;下游坝坡未护坡,坡比从上至下依次为 1:1.7、1:2.05,后接排水棱体。溢洪道紧靠左岸山体布置,右侧边墙与大坝连接,溢洪道为开敞式,进口段筑有薄壁堰(高约 2m),高程 413.5m,进口宽 4.0m,边墙为浆砌石衬砌,底板为混凝土衬砌,末端未设消能措施。放水涵洞布置在大坝左岸,用于灌溉和放空水库,为 0.3m×0.5m 城门洞型,最大输水能力为 0.35 m^3/s,进口放水设施为斜卧管,没有安装闸门。

五甲冲水库是尚未加固的病险水库,工程存在的主要问题有:坝基、坝肩和坝体渗漏;溢洪道边墙及底板开裂,泄洪能力不足,下游无消能措施;大坝上游坝坡稳定性不能满足规范要求;大坝上游干砌块石护坡部分毁坏;放水涵洞存在渗漏等;防洪标准不足,坝顶高程不满足规范要求。

6月9日20时至10日20时,贵州省天柱县五甲冲水库所在的兰田镇降雨量195.8mm,降雨时段主要集中在10日24时至4时。强降雨造成五甲冲水库溢洪道进口段右侧边墙倒塌,与边墙交接处的土坝左端迎水面坝体出现长 8m、宽 6m、深 5m的重大坍塌险情,塌方量近 300m³;另外,溢洪道下游出口附近局部冲刷较为严重。

10 日 5 时左右，水库管理员及时发现险情并第一时间向镇政府和县防办进行了报告，为水库抢险赢得了宝贵时间。接到险情报告后，有关责任人和技术人员迅速赶赴险情现场，组织抢险队抢险，黔东南州防指和县防指第一时间派出工作组赶往现场协助抗灾救灾，省防指工作组也于当天下午赶到现场指导抢险救灾。采取的主要措施有：一是爆破拆除溢洪道进口薄壁堰，加大泄流，降低水库水位；二是采用编织袋装砂土抢筑防护上游坝体，并用塑料布覆盖坝体防止雨水冲刷；三是县、乡、村三级干部迅速组织转移安置水库下游受威胁群众 2000 多人，紧急疏散 8000 多人。经过历时 10 小时的抢险，水库水位已降至溢洪道进口底板以下，险情已经基本得到控制，有效避免了水库溃坝，保证了下游村寨群众生命财产安全。由于水库险情发现及时，各级领导重视，行动迅速，抢护到位，险情得到有效控制，未造成人员伤亡等严重后果，最大限度减轻了这次暴雨造成的洪涝灾害损失。

经现场勘查，结合当地政府汇报情况，国家防总工作组认为天柱县五甲冲水库出险，除客观上降雨强度大、水库水位上涨迅猛外，20 世纪 80 年代溢洪道未经批准，擅自修筑堰体，导致洪水不能及时下泄，是造成险情的主要原因。另外，老化失修，没有及时进行修复也是重要原因。原溢洪道右侧边墙底部开裂，出岭前一段时期上游坝面沿侧墙方向一直存在渗漏现象，在强降雨水库水位高的情况下，渗流量加大，不断掏空侧墙底板，最后导致进口段边墙倒塌，土坝上游坝体崩塌。

（6）重庆市荣昌县茨竹沟水库险情

茨竹沟水库位于沱江支流赖溪河上，建成于 1958 年，水库总库容 38.4 万 m^3，为小（2）型水库。大坝为均质土坝，坝底宽 60.8m，坝顶宽 1.50m，最大坝高 13.84m，坝顶长 91m，坝顶高程 314m；水库校核水位 313.22m，正常水位 311.72m，死水位 304.16m，正常库容 28.2 万 m^3，死库容 3.2 万 m^3。

8 月 30 日至 9 月 1 日，重庆市荣昌县 21 个镇街遭受特大暴雨，其中盘龙、河包、路孔、直升、峰高、荣隆等镇街降雨量均超过 250mm，盘龙镇最大降雨量达到 365.8mm。9 月 1 日 6 时，荣昌县峰高街道东湖社区茨竹沟水库管理员报告，大坝坝顶出现纵向裂缝（裂缝长 60m，平均宽 2cm，最宽处 10cm）和外滑坡险情，情况十分危险。水库出险时水位 312.02m，库容 30 万 m^3。

灾情发生后，副市长张鸣亲赴现场指导抢险，对现场抢险工作进行了安排部署；市防指副指挥长、市水利局局长王爱祖对抢险救灾工作作出了指示，市水库局副局长、市防办主任韩正江第一时间率领专业抢险队伍赶赴现场指挥抢险；荣昌县县长谢金峰率领相关县领导和部门负责人赶赴现场,对现场抢险工作责任进行了明确分工。

市防指迅速制定并落实抢险应急方案,一是采用多层胶布、薄膜等覆盖大坝坝顶、坝坡等处,防止雨水进入加剧险情;二是降低水库水位,在大坝右坝肩新开挖泄洪渠,增加下泄流量 $1.5\ m^3/s$,同时安装了 3 根倒虹吸管,使用 3 台 20 马力(1 马力＝735.499W)柴油机向下游抽水;三是调集 100 名武警官兵运输沙袋,压重后坝脚以加固大坝,防止滑坡体进一步滑动;四是迅速转移下游受威胁的 500 余名群众到安全地区,并妥善安置。

抢险共调集挖掘机 3 台、编织袋 1.8 万条、救生衣 100 件、强光工作灯 3 盏、充电电筒 50 支、铁铲 40 把、十字镐 40 把、大功率柴油机组 4 台(套)、抢险麻绳、铁丝等物资。共计开挖石方 $1500 m^3$,土石方压脚 $50 m^3$,投资约 25 万元。

汛后,该水库病险整治工程已经开工,主要采取以下措施:一是加宽加高排水棱体,加固坝脚;二是沿裂缝清除滑坡体,并加固培厚大坝,放缓大坝坡度;三是坝体进行填充灌浆,坝基进行帷幕灌浆;四是新开挖溢洪道进行回填,埋入 1m 直径管道作为非常溢洪通道。

(7)湖北省荆江大堤尹家湾管涌险情

7 月 22 日 9 时 30 分,荆州市开发区水利局报告荆江大堤尹家湾堤段出现管涌险情,该险点相应荆江大堤桩号 746＋110,距堤内脚 300m,出险点高程 34.00m(吴淞冻结),出水量较大,带黑砂。出险时外江水位 41.97m(沙市站水位),所在堤段堤顶高程 47.00m(吴淞冻结)。

尹家湾险情段处于沙市河弯的下段。该处堤外基本无滩,河泓逼近堤脚。堤基上部为壤土层,局部夹淤泥质土和黏土,部分堤段砂壤土表露,基础较差。堤内多渊塘,为历史溃口形成,以前曾进行吹填处理,堤基抗渗条件虽有所改善,但隐患并未彻底根治。汛期高水位时,堤内仍有各类险情发生。1998 年、1999 年、2002 年、2007年、2010 年共发生险情 14 处,其中管涌险情 1 处、清水漏洞 1 处、散浸集中 1 处,其余均为散浸。

对荆江大堤桩号 746＋110 处管涌险情采用围井导滤处理方式,围井内径 4m,高 1.3m(地面以下抽槽 0.3m),地面以下用块石回填消杀水势,地面高程以上采用正反三级导滤,分别为卵石 15cm、瓜米石 15cm、粗砂 30cm、瓜米石 15cm、卵石 15cm。共用块石 $6 m^3$、粗砂 $8 m^3$、瓜米石及卵石各 $4 m^3$。

22 日 17 时 30 分,险情抢护完毕,出清水,出水量为 340kg/min,险情得以控制。

随后,安排该险点实行 24 小时坐哨观察,备块石、粗砂、瓜米石及卵石各 6m³,黏土 10m³,防守劳力 40 人,落实了防守行政负责人和技术负责人。

初步拟定汛后整治方案为:对该管涌点实施开挖后黏土回填;在该堤段实施堤外堤基防渗墙 2km,堤内减压井 2 排。

(8)湖北省荆江大堤熊河镇荆干村管涌险情

7 月 9 日 8 时 53 分,在江陵县熊河镇荆干村六组与七组道路交界处,发现管涌。出险部位对应荆江大堤桩号 717+150,堤顶高程 45.1m,堤脚高程 37m,距离大堤内堤脚 510m,险情孔径 110mm,出浑水带细沙。

险情原因为地质钻孔封堵不严所致。2012 年 3 月,经湖北省水利厅批准,荆州港务集团新建石化码头时,在该处进行过地质钻探。该堤段堤基为砂基,由于地质钻孔封堵不严,致使在较高水位时出现管涌险情。

采用"围井导滤"方案抢护,围井直径 4m,高 1m,底层铺卵石 20cm,下层铺黄砂 30cm,中间铺瓜米石 30cm,上层铺卵石 10cm,共消耗卵石 3m³、黄砂 10m³、瓜米石 10m³、编织袋 500 个。抢险工作于 9 日 17 时 30 分完成。国家防总工作组于 10 日上午查勘时,管涌孔出清水,险情得到有效控制。荆江大堤熊河镇荆干村管涌险情抢护见图 3.1.1。

图 3.1.1　荆江大堤熊河镇荆干村管涌险情抢护

(9)湖北省荆江大堤木沉渊水井险情

7 月 25 日 18 时 30 分,荆州市开发区荆江大堤木沉渊段桩号 745+100 处堤内发生水井险情,出险水井距堤内脚 600m,为单孔,孔径 11cm,出水量较大,带黑沙;出险点高程约 32.00m(吴淞冻结高程),出险时荆江沙市站水位 42.77m。

该堤段堤基沙层深厚,出险处属历史压把井,因取土破坏覆盖层,加之外江持续高水位,以致水井险情发生。

发现险情后,荆州市长江河道管理局负责人和工程技术人员迅速采取了抢护措施,一是采取围井导滤,围井内径 5.5m,外径 8.0m,高 1.2m,正反三级导滤;二是坐哨防守,共计安排 40 名劳力,24 小时分班坐哨观察防守;三是备足抢险物料。共计备齐土方 10m³,粗砂 5m³,瓜米石 5m³,卵石 5m³,以便保障紧急应对措施。

抢险工作自 25 日 19 时开始,至 26 日 6 时基本完成,水井险情已得到基本控制,出清水,带少量粉细砂,出水量约 1440kg/min。抢险动用劳力 300 余人,共计消耗砂石料 150 多 m³,编织袋 2000 余条,抢险资金 20 余万元。

(10)湖南省岳阳市君山区长江干堤崩岸险情

8 月 13 日,君山区发现荆江门河段发生 2 处重大崩岸险情,桩号范围分别为 3+300～3+320 和 4+180～4+300,其中桩号 4+180～4+300 段尤为严重,崩岸长度 120m,最大崩宽 50m,崩顶高程 31.4m(黄海高程)。

险情发生后,当地制定了如下抢险方案:一是对(桩号 4+120～4+340)长 220m 进行抛石固脚;二是用大粒径鹅卵石覆盖崩窝内裸露岸坡,防止岸坡填土流失。险情基本得到控制。汛后,正积极争取资金对险情进行处理。

(11)湖南省岳阳市云溪区岳纸 4 号闸损毁险情

7 月 12 日 17 时 20 分,江苏扬州 8000t 货轮因突遇大风,导致船舶失控而撞在长江干堤云溪段(岳阳市城市防洪堤永济垸堤段)岳纸厂区 4 号闸启闭台、排架柱及人行便桥上,将其全部撞毁。4 号闸箱涵为芭蕉湖的外排箱涵,闸室底板高程 24m,孔径为 4.75m×4.75m,与芭蕉湖 3 号闸相邻,事发时长江水位 31.00m,垸内水位 26.10m;该堤段为险情发生后,专家组根据该涵闸设计、竣工资料和闸门与闸墩没有出现大的损坏情况,制定了抢险方案,确定在 4 号闸进口和 3 号闸之间用黏土填筑平台进行封堵除险,由华能岳阳电厂负责具体施工,岳阳市水务局和云溪区水利局负责抢险技术指导。抢险填筑土方约 11000m³,抢险后险情得到控制。

(12)江西省乐北联圩漫顶险情

8 日 14 时至 11 日 16 时,受台风"海葵"外围影响,景德镇市平均降雨量达 364mm,景德镇乐平市东岗站 12 小时(10 日 2—13 时)降雨量达 473mm,24 小时(9 日 19 时至 10 日 19 时)降雨量达 642mm,12 小时、24 小时暴雨值为江西省有记录以

来最大值。受降雨影响,昌江、乐安河全线超警戒。8 月 10 日 15 时,江西省乐北联圩 41+200～42+700 段开始漫顶,漫顶水深 0.3m。

乐北联圩位于景德镇乐平市乐安河及其支流潘溪河,堤防级别四级,堤顶高程 27.29～30.60m,警戒水位 26.00m(虎山站),保证水位 30.01m,堤防高度 5～6.5m,内外边坡 1:1.25(出险段),堤防保护面积 48.9km²,保护农田 6.23 万亩。

险情发生后,国家防总工作组和省防指工作组、技术专家组第一时间赶赴现场指导抢险工作。巡堤人员发现险情后,乐平市各级防汛责任人现场组织抢险,及时采取抢做子堤的措施,将黏土及砂卵石用编织袋装袋后,在堤顶外侧抢修子堤挡水。经全力抢险,险情于 8 月 10 日 23 时得已解除。

(13)江西省万安县通津堤决口险情

通津堤位于万安县窑头镇,赣江支流通津河上,全长 10km,堤内保护农田 200hm²、1000 多人。该堤建于 1965 年,出险处原堤顶高程 65.9～68.7m,顶宽 2～4m,内坡 1:2,外坡 1:2.4。堤防存在防洪标准不足五年一遇,堤身单薄,土质差,多处管涌、泡泉险情。在文溪堤段下游、距通津河出口约 1km 处,于 20 世纪 70 年代修建神州小水电站 1 座,包括拦河坝 1 处及右岸引(分)水渠。

6 月 21 日 20 时至 24 日 8 时,万安县连降大到暴雨,全县平均雨量达 172mm,通津河流域普降暴雨,平均降雨量 195.8mm。受强降雨影响,通津河水位急剧上涨。由于水势凶猛,通津堤文溪村堤段于 6 月 24 日 24 时 5 分左右发生宽 5m、深 2m 的决口险情。据初步统计,通津堤决口险情造成文溪村房屋过水 15 户、涉及 50 多人,但受淹房屋最严重的水深只有 30cm 左右,紧急转移 480 人,淹没农田 30hm²,造成经济损失 80 万元。由于发现及时,抢护到位,未造成人员伤亡等严重后果。

经现场勘查,结合当地政府汇报情况,国家防总工作组认为万安县通津堤发生决口险情的主要原因:一是连日降雨强度大,上游 2 座中型水库溢洪,23 日 14 时芦源水库泄洪 80 m³/s,蕉源水库泄洪 75 m³/s,造成河道水位上涨迅猛;二是堤防标准低于五年一遇,堤身断面不足,堤身质量差,存在安全隐患。此外,神州小水电站拦河坝对河道及时泄洪有一定影响。

险情发生后,省防指总指挥、副省长姚木根,副总指挥孙晓山,秘书长罗小云通宵坐镇省防总指挥抢险救援。省防指工作组文林副厅长、吉安市及万安县政府和防汛部门领导第一时间赶到现场,立即组织防汛抢险救灾。通过采取开挖下游神州电站拦河坝泄洪迅速降低河道水位,紧急转移受淹群众并妥善安置生活,迅速调集 470 人和抢险物资进行堵口复堤等措施,有效减轻了灾害损失。堵口复堤抢险工作于 24 日 7 时开始,11—12 时完成。6 月 24 日上午决口复堤抢险完成(迎水面)见图 3.1.2。

图 3.1.2　6 月 24 日上午决口复堤抢险完成(迎水面)

(14)江苏省长江镇扬河段和畅洲北缘特大窝崩险情

2012 年 10 月 13 日 12 时至 14 日 6 时,长江镇扬河段和畅洲北缘发生特大窝崩险情。接到险情报告后,国家防总、水利部高度重视,立即于 15 日派出以长江水利委员会防办副主任陈敏为组长的工作组赴现场调查险情,指导应急抢险处置工作。

和畅洲位于长江下游镇扬河段,在平面上呈长方形,东西向长约 4km,南北向长约 3km。四周建有洲堤(属民堤),堤长约 16.24km,堤顶高程 10.2m,洲堤内滩地高程 3~4m。洲堤内面积约 13.47km²,洲堤内耕地 800hm²,人口约 0.85 万,属镇江市丹徒区。

10 月 13 日发生的特大窝崩险情段位于镇扬河段和畅洲洲头北缘原有窝崩的大窝塘内,位于长江镇扬河段二期整治工程和畅洲北汊口门控制工程潜坝以下约 300m。本次崩岸险情非常严重,崩塌的规模之大、速度之快、持续时间之长均为罕见。窝崩坍江口门处宽度约 300m,纵深坍进约 500m,其中坍进洲堤内 200m。土地坍失面积约 21.33hm²(其中江滩面积 13.33hm²,堤后农田 7.33hm²),洲堤坍失 370m,已建护岸工程坍失 3.2 万 m²,民房坍失 7 户 28 间,约 600m²,坍失高压电杆 2 根,造成丹徒区江心农业生态园区供电中断 22 小时,供水中断 19 小时,临时转移 300 人,安置受灾 140 人。由于判断准确、决策果断、转移及时,本次崩岸未发生人员伤亡。

据初步分析,和畅洲北缘特大窝崩险情发生原因有以下几个方面。

1)和畅洲北汊为主汊,分流比维持在 7 成以上。2003 年 9 月实施北汊口门控制

工程后,和畅洲北汉分流比一度由 2002 年的 75.48% 减小到 2003 的 71.8%,目前基本维持在 72%～73%,其中 2010 年 7 月实测分流比为 72.3%。

2)近期和畅洲北缘冲刷严重。根据和畅洲北汉口门控制工程后多次地形及水文监测资料的对比分析,和畅洲北缘大窝塘处于冲刷、回淤循环变化过程,但总体表现为冲刷,窝塘内的近岸深槽呈冲刷扩大的态势。大窝塘内未护岸区域冲刷最为明显,局部最大冲深达 13m,出现近岸的－20m 深槽。

3)原有护岸工程薄弱破坏严重。原和畅洲北缘大窝塘位于北汉口门控制工程即潜坝接岸坝根下腮,属历史窝崩险段,近岸护岸工程是 1987 年修建的,且采用的是散抛卵石的型式,厚度仅有 0.6m 和 0.3m,在水流掏刷的作用下,近岸护岸工程破坏严重。

4)附近河岸的地质条件差。河床以下基岩埋深大,河岸主要由粉细砂组成,厚度达 40～50m,表层为 2m 左右厚的淤泥质黏土,河岸抗冲能力差,且易液化。

5)2012 年汛期中大流量时间持续长。据统计,2012 年汛期,长江下游干流控制站——大通水文站流量维持 45000 ㎥/s 以上持续达 105 天,年最大流量为 58100 ㎥/s,长时间中大流量作用下,水流造床作用明显,极易引起河床冲淤变化,和畅洲北缘等顶冲段冲刷明显。

6)窝崩发生时,长江(潮)水位较低,河岸坡陡,在渗透水压力作用下极易发生河岸失稳。

崩岸险情发生后,江苏省委、省政府和镇江市委、市政府高度重视,徐鸣副省长立即作出指示,要求迅速落实应对措施,确保人民群众生命财产安全。省防指副指挥、省水利厅厅长吕振霖以及镇江市政府副市长曹当凌和丹徒区委、区政府领导立即赶赴坍江现场,指导抢险工作。

一是启动应急预案,紧急转移危险区群众。面对坍江险情,针对可能发展的坍势,现场指挥部紧急会商后果断决策,连夜组织受到坍江险情影响的 110 户、300 余名群众转移至安全地带。

二是加强值守与观测。已落实了 24 小时值班制度,加强对坍江现场的安全警戒和检查观测,防止次生灾害的发生。

三是立即组织水下地形测量,及时提出了窝塘抢险工程和堤防恢复工程方案。窝塘抢险工程布置遵循"固守两肩,防护周边,刹流促淤封口"的原则;堤防恢复工程根据堤防现状,结合和畅洲(江心园区)发展规划进行安排。

四是立即组织供电线路抢修,及早恢复水厂供电,及早恢复供水。在水厂供水恢复前,组织消防等部门应急送水,保障群众生活用水基本需要。

五是抓紧实施窝塘抛石护岸抢险工程,应急抢护抛护面积 51150m²,抛石 47764m³,投入经费约 600 万元。经处置,险情基本得到控制,洲内群众的情绪稳定,生活生产秩序正常。和畅洲北缘窝崩造成长约 370m 洲堤(属民堤)崩失见图 3.1.3。

图 3.1.3　和畅洲北缘窝崩造成长约 370m 洲堤(属民堤)崩失

(15)江苏省南通市崇川区长江滨江公园段崩岸险情

8 月 12 日凌晨,江苏省南通市崇川区长江滨江公园段江岸发生崩塌险情,崩岸长 200m,崩塌面积约 20000m²,崩塌土石方约 30 万 m³,崩岸距离江堤最近约 100m。经水下地形测量,－20m 等深线向岸边逼近 80～100m。

崩岸险情主要原因为:一是 2012 年汛期长江维持较长时间、较高水位、较大流量行洪,对长江河床造成较严重冲刷;二是桃园丁坝不断坍塌萎缩,对该岸线防护作用减弱,造成深泓逼岸。

险情发生后,南通市市长张国华率领崇川区区委区政府和市水利等部门负责人第一时间赴现场察看险情,研究部署抢险工作。市、区有关部门迅速组成专家组,会商提出应急抢险方案。8 月 13 日下午开始开展抢险工作,累计抛石 40000m³;9 月 1 日起,进一步对水下沙石棱体、被冲深潭抛填沙石施工,抛填沙袋约 8 万 m³,铺设土工格栅 2 万 m²;继续对水下地形和堤岸进行监测,严密监控险情,为后续全面治理提供资料。此次应急抢护投入经费约 1000 万元。经处置,险情得到控制。

(16)江苏省扬中市江堤裂缝险情

7 月中旬,江苏省扬中市江堤发生 4 处堤身裂缝险情,分别为新坝丰乐桥段、三茅

兴阳段、三茅永固段、三茅东风段。

据初步分析,险情产生的主要原因为:一是堤身边坡较陡,未达到规范要求;二是险情发生处堤段经过历史上多次加高、加宽形成,且部分堤段为软土地基,易产生不均匀沉降;三是 7 月 13—14 日,当地出现了较强降雨,强降雨加剧了险情的产生和发展。

险情发生后,省防指副指挥、水利厅副厅长陶长生亲赴现场察看险情,指导应急处置工作;省防指专门下发通知,对工程除险和安全度汛工作提出了明确要求。当地水利部门在第一时间用彩条布覆盖堤身,并用袋装土对彩条布进行压实加固;对险情发生位置布设监测断面,安排专人加强观测;现场设置了警示告示;落实了应急抢险队伍和物资,并制定了专项应急抢险预案;对三茅东风段裂缝进行翻挖,并用石灰土重新回填,增设排水设施。经处置,险情得到控制。

3.2 典型山体滑坡、堰塞湖等灾害及应急处置

(1)四川省黑水县毛尔盖堰塞湖

7 月 9 日 18 时左右,四川省阿坝州黑水县城下游 28km 处的双溜索乡俄瓜热十多沟因局地强降雨引发泥石流,在毛尔盖水电站大坝下游约 1km 处堆积约长 800m、宽 50m、体积约 40 万 m^3 的堰塞体,淤塞岷江上游一级支流黑水河河道,形成长约 1000m、宽 50m、水量约 40 万 m^3 的堰塞湖。11 日,堰塞体已经过流,口门宽度约 30m,出口流量略大于毛尔盖水电站泄洪流量(50 m^3/s),水流基本归槽。堰塞湖造成双溜索村两岸数十户民房被淹,省道 302 线路段漫流。

7 月 10 日,省水利厅工作组赶赴现场会同阿坝州委、州政府及当地政府指导抢险救灾工作,及时疏散危险区群众,对该段省道 302 线实行交通管制,及时提出了抢险方案。11 日,国家防总工作组赶到现场协助指导堰塞湖处置。

毛尔盖水电站是黑水河干流开发的第三个梯级电站,电站开发任务为发电兼顾供水,拦河大坝为砾石土直心墙堆石坝,正常蓄水位 2133m,相应库容 5.35 亿 m^3,为年调节水库,引水隧洞全长 16.15km,电站装机容量 42 万 kW。

7 月 11 日 16 时,水库水位 2126.06m,入库 252 m^3/s,发电流量 192 m^3/s,泄洪 50m^3/s。水库为首次蓄水,灾害发生时水库水位比原计划超高 6m 多,库区周边地质问题频发。

堰塞体抢险采取了"疏渠引流、束水冲沙"的应急处理措施,因堰塞体主要为淤

泥,大型机械无法开进至左岸施工,引流渠开挖主要集中在黑水河右岸,利用毛尔盖水电站泄洪水流冲刷扩宽加深引流渠。12 日中午毛尔盖水电站泄洪流量逐步增至200m³/s,一方面加强水流对堰塞体的冲刷扩大引流渠,另一方面降低毛尔盖水电站运行水位,保障水库安全。

7 月 13 日 8 时,毛尔盖水电站水库水位 2125.22m,入库流量 332 m³/s,发电流量192 m³/s,泄洪流量 200 m³/s。堰塞湖水量减少至 10 万 m³,引流渠口门扩至 40m 左右,堰塞体淤积量显著减少,引流渠及堰塞体下游河道均能安全下泄超过 200 m³/s 的洪水,基本达到 2012 年安全度汛要求。

(2)四川省喜德县热柯依达乡堰塞湖

8 月 30 日 23 时至 31 日 16 时,四川省凉山州喜德县热柯依达乡降雨量达149.2mm,其中 31 日 5—10 时降雨量高达 92mm,9 月 3 日 8 时 46 分热柯依达乡政府上游约 2km 处的依呷洛河左岸发生山体滑坡,阻断河流形成堰塞湖。依呷洛河为安宁河流域孙水河支流,堰塞体距下游孙水河汇入口 11km。堰塞湖造成热柯依达乡连续几日电力、通信中断,至喜德县城 50 余 km 交通全线中断,抢险救灾设备和物质运输困难。若堰塞湖溃决将严重影响下游喜德县、冕宁县 13 个乡镇、66 个村、25746 人生命财产安全,其中下游 2km 处的热柯依达乡政府及乡中心小学受威胁最大。

热柯依达乡堰塞湖以上集水面积 21km²。堰塞体顶长 220m、顶宽 80m、底宽200m、高 29～50m,总量 50 万～60 万 m³;总体形态是左岸高右岸低,中部有凹槽;上游坡面 30°～35°,下游坡面 20°～30°。堰塞体物质组成主要为宽粒径碎石土,细粒物质居多,堆积体松散。

据 9 月 5—6 日观测,水库水位 24 小时涨幅约 2.5m。6 日 12 时堰前水深约27.5m,来水量约 3 m³/s,水库水位距堰体中部处高差约 1.5m,水库回水长度约1000m,堰塞湖库容约 100 万 m³。6 日 13 时至 7 日 9 时,堰塞湖水库水位上涨约1.1m。7 日 12 时 30 分泄流槽开始过流,8 日 17 时堰前水深为 28.6m,库容量为 120 万 m³。

接到险情报告后,国家防总、四川省委省政府高度重视,国家防总秘书长、水利部刘宁副部长作出重要批示:"堰塞体过流是最危险的时段,要密切监测,及时转移下游人员,确保不发生人员伤亡。要千方百计恢复电力通信,弄清情况。"四川省委省政府要求地方立即安全转移危险区域群众,及时排除险情。省防指、凉山州、喜德县立即派出工作组到现场开展堰塞湖应急处置工作。国家防总于 9 月 5 日派出工作组赴四川省抢险救灾指导。凉山州、喜德县政府于 9 月 4 日开始组织危险区域群众疏散转

移,截至 6 日全县已转移安置 2000 人,疏散约 1.2 万人。7 日下午,在堰塞湖应急处置工作的关键时刻,四川省、凉山州建立了雨情专报制度;在堰塞体下游布设了 3 个预警预报监测报警器;地方制定了堰塞体下游依呷洛河、孙水河沿岸人员(含冕宁县泸沽镇和铁厂乡)紧急疏散转移预案,按要求及时落实转移危险区人员;为应对堰塞湖突发情况,凉山州将安宁河漫水湾枢纽(位于孙水河汇入安宁河处下游)预留出 100 万 m^3 的拦洪库容。

9 月 6 日,前方工作组现场查勘、了解堰塞湖基本情况后,研究制定了开挖泄流槽降低水库水位的应急处置方案。7 日 12 时 30 分泄流槽开通,前段长约 50m、宽 2m、深 0.6m,后段长约 50m、宽 2m、深 1.0m。7 日 13 时泄流槽初期下泄流量约 1 m^3/s,8 日 7 时下泄流量增加至 3 m^3/s。为进一步加大下泄流量,尽快减少堰塞体的整体风险,前方工作组又研究制定了人工开挖结合爆破引冲泄流槽的方案,并于 8 日 17 时成功实施,形成一条上段宽 3m、下段宽 6m、纵向坡度 $10°\sim12°$ 的泄流槽,与天然河道比降基本一致,泄流槽下泄流量达到近 10 m^3/s。从 8 日 17 时到 9 日 9 时,堰前水深已从 28.6m 下降到 24m,库容量从 120 万 m^3 下降到 80 万 m^3 以内。

鉴于堰塞湖水库水位已有明显下降,蓄水量仅 70 万~80 万 m^3,工作组认为堰塞体溃决风险可控,险情基本解除,同时建议尽快修复进入堰塞湖现场的交通道路,恢复电力、通信;加强堰塞湖上下游水位、泄流、堰塞体及左岸残留滑坡体等安全监测工作。

(3)四川省宁南县白鹤滩镇矮子沟特大山洪泥石流灾害

6 月 27 日 20 时至 28 日 6 时许,四川省凉山州宁南县白鹤滩镇矮子沟遭受局部特大暴雨,降雨量达 236mm,导致中国长江三峡集团公司白鹤滩水电站前期工程施工区矮子沟处发生特大山洪泥石流灾害。矮子沟沟长 19.55km,泥石流在中上游启动,中下游汇流。经初步核查,灾害造成租住在矮子沟沟口一栋三层民居楼房内的水电四局施工人员及家属和民工共 40 人死亡失踪。

6 月 27 日暴雨来临前,宁南县白鹤滩镇将降雨天气预报和地质灾害预警信息通过电话和手机短信通知矮子沟沿沟所有村组及施工单位。6 月 28 日 6 时,居住在矮子沟上游的当地村民群众 117 户、557 人根据预警信息,全部安全撤离;住在矮子沟上游导流洞工棚内的施工人员 38 人在当地群众的通知和帮助下全部安全撤离。

灾情发生后,凉山州委、州政府,宁南县委、县政府主要领导第一时间赶赴现场,组织州、县救援力量协助中国长江三峡集团公司开展现场搜救。省政府常务副省长魏宏率领工作组到达现场后,实地查看灾情,指挥抢险救灾,传达了国务院领导和刘奇葆书记、蒋巨峰省长的重要批示,并召集中国长江三峡集团公司和省级部门、州、县负责同志召开现场紧急会议,进一步安排部署抢险救援工作:一是成立了抢险救灾指挥部,加大搜救力度,尽快核定失踪、遇难人数和身份;二是抓紧做好受灾群众的临时安置和生活救助工作;三是进一步做好地质灾害排查、预警、预测、预防工作,遇有雨情主动避让、及时撤离;四是地方政府协助中国长江三峡集团公司切实做好失踪遇难人员的善后工作。

(4)西藏芒康县海通沟堰塞湖

6 月 23 日,西藏自治区芒康县林芝河海通沟河段因暴雨引发大规模泥石流阻断河流形成堰塞湖,导致川藏公路(318 国道)交通中断。堰塞湖位于西曲河(金沙江上游右岸支流)的支流林芝河海通沟河段,对应川藏公路 318 国道桩号 K3399~K3404,下游 25km 内没有居民和其他受威胁目标,距下游西曲河一级电站约 25km。

泥石流形成的堰塞体平面上呈扇形,左岸沿河长约 199m,右岸沿河长约 92m,垂直林芝河宽约 60m,体积约 14 万 m^3。堰塞湖沿河长约 440m,平均宽度约 44m,平均水深约 2.9m,估算蓄水量约 5.5 万 m^3。24 日堰塞体已自然过水,26 日下午堰塞湖入库流量 3.17 m^3/s,出库流量 2.69 m^3/s。

堰塞湖应急处置采用"开挖行洪渠,填筑 318 国道"的抢险方案,即沿堰塞体中偏左侧开挖行洪渠,行洪渠洪水标准按 5 年一遇洪水频率设计,以满足安全度汛要求;开挖出的石料沿左岸填筑 318 国道。6 月 30 日上午 318 国道恢复通车,堰塞湖水基本放空。

(5)贵州省岑巩县大榕村滑坡堰塞湖

6 月 25—28 日,贵州省黔东南州岑巩县出现暴雨天气,其中,26 日 11 个乡(镇)有 8 个降雨量超过了 50mm。受连续性降雨影响,6 月 29 日 6 时 20 分左右,岑巩县思旸镇大榕村新龙组发生特大山体滑坡,滑坡体长约 1km、宽约 300m、高约 100m,据估算滑坡体约 1200 万 m^3。滑坡体前缘形成高约 26m、长约 100m、宽约 40m 的堰塞体,阻断舞阳河(沅江上游左岸支流)的支流马坡河(禾山溪),形成库容约 3 万 m^3 的堰塞湖(库容最大时曾一度达到 9.8 万 m^3),堰塞湖距岑巩县新县城 4km,对下游人民生命财产安全造成威胁。29 日马坡河流量为 0.4 m^3/s。

险情发生后,国家防总工作组和贵州省、市、县各级有关部门迅速反应,立即赶赴现场。6 月 29 日,国家防总工作组、省防指工作组、省国土资源厅、黔东南州委、州政

府及州直有关部门、岑巩县委、县政府及县直有关部门在岑巩县组织召开抢险救灾会商会议，就堰塞湖处置提出十条措施。这十条措施包括立即启动州级地质灾害应急预案；现场划定警戒线；立即组织堰塞湖上游淹没范围内的马蝗坳、禾山溪两个村寨和堰塞湖下游镇远县响水村燕子组群众撤离；加强对滑坡体险情监测，确保现场施工人员安全；尽快对滑坡体及周边（特别是下流沿岸）进行地质灾害应急排查等。

堰塞湖处置原采用埋管泄流方案，后根据开挖揭露的地质条件调整为明渠泄流。7月3日凌晨，明渠开始过流，堰体上游水位开始缓降。经过抢险人员共同努力，堰塞湖实现科学有效泄洪，险情得到有效控制，受灾群众得到了妥善安置。

3.3 防洪减灾效益

2012年汛期，长江流域发生多次强降水过程，尤其是6月29日以来，长江上游发生持续强降水过程，受其影响，长江上中游干流先后出现5次洪峰，其中7月24日20时出现长江4号洪峰，三峡水库最大入库流量71200 m^3/s。面对汛期出现的强降雨及洪涝灾害，长江防总及地方各级防汛部门积极主动应对，扎实开展防汛工作。一是加强预测预报，滚动会商，及早动员部署，认真落实各项防汛预案，适时启动相应级别的应急响应；二是加强防汛抢险指导工作，及早发现和处理堤防、水库等各类工程险情；三是加强对三峡等大型防洪水库的科学调度，充分发挥其防洪作用，减轻对下游的防洪压力；四是加强山洪灾害防御工作，及时转移受威胁人员，努力减少人员伤亡。通过采取多种防汛抗洪措施，将灾害损失减少到最低程度，取得了巨大的防洪减灾效益。

3.3.1 长江中下游地区防洪效益

3.3.1.1 计算方法

采用传统方法，即按有本防洪工程与无本防洪工程相比所减少的淹没损失作为工程的防洪经济效益。首先计算长江三峡水库和中下游堤防的防洪经济效益，将有本防洪工程与无本防洪工程相比所减少的淹没损失作为工程的防洪经济效益，即2012年洪水（还原为无三峡水库时的洪水过程）在1949年堤防状况下的淹没损失与现状实际淹没损失之差，作为新中国成立以来长江中下游地区堤防和三峡水库工程在2012年防洪斗争中的经济效益。

3.3.1.2 计算范围

2012年汛期，长江流域降雨主要集中长江上中游干流、湖南洞庭湖区、江西的鄱阳湖区,致使干流沙市至大通的长江干堤和洞庭湖、鄱阳湖地区的堤防工程经受了严峻的考验,获得了巨大的防洪经济效益。故防洪效益计算范围为沙市至大通的长江干堤和洞庭湖、鄱阳湖两湖地区,行政区划分属湖北、湖南、江西和安徽四省。

3.3.1.3　致灾洪水量

致灾洪水量是指 2012 年实际洪水量(还原无三峡时)超过 1949 年堤防防洪能力(安全泄量)的洪水总量。致灾洪水量中未含三峡以外已建水库及已溃垸的蓄水量。长江中下游江湖水情相互联系,上下游相互影响,当某一地区、某一河段分洪或溃口后,其上下游的实际水情应作相应调整。为简化计算,各站水位调整均采用水位相关方法。

(1)荆江地区

荆江地区的致灾洪水量(即超过 1949 年堤防安全泄量的洪水总量)以沙市站控制计算。沙市 1949 年堤防保证水位为 44.49m,其水位代表荆江河段堤防 1949 年防洪能力。采用 2012 年还原水情资料点绘沙市站水位流量关系曲线,求得水位 44.49m 时河道安全泄量(涨落率为零时的泄洪流量)为 51500 m^3/s,还原的最大流量为 52500 m^3/s(2012 年 7 月 26 日),超该安全泄量的历时预计为 2 天(2012 年 7 月 26—27 日)。经计算,还原后的荆江河段的致灾洪量为 0.72 亿 m^3,需分蓄洪处理。

(2)城陵矶附近区

城陵矶附近区的致灾洪水量以莲花塘站控制计算。莲花塘 1949 年堤防保证水位为 32.30m,其水位代表城陵矶河段堤防 1949 年防洪能力。采用 2012 年经荆江河段致灾洪量处理后的还原水情资料点绘莲花塘站水位流量关系曲线(流量引用螺山站资料),求得水位 32.30m 时河道安全泄量(涨落率为零时的泄洪流量)为 46000 m^3/s,还原的最大流量为 61700 m^3/s(2012 年 7 月 30 日),超该安全泄量的历时预计为 31 天(2012 年 7 月 9 日至 8 月 8 日)。经计算,还原后的城陵矶附近区致灾洪量为 205.5 亿 m^3,需分蓄洪处理。

(3)武汉附近地区

2012 年实际洪水,经还原计算,无三峡水利工程时,若在莲花塘以上河段运用堤垸蓄洪后,莲花塘站水位将控制在 32.30m 及以下。经分析,城陵矶至武汉干流沿线水位均未超过 1949 年堤防防洪能力,无致灾洪水量。

(4)湖口附近地区及湖口以下干流河段

据计算,在城陵矶附近区采取分蓄洪措施处理致灾洪水量后,湖口附近地区和湖

口以下干流河段水位站将控制在 1949 年堤防保证水位及以下。

综上所述，2012 年汛期长江中下游地区超 1949 年堤防防洪能力的致灾洪水量为 206.2 亿 m³，需要安排分蓄洪措施予以处理。

3.3.1.4 减少淹没耕地、养殖面积和人口

致灾洪水量是由 2012 年实际水情分析求得的，未含分洪溃口水量，故处理致灾洪水需要淹没耕地、养殖面积即为长江中下游堤防、三峡水库的减淹面积。

致灾洪水量安排按照如下原则进行：来水大的河流两岸堤垸安排蓄洪，本地区堤垸优先于其他地区堤垸安排分蓄洪；损失小的堤垸先于损失大的堤垸安排分蓄洪；有重要城镇的堤垸尽量不安排分蓄洪。根据上述原则，在理想运用计划堤垸分蓄洪处理致灾洪水量的情况下，长江中下游地区需要安排龙洲垸、三洲联垸等 16 个民垸和钱粮湖、共双茶等 24 个蓄洪垸蓄洪，蓄洪面积 3680.44km²，淹没耕地约 19.77 万 hm²、养殖水面 1.20 万 hm²，增加受灾人口 204.62 万（其中城镇人口 23.35 万），有效蓄洪容积 206.8 亿 m³。

3.3.1.5 防洪经济效益

根据长江水利委员会 1992 年调查的实物指标，考虑洪灾损失增长率和物价上涨指数，推算 2012 年长江中下游地区城镇人均综合损失指标为 20460 元/人，农村亩均综合损失指标为 18310 元/亩（1 亩＝0.067hm²），按减免上述龙洲垸等 40 个民垸及蓄洪垸的淹没耕地、城镇人口等计算，长江中下游堤防及三峡水库工程防洪经济效益为 914.8 亿元，其中直接效益 731.8 亿元，间接效益 183.0 亿元。按新中国成立以来长江中下游堤防加固和三峡水库建设的投资比例分摊计算，长江三峡水库工程的防洪经济效益为 640.3 亿元，其中直接效益 512.2 亿元，间接效益 128.1 亿元。

3.3.2 其他地区防洪效益

据四川、重庆、贵州、云南、甘肃、陕西、河南等 7 省(市)上报的防洪减灾效益资料分析统计，共减淹耕地 78.016 万 hm²，减少受灾人口 546.86 万，解救洪水围困群众 31.24 万，避免人员伤亡 5270 起、22.44 万人，转移人员 195.36 万人，减灾经济效益 95.68 亿元。

综上所述，2012 年长江流域防洪效益明显，共减淹耕地 97.79 万 hm²，减少受灾人口 751.48 万，减灾经济效益 1010.48 亿元。

第 **4** 章　洪涝灾害

4.1　概况

2012 年,长江流域共有江苏、安徽、江西、河南、湖北、湖南、四川、重庆、贵州、云南、陕西、甘肃等 12 个省(直辖市)703 个县(市、区)受灾。受灾人口 6288.47 万,因灾死亡 250 人,失踪 82 人,被水围困 33 万人,紧急转移 341.56 万人,倒塌房屋 32.74 万间,农作物受灾面积 3773.86 千 hm^2,成灾面积 1999.43 千 hm^2,绝收面积 360.63 千 hm^2,减产粮食 1593.25 万 t,经济作物损失 64.62 亿元,死亡大牲畜 23.08 万头,水产养殖损失 181.61 万 t;停产企业 6048 家,公路中断 28428 条次,供电中断 8333 条次,通信中断 13618 条次;损坏堤防 21209 处 3701.23km,损坏护岸 32616 处,损坏水闸 4450 座,损坏机电井 10659 眼,损坏机电泵站 3956 座,损坏水文设施 329 个。因洪涝灾害造成的直接经济损失 845.25 亿元,其中:农业直接经济损失 265.36 亿元,工业交通业直接经济损失 189.86 亿元,水利工程水毁直接经济损失 161.81 亿元。

4.2　灾情特点

2012 年的灾害具有以下三个方面的特点:

(1)汛情发生早,干流洪峰多,灾害损失大

3 月初,江西省持续大到暴雨,导致鄱阳湖水系发生罕见早汛,赣江支流同江、袁河和信江发生超警戒洪水。7 月,长江上中游 4 轮洪峰接踵而至,其中 7 月下旬三峡水库出现了成库以来最大的入库洪峰流量 71200 m^3/s,长江干流泸州站超保证水位 3.12m,朱沱站超保证水位 5.04m,寸滩站超保证水位 3.29m。受暴雨洪水影响,流域各省均发生不同程度的洪涝灾害,经济损失严重,其中江西、四川等地洪灾损失超过省国内生产总值的 1%。

（2）山洪地质灾害突出，施工人员伤亡严重

2012 年降雨过程多，局部地区降雨强度大，山洪地质灾害频发，发生多起山洪泥石流导致河道淤塞形成堰塞湖的重大险情，部分国道、省道交通中断。部分地区山洪地质灾害导致严重人员伤亡，如四川凉山州有 81 人由于山地灾害造成伤亡，特别是位于凉山州的在建工程，白鹤滩和锦屏水电站，两处电站营地和施工区共造成 64 人死亡和失踪。

（3）防汛救灾组织有力，人员伤亡相对减少

面对一轮接一轮的暴雨洪水，长江防总科学调度，各级政府超前部署、有序组织，广大干群、武警官兵众志成城、团结协作，积极抗洪救灾、转移受灾群众，最大程度地减轻了灾害损失，人员伤亡较汛情相对平稳的 2011 年有所减少。

4.3　主要灾害

4.3.1　四川省

6 月 27—28 日，凉山州宁南县白鹤滩镇矮子沟遭受局部特大暴雨，6 小时降雨量达 74mm（28 日 2—8 时），导致中国长江三峡集团公司白鹤滩水电站前期工程施工区矮子沟处发生特大山洪泥石流灾害。凉山州宁南县共 25 个乡镇、3.9 万人受灾，因灾转移 0.36 万人，倒塌房屋 0.05 万间，泥石流造成 14 人死亡、26 人失踪；农作物受灾面积 2.06 千 hm²；公路中断 752 条次，供电中断 10 条次；损坏堤防 7 处 3km，共造成直接经济损失 2.2 亿元，其中水利设施直接经济损失 0.86 亿元。

7 月 2—5 日，四川省普降中到大雨，达州、巴中、南充、广元、遂宁、资阳、眉山、宜宾、内江、自贡、绵阳、乐山、雅安、凉山等地降暴雨，局部地区降大暴雨。受暴雨过程影响，渠江、岷江、大渡河及渠江、岷江、大渡河、雅砻江部分支流出现超警戒水位和超保证水位。全省有 16 个市（州）、85 县（市）、1557 个乡镇、596.97 万人受灾，因灾转移 24.93 万人，倒塌房屋 5.23 万间，死亡 5 人，失踪 1 人；农作物受灾面积 244.52 千 hm²，减产粮食 30.83 万 t；公路中断 813 条次，供电中断 451 条次，通信中断 333 条次；损坏水库 129 座，损坏堤防 530 处 67.7km，共造成直接经济损失 62.1 亿元，其中水利设施直接经济损失 9.6 亿元。其中达州万源市受灾最为严重，暴雨致使后河水位陡涨，造成城区 2/3 严重受淹，40 个乡镇无法通行，国道 210 线、省道 302 线、县乡等道路不同程度受损，部分国省道干线、县乡道路中断，因暴雨灾害受灾人口 30.9 万，紧急疏散转移安置 12.87 万人，直接经济损失达 10.86 亿元。

7月21—25日,四川省绵阳、广元、德阳、乐山、雅安、资阳、内江、宜宾、泸州、南充、遂宁、凉山等12市(州)大部及成都、眉山、自贡、巴中、达州等市的部分地方共54县出现暴雨,其中有17个县降大暴雨。受强降雨影响,长江干流、雅砻江、岷江、大渡河、青衣江、沱江、渠江等河流及其部分支流出现超警戒水位和超保证水位。其中7月23日15时,长江干流泸州站洪峰水位244.12m,超保证水位3.12m,为1948年8月17日以来最大洪水。7月23日8时,雅砻江甘孜站出现洪峰水位3322.92m,超保证水位0.02m,相应流量1850 m^3/s,为建站以来第一大洪水。暴雨洪水导致全省共17个市(州)、94县(市)、1156个乡镇、591.36万人受灾,因灾转移34.11万人,倒塌房屋2.55万间,死亡13人,失踪1人;农作物受灾面积194.14千 hm^2,减产粮食21.96万t;公路中断2141条次,供电中断413条次,通信中断98条次;损坏水库56座,损坏堤防366处73.83km,共造成直接经济损失75.78亿元,其中水利设施直接经济损失11.84亿元。

8月17—19日,四川成都、绵阳、德阳、广元、雅安、眉山、乐山、遂宁、自贡、宜宾、阿坝部分地区降暴雨到大暴雨。受强降雨影响,沱江上游绵远河、沱江支流石亭江、湔江和涪江支流睢水河相继出现超警戒水位。此次暴雨洪灾共造成成都、绵阳、德阳、乐山、自贡、雅安、阿坝7个市(州)、28县(市)、19.76万人受灾,因灾转移2.43万人,倒塌房屋100间,因山地灾害死亡3人,失踪10人;农作物受灾面积6.32千 hm^2;公路中断239条次,供电中断63条次,通信中断29条次;损坏堤防227处66.28km,共造成直接经济损失23亿元,其中水利设施直接经济损失6亿元。灾情主要集中于地震重灾区德阳、绵阳和雅安,三市直接经济损失共计21.7亿元。同时,频发的山洪地质灾害造成灾区道路、桥梁、通信、电力、水利等设施损毁严重,其中绵竹汉清路被冲断,安县、北川道路中断25条次,电力通信设施不同程度破坏,安县高川、绵竹清平等地一度成为"孤岛",同时大量的滑坡泥石流堆积体滑入河道,致使北川、安县、绵竹、宝兴等灾区河道大面积淤塞,堤防、护岸大量受损;宝兴县城由于河床抬高,洪水冲入县城,导致水电、交通中断,多处进水受淹。

8月29日至9月2日,全省普降中到大雨,其中川东北、川南、川西高原部分地区降暴雨,巴中、南充、宜宾、泸州、内江、凉山局部降大暴雨。受强降雨影响,不仅安宁河、渠江等省内主要江河发生洪水,多条山区性河流还发生特大洪水。其中,安宁河支流孙水河喜德站于8月31日13时实测洪水水位98.73m,此后观测水尺断面被冲毁,估测水位达100.00m,为300年一遇特大洪水;渠江支流恩阳河恩阳站于9月1

日 14 时 20 分出现超保证水位 3.38m 的洪峰,为该站 1965 年以来的最高水位。全省有广元、攀枝花、宜宾、内江、自贡、泸州、南充、广安、达州、巴中、资阳、阿坝、凉山共 13 个市(州)、55 县(市)、369.36 万人受灾,因灾转移 27.68 万人,倒塌房屋 6.08 万间,死亡 15 人,失踪 18 人;农作物受灾面积 96.03 千 hm²;公路中断 710 条次,供电中断 430 条次,通信中断 255 条次;损坏水库 142 座,损坏堤防 498 处 99.6km,共造成直接经济损失 84 亿元,其中水利设施直接经济损失 11 亿元。

2012 年汛期,四川省共出现 15 次较大降雨过程,其中区域性暴雨过程有"7·4"、"7·6"、"7·21"、"8·30"等 4 次过程,降雨覆盖除攀枝花市部分区县外的所有县(市、区),省内降雨总量比常年偏多一成。受强降雨影响,长江上游干流、安宁河及部分中小河流发生了特大洪水,部分地方爆发了大规模山洪泥石流灾害,造成了严重的经济损失。全省 21 个市(州)、168 县(市)、3752 个乡镇、2145 万人受灾,因灾转移 120.39 万人,倒塌房屋 20 万间,死亡 91 人,失踪 64 人;农作物受灾面积 811.44 千 hm²,成灾面积 448.8 千 hm²,绝收面积 119.67 千 hm²;公路中断 9289 条次,供电中断 2195 条次,通信中断 1427 条次;损坏水库 489 座,损坏堤防 2886 处 631km,共造成直接经济损失 351 亿元,其中水利设施直接经济损失 61.37 亿元。

4.3.2　云南省

6 月 19—20 日,大理市凤仪镇出现单点性强降雨,累计雨量达 55.5mm。强降雨造成大理州大理市凤仪镇三哨村委会小哨自然村黑龙箐于 6 月 20 日 11 时 40 分发生山洪泥石流灾害,灾害共冲毁土木结构房屋 5 间,2 人死亡。

6 月 21—22 日,昆明市禄劝县乌东德镇突降特大暴雨,新村监测点降雨量为 101.2mm,强降雨造成新村部分区域山洪暴发,形成泥石流。22 日 8 时许,由于山洪泥石流下泄,导致新村硫黄厂旁乌东德水电站建设附属工程施工区两辆施工大货车坠下山崖,致 1 人死亡,2 人失踪;施工区域内边坡冲毁多处,两辆大货车、一辆皮卡车、一台挖掘机被泥石流掩埋。此次强降雨造成乌东德镇 8 个村受灾,房屋倒塌 5 间、受损 12 间,粮食作物受灾 215.267hm²,公路损毁、损坏 15.2km。

7 月 15 日,昭通市昭阳区苏甲乡降雨量达 180mm,导致发生山洪灾害。苏甲乡 12 个村 2.6 万余人不同程度受灾,造成 2 人死亡,房屋倒塌 68 户 73 间,农作物受灾约 1045.67hm²,人畜饮水、公路、桥梁、电力、沟渠、通信、河堤挡墙等基础设施损毁严重,灾害直接经济损失 7500 万元。

7 月 21—22 日,昭通市受强降水天气过程影响,全市普降大到暴雨,永善、盐津、镇雄等 7 个县区降暴雨,导致昭阳区、巧家县、盐津县、大关县、永善县、镇雄县、彝良县、水富县等 8 县(区)受灾。受灾人口 66.7 万,死亡 11 人,失踪 1 人,紧急转移 0.8 万人;倒塌房屋 900 间;农作物受灾面积 24.52 千 hm^2,成灾面积 14.2 千 hm^2,绝收面积 3.26 千 hm^2,因洪涝灾害造成的直接经济损失 3.03 亿元,其中:农业直接经济损失 1.14 亿元,工业交通运输业直接经济损失 0.94 亿元,水利工程水毁直接经济损失 0.44 亿元。

7 月 24 日受"韦森特"台风减弱为热带低压后影响,云南南部出现了一次大雨、暴雨天气过程。强降雨引发了山洪和滑坡泥石流灾害,并造成了较大的人员和财产损失。由于过程雨量较大,部分低洼田块出现作物被淹的情况,强降雨还导致部分区域农作物和经济林木被冲毁,对局部地区的水利设施等也有一定影响。据统计,台风"韦森特"影响造成云南省西双版纳、普洱市、临沧市等州市 22 个县(市、区)、115 个乡(镇)、13.99 万人遭受不同程度的洪涝灾害;因灾死亡 7 人,失踪 2 人,紧急转移 0.11 万人;倒塌房屋 100 万间;农作物受灾面积 19.98 千 hm^2,成灾面积 15.97 千 hm^2,绝收面积 3.25 千 hm^2,因洪涝灾害造成的直接经济损失 2.2 亿元,其中:农业直接经济损失 0.65 亿元,工业交通运输业直接经济损失 0.26 亿元,水利工程水毁直接经济损失 0.23 亿元。

2012 年云南省长江流域内共有 13 个州市、68 个县、575 个乡(镇)、261.92 万人受灾;因灾死亡 57 人,失踪 6 人,紧急转移 7.96 万人;倒塌房屋 1.41 万间;农作物受灾 212.69 千 hm^2,成灾 132.67 千 hm^2,绝收 25.62 千 hm^2,减产粮食 29.69 万 t,经济作物损失 59379.83 万元,死亡大牲畜 1.93 万头,水产养殖损失 0.17 万 t;停产企业 93 家,公路中断 2971 条次,供电中断 492 条次,通信中断 166 条次;小型水库受损 6 座,冲毁塘坝 150 座,损坏堤防 833 处、272km,损坏护岸 388 处、水闸 28 座、灌溉设施 8421 处、机电井 1 眼、机电泵站 1 座、水文设施 2 处。因洪涝灾害造成的直接经济损失 35.33 亿元,其中:农业直接经济损失 14.29 亿元,工业交通运输业直接经济损失 7.92 亿元,水利工程水毁直接经济损失 7.85 亿元。

4.3.3　重庆市

5 月 20—22 日,重庆市发生强降雨过程,潼南、铜梁、北碚、合川、巴南、南川、涪陵、武隆、黔江、彭水等 10 个区县及主城达暴雨,72 个站降雨超过 100mm。强降雨过程造成巴南、南川、大渡口、潼南等 14 个区县、185 个乡镇、51.62 万人受灾,因灾死亡 2 人,南川区南城街和西城街的 100 户居民受淹,最大水深 0.6m,直接经济损失 3.57

亿元,其中水利工程直接损失 0.66 亿元。

7 月 3—5 日,重庆市出现明显降水,城口、开县、潼南、铜梁、大足、合川等 12 个区县的 288 个雨量站达 50～99.9mm,城口、开县、巫山、潼南、合川等 9 个区县的 159 个乡镇超过 100mm。受上游来水和本地强降雨影响,重庆长江、嘉陵江及东北部、西部部分中小河流出现较大幅度的涨水过程,部分中小河流发生超保证洪水,致使万州、渝北、巴南、长寿、合川、南川、大足、潼南、铜梁、璧山、梁平、开县、云阳、奉节、巫山、巫溪等 16 个区县、177 个乡镇、41.65 万人、19.68 千 hm² 农作物受灾,倒塌房屋 1140 间,紧急转移 1.11 万人,因灾死亡 2 人,直接经济损失 4.22 亿元,其中水利工程直接损失 1 亿元。

7 月 24 日前后,受上游持续强降雨影响,长江 4 号洪峰在上游形成,导致重庆市境内长江干流发生自 1981 年"81·7"洪水以来最大洪水,朱沱站达 50 年一遇,寸滩站为 10 年一遇,沿江各水文站全线超保证水位,其中朱沱站超保证水位 5.04m;寸滩站超保证水位 3.29m,较 2010 年"10·7"洪峰水位高 1.73m。嘉陵江磁器口站受长江干流顶托影响,24 日 5 时出现洪峰 188.66m,超保证水位 3.66m。过境洪水造成渝中、大渡口、九龙坡、南岸、江北、沙坪坝、巴南、江津、长寿、江津、永川等 11 个区县、25.19 万人受灾,转移人口 10.87 万,经济总损失 9.61 亿元,其中水利损失 0.77 亿元。

8 月 30 日,重庆市自西向东出现强降雨天气过程,中西部、东北部降雨强度大,主城区和荣昌、大足、铜梁、合川、璧山、城口、开县、云阳等 19 个区县、448 个站点累计雨量超过 100mm;大足、荣昌、合川、铜梁、永川、潼南、梁平 7 个区县、118 个站点累计雨量超过 250mm。暴雨洪水造成万州、涪陵、长寿、江津、合川、永川、南川、大足、潼南、铜梁、荣昌、璧山、梁平、城口、丰都、开县、云阳等 17 个区县、57.74 万人受灾,转移人口 8 万,因灾死亡 1 人,总经济损失 6 亿元,其中水利损失 1.4 亿元。

2012 年汛期重庆市先后经历了 12 次暴雨灾害过程和"长江 4 号"洪峰过境洪灾。其中 8 月 30 日至 9 月 2 日的暴雨范围最广、强度最大。长江 4 号洪峰过境,重庆市境内长江全线超保证水位,其中朱沱站达 50 年一遇,为 1981 年以来最大洪水。全市有 8 条中小河流出现 10 站次超警戒水位洪水,2 条中小河流发生 4 站次超保证洪水。全年累计受灾人口 483.28 万,因灾死亡 17 人、失踪 3 人,倒塌房屋 1.23 万间,农作物受灾 24.559 万 hm²,洪涝灾害直接经济损失 53 亿元,其中水利设施损失 6.8 亿元。

4.3.4　湖北省

6 月 25—28 日,先后有 76 个县市发生暴雨,其中宜都、五峰、潜江、天门、公安 5 县市为特大暴雨。暴雨导致宜昌、鄂州、荆州、荆门、黄冈、孝感、咸宁、仙桃、潜江、天门等 10 市的 30 个县市区、125 万人、165.3 千 hm² 农作物受灾;倒塌房屋 680 间,临时转移安置 4420 人,死亡 1 人;各类直接经济损失 4.89 亿元,其中水利设施水毁 6411 万元。

6 月 29 日至 7 月 1 日,远安、夷陵、兴山,巴东,保康、南漳等 6 县市区普降大暴雨,最大雨量为远安的 280mm,达到百年一遇。暴雨导致宜昌、襄阳、恩施、神农架林区等 4 市、7 个县(市、区)受灾 26.66 万人,4 人死亡,1 人失踪,紧急转移 4605 人;倒塌房屋 799 万间;农作物受灾面积 18.3 千 hm²,成灾面积 11.12 千 hm²,绝收面积 1.76 千 hm²;各类直接经济损失 1.69 亿元,其中水利工程水毁 3447 万元。

7 月 11—14 日,暴雨覆盖 68 个县市区,其中大暴雨 29 个、特大暴雨 10 个。三天雨量最大为武汉黄陂 442mm,达 50 年一遇;6 小时、3 小时最大雨量为黄冈红安 258mm、217mm,超百年一遇。强降雨引发山洪造成黄冈、孝感、武汉、恩施、咸宁、宜昌、天门等 7 市州的 32 县市区受灾,受灾人口 193.6 万、农田 229.8 千 hm²,倒房 4064 间,死亡 2 人;各类直接经济损失 15.11 亿元,其中水利水毁 2.57 亿元。

受 2012 年第 9 号台风"苏拉"影响,湖北省 8 月 4—6 日自东向西发生较大范围暴雨和局部特大暴雨过程。降雨中心位于十堰、襄阳市,十堰郧县、恩施鹤峰、宜昌夷陵、荆州洪湖等 27 个县市遭暴雨袭击,其中房县、丹江口、茅箭、谷城、南漳、保康 6 县市区为特大暴雨,最大雨量的房县佘家河站 792mm,超五百年一遇,其中 24 小时雨量 686mm,为湖北省有历史记录以来(100 多年)第一。强降雨引发山洪造成湖北省十堰、襄阳、宜昌 3 市 10 个县(市、区)严重受灾,受灾人口 91.27 万,受灾农田 36.2 千 hm²,倒塌房屋 9654 间,转移 12.68 万人,死亡 22 人、失踪 2 人;工矿企业停产 171 家,中断公路 3414 条次、供电 352 条次、通信 43 条次;损坏中小河堤 599 处、123.77km,护岸 348 处,涵闸 61 处,塘坝 57 座,灌溉设施 2505 处;直接经济损失 31.05 亿元,其中水利水毁损失 5.01 亿元。

2012 年湖北省发生共 8 次较强暴雨洪水,大暴雨或特大暴雨涉及 66 县市。房县佘家河站 24 小时雨量 686mm,500 年一遇,为 100 多年有历史记录以来最强降雨;黄冈红安县高桥镇 3 天雨量 643mm,达到 200 年一遇;宜昌远安县 12 小时雨量 280mm,为百年一遇。强降雨引发了数十条中小河流洪水、近千条河溪山洪,造成 15

个市州的 72 个县市区发生洪涝灾情,受灾人口 635.25 万、农作物 449.7 千 hm²,倒塌房屋 2.1 万间,转移受灾或受山洪威胁人口 21.4 万,死亡 31 人,失踪 5 人;各类直接经济损失 70.4 亿元,其中水利水毁 12.3 亿元。

4.3.5　湖南省

5 月 8—14 日,湖南省出现一次强降雨过程。降雨覆盖全省大部分地区,全省平均降雨 112mm,暴雨主要集中于湘中以北地区。受降雨影响,五强溪、双牌、欧阳海、竹园、凤滩等大型水库入库流量猛增,相继开闸泄洪。四水及湖区水位均出现不同程度上涨,资水、汨罗江发生超警戒洪水。暴雨洪水造成长沙、邵阳、岳阳、常德、张家界、益阳、郴州、永州、怀化、娄底、湘西自治州等 11 个市州 66 个县(市、区)712 个乡镇的 334.75 万人受灾,紧急转移人口 15.11 万,倒塌房屋 4290 间,农作物受灾面积 245.32 千 hm²,其中成灾面积 125.99 千 hm²,绝收面积 23.235 千 hm²,直接经济损失 28.8 亿元,其中水利设施直接经济损失 8.67 亿元。

6 月 9—12 日,湖南省大范围普降大到暴雨。全省平均降雨 48mm,暴雨中心分别位于沅江中上游以及湘中、湘东地区,累计雨量大于 200mm 的有 4 站,大于 100mm 的有 111 站。受降雨影响,湘水干流各控制站水位出现明显上涨,部分支流及干流出现超警戒水位的洪水,导致全省 10 个市 59 个县(市、区)489 个乡镇的 158.5 万人受灾,全省紧急转移人口 5.76 万,死亡 12 人,失踪 2 人,倒塌房屋 8064 间,直接经济损失 17.89 亿元,其中水利设施直接经济损失 3.77 亿元。

6 月 21—28 日,湖南再降大到暴雨,全省面平均降雨约 90mm,200mm 以上 104 站,笼罩面积约 1.7 万 km²;300mm 以上 29 站。受此轮强降雨影响,沅江及湖区部分支流出现了超警戒洪水,共造成株洲、常德、益阳、郴州、永州、怀化、娄底、岳阳、张家界、湘西州 10 个市州 48 个县市区 535 个乡镇的 210.9 万人受灾,农作物受灾面积 142.04 千 hm²,因灾死亡 1 人,失踪 1 人,转移人口 7.33 万,倒塌房屋 2511 间,直接经济总损失 14.89 亿元,其中水利设施直接经济损失 3.65 亿元。

7 月 11—20 日,湖南省发生了一次明显的强降雨过程,全省累计面平均降雨约 148mm,其中湘、资、沅、澧四水和洞庭湖区降雨分别为 108mm、170mm、181mm、183mm 和 114mm。受降雨影响,湘江部分支流、资水干流下游、沅江上游部分支流、中下游全线和洞庭湖发生超警戒水位洪水,造成全省 12 个市州 78 个县(市、区)985 个乡镇的 373.9 万人受灾,紧急转移人口 21.98 万,因灾死亡 1 人,倒塌房屋 5239 间,农作物受灾面积 234.92 千 hm²,其中成灾面积 114.37 千 hm²,绝收面积 31.67

千 hm²,因洪灾直接经济总损失 34.3 亿元。其中,湘黔铁路芷江公坪段、石长铁路临澧至陈二铺段一度中断,国道 G320 芷江段、G209 鹤城区段、G207 临澧段,省道 S308 麻阳段、S223 和 S308 辰溪段、S312 怀化段、S262 线保靖至古丈段均一度中断,工业交通运输业直接经济损失 6.09 亿元;芷江县长泥坪水电站闸门遭一艘无动力采砂船冲撞,汉寿县南湖撇洪河右岸熊家湾堤段涵闸涵管顶部堤顶外仰角发生跌窝险情,临澧县江家坡渡槽出口排架支墩基础被洪水严重冲刷,怀化市太平溪综合治理二、三期工程包括基坑被冲毁,挡墙被冲垮,水利设施直接经济损失 8.45 亿元。

2012 年入汛以来,湖南省先后发生了 10 次较强降雨过程,降雨以湘西北较多。强降雨导致江河湖库水位上涨迅速,湘、资、沅、澧四水及洞庭湖区都发生了超警戒洪水,局部支流暴雨洪水突出。全省共有 21 站次超警戒水位,其中四水干流及湖区主要站 13 站次超警戒水位,四水支流 8 站次超警戒水位,洞庭湖地区进入警戒水位前后持续近 20 天。暴雨洪水导致全省 14 个市州 127 个县市区 1847 个乡镇的 1103 万人受灾,倒塌房屋 26916 间,因灾死亡 18 人,失踪 1 人,转移人口 56.56 万,直接经济损失 115.5 亿元。

4.3.6 江西省

3 月 4 日,全省 60 多个县市出现暴雨,暴雨范围为有完整气象记录以来同期最广。景德镇、九江、新余、鹰潭、赣州、吉安、宜春、抚州、上饶等 9 个市、58 个县(市、区)受灾。受灾人口 44.65 万,紧急转移 1.46 万人;倒塌房屋 0.05 万间;农作物受灾面积 21.59 千 hm²,经济作物损失 3003 万元。因洪涝灾害造成的直接经济损失 2.035 亿元。

6 月 21—27 日,全省出现入汛以来最强降雨过程,平均降雨量 117mm,主雨区在东部和南部,共发生暴雨 78 站次,大暴雨 7 站次。受强降雨影响,赣江干流新干站以上及主要支流,抚河、信江全线超警戒水位。万安、洪门、廖坊等 12 座大型水库超汛限水位开闸泄洪,返步桥、小湾等 60 座中型水库先后超汛限水位泄洪。强降雨造成全省 66 个县(市、区)受灾。受灾人口 149.58 万,紧急转移 4.87 万人;倒塌房屋 0.44 万间;农作物受灾面积 148.53 千 hm²,因洪涝灾害造成的直接经济损失 21.74 亿元,水利工程水毁直接经济损失 5.25 亿元。

受台风"海葵"外围影响,赣北、赣东北地区出现持续强降雨,8 日 14 时至 11 日 16 时,全省累积平均降雨量 71mm,主要集中在景德镇、鹰潭、上饶等市,其中景德镇市乐平市涌山镇东岗站降雨量达 735.0mm。受强降雨影响,昌江、乐安河全线超警

戒水位,昌江渡峰坑站水位排历史第 5 位,渡峰坑、虎山站水位流量为历史同期第一位。此轮强降雨造成南昌、九江、上饶等 6 个市 32 个县(市、区)受灾。受灾人口76.92 万,紧急转移 13.36 万人;倒塌房屋 650 间;农作物受灾面积 68.51 千 hm²,因洪涝灾害造成的直接经济损失 11.41 亿元,其中水利工程水毁直接经济损失 1.31亿元。

2012 年江西省共出现 28 次明显降雨过程,其中,强降雨过程 10 次,导致赣、抚、信、饶、修五河及其支流 117 站次发生超警戒洪水。全省共 11 个市、100 县(市、区)受灾,受灾人口 732.77 万,紧急转移 44.76 万人,因灾死亡 1 人(山体滑坡);倒塌房屋2.1 万间,农作物受灾面积 451.51 千 hm²。因洪涝灾害造成直接经济损失 100.25 亿元,其中水利工程直接经济损失 21.44 亿元。

4.3.7 安徽省

6 月 25 日至 7 月 7 日,淮北、大别山区南部、江南西部发生强降雨过程,强降雨致使安庆、池州等 7 个市 30 个县(市、区)237 个乡镇的近 191 万人受灾,死亡 2 人。农作物受灾面积 125.58 千 hm²、成灾面积 91.21 千 hm²、绝收面积 5.47 千 hm²,因灾直接经济损失 9.56 亿元,其中水利直接经济损失 2.64 亿元。

受第 11 号台风"海葵"正面袭击,安徽省沿江江南和大别山区降暴雨、大暴雨,局部特大暴雨。受强降雨影响,尧渡河、黄湓河、秋浦河、青通河、漳河、青弋江、水阳江等 7 条中小河流发生超警戒洪水,其中黄湓河和水阳江部分河段超过保证水位。强降雨导致宣城、池州、黄山、安庆等 10 市 52 个县(市、区)出现洪涝灾害,受灾人口247.03 万,紧急转移安置近 18 万人,农作物受灾面积 191.8 千 hm²,直接经济损失 33亿元,其中水利工程直接经济损失 6.05 亿元。

2012 年汛期,安徽省共发生 9 次主要降雨过程,部分中小河流发生超警戒洪水,其中黄湓河和水阳江部分河段超保证水位。全省长江流域内共 10 个市 52 个县(市、区)521 个乡镇有 465 万人受灾,转移人口近 19 万,死亡 2 人;农作物受灾面积 329.22千 hm²、成灾面积 179.54 千 hm²、绝收面积 18.56 千 hm²;倒塌房屋 0.72 万间。因灾直接经济损失 45.04 亿元,其中农林牧渔业经济损失 20.45 亿元,水利工程经济损失9.15 亿元。

4.3.8 江苏省

2012 年 8 月江苏省连续遭受 5 个台风影响。沿江苏南地区主要受到 11 号台风

"海葵"袭击,造成严重损失。该台风影响时间之长为近 22 年来罕见,过程雨量之大也为近年来少见。其间,台风影响造成的大暴雨站日数为历史排位第二。据统计,江苏省长江流域受洪涝及台风灾害影响的有泰州、南通、扬州、镇江、南京等 5 个市、25 个县(市、区)。受灾人口 36.62 万,紧急转移湖上、长江口作业人员及危险地区群众 10.15 万人,召回船只 8035 艘。住宅受淹 0.2 万户,倒塌房屋 0.14 万间;农作物受灾面积 5.912 万 hm²,成灾面积 0.965 万 hm²,绝收面积 0.202 万 hm²,减产粮食 6.63 万 t,经济作物损失 8479.78 万元,倒损树木林果 107.94 万棵,水产养殖损失 1.8 万 t;停产企业 11 家,供电中断 371 条次;损坏堤防 72 处、7.23km,损坏护岸 39 处,水闸 25 座,机电泵站 27 座。因洪涝及台风灾害造成的直接经济损失 9.5 亿元,其中农业直接经济损失 6.49 亿元,工业交通业直接经济损失 1.1 亿元,水利工程水毁直接经济损失 1.7 亿元。

4.3.9　贵州省

5 月 8—13 日,贵州省发生强降雨过程,降雨主要集中在东北部、中部、西部和南部等地,最大降雨为沿河县塘坝乡 242.7mm。此次降水过程有 22 个县区 135 个乡镇 46.52 万人受灾,损坏房屋 217 间,农作物受灾 1.735 万 hm²,灾害直接经济损失约 1.99 亿元。

5 月 18—19 日,贵州省 10 县降大雨、6 县(区)降暴雨,最大为关岭 85.6mm。5 月 20 日至 23 日,贵州省出现 20—21 日(遵义是局部)、21—22 日(全省大范围)、22—23 日(黔南州局部)3 次降雨过程。其中,21—22 日全省大范围降雨,强降雨主要集中在中西部。16 个县(区)降暴雨,2 县(市)降大暴雨,有 33 个县区 180 个乡镇 40.99 万人受灾,1 人死亡,损坏房屋 252 间,农作物受灾 2.067 万 hm²,灾害直接经济损失约 1.63 亿元。

6 月 9—14 日,降雨主要集中在贵州省的东南部和中部。此次降雨导致贵州省部分地区遭受严重洪涝灾害,9—10 日黔东南州凯里市舟溪镇发生山体滑坡,9 户房屋被掩埋,3 人死亡,8 人受伤,房屋损坏 340 间;天柱县兰田镇五甲冲水库发生坝体冲损险情。

6 月 25—30 日,贵州省出现入汛以来范围最广暴雨天气。受强降雨影响,贵州省长江流域乌江支流遵义湘江高桥水文站超警戒水位 0.21m。红枫、百花、花溪、附廓、漾头、穿阡、团结 7 座大中型水库水电站超汛限水位,有 23 个县区、164 个乡镇、56.51 万人受灾,倒塌房屋 634 间,农作物受灾 2.17 万 hm²,灾害造成的直接经济损失 1.9

亿元。黔东南州锦屏县九江小(1)型水库溢洪道尾部边坡处发生滑坡,造成开裂。

7月16—17日,贵州省遭遇入汛以来最强降雨袭击,暴雨中心位于东北部、西部等地,江口、万山等县(区)降大暴雨,镇宁、思南等县(市)降暴雨,贵阳市城区降雨22.2mm。受强降雨影响,全省4个市(州)、22个县、157个乡镇、38.7万人受灾,农作物受灾22.1千hm²,死亡1人,失踪2人,倒塌房屋1158间,损坏房屋540间,紧急转移人口4.3万,直接经济损失2.95亿元。

2012年贵州长江流域内共有61个县(市、区)受灾,受灾人口402万,紧急转移2.71万人;倒塌房屋6900万间;农作物受灾面积197.02千hm²,成灾面积98.29千hm²,绝收面积13.7千hm²,因洪涝灾害造成的直接经济损失27.36亿元,其中:农业直接经济损失10.98亿元,工业交通业直接经济损失2.74亿元,水利工程水毁直接经济损失2.72亿元。

4.3.10　陕西省

7月2—4日陕西省出现入汛以来最强降水天气过程,汉中汉江南岸支流濂水河突发洪水,流量150 m³/s,致使石梯堰出现险情,南郑县水利局局长蒋安成在查看险情时,枢纽挡墙突然倾倒落入濂水河内不幸遇难,因公殉职。

7月6—9日,暴雨主要出现在汉中南部,汉中市南郑县碑坝站、喜神坝站过程降雨量达266mm、262mm,暴雨造成南郑县2.3万人受灾,损坏堤防16处1.5km,暴雨引发滑坡泥石流,造成5人死亡。

8月5日20时至6日8时安康白河县境内普降大到暴雨,中厂镇6日24时至4时降雨量达60.5mm,红石河洪峰流量700 m³/s,水位196.49m,接近1975年"8·7"特大暴雨洪水流量(50年一遇)。洪水造成白河县5.4万人受灾,转移2864人,死亡2人,失踪3人。

2012年陕西省长江流域内出现大范围降雨过程13次,累计降水量陕南400～1000mm,站点最大降水量依次为南郑县喜神坝站1153mm、碑坝站1039mm,镇巴县观音堂站1038mm。与历年同期相比,累计降水量与多年同期比较偏多3.7%,5条河流5站出现超保证流量洪峰8次,共有26个县区、636个乡镇、96.34万人受灾,倒塌房屋2万间,因滑坡、泥石流等造成8人死亡,3人失踪,农作物受灾79.38千hm²,减收粮食14.52万t,因灾停产工矿企业46家,公路中断1350条次,供电中断217条次,通信中断366条次,损坏堤防1080处288km,损坏水库29座,损坏水文测站23个等,直接经济损失29.6亿元,其中水利设施经济损失8.3亿元。

第 5 章 旱情及抗旱

5.1 旱情及旱灾

5.1.1 旱情特点

2012 年,长江流域的湖北、四川、云南、重庆、贵州、安徽等省(直辖市)出现了干旱。其中 2011 年入冬至 2012 年 4 月的西南地区冬春连旱和 1—8 月的湖北部分地区春夏秋连旱较为严重,干旱损失较大。长江流域干旱具有以下特点:

(1)部分地区降雨持续偏少

在近 8 个月的时间里,湖北省鄂北等老旱区降雨偏少 3～6 成,尤其是枣阳、随州、荆门、钟祥、竹山、大悟、襄阳等 7 县市为有气象记录以来的倒数第 1 位或第 2 位,其中 7 月 18 日入伏以后,鄂北岗地较长一段时间被晴热高温所笼罩,降雨同比少 7～9 成,加之鄂北岗地自 2010 年秋末以来一直干旱少雨,连续 2 年持续干旱,形成以传统的随州北、枣阳北、老河口北等鄂北岗地为干旱核,并向周边和以荆门的钟祥、京山一带蔓延扩展的新干旱带。四川省泸州、宜宾、自贡大部、内江、乐山、眉山等降水偏少 21%～57%;攀枝花、凉山州大部一直无有效降水,降水较历史同期偏少 54%～92%。

(2)湖库蓄水严重不足

湖北省库塘蓄水约 115 亿 m^3,同比少 1 成以上,蓄水不均的问题突出。随州、荆门、孝感、襄阳 4 市蓄水同比少 5～7 成;8 月中旬,徐家河、郑家河、温峡、石门、天河口等 5 座大型水库低于死水位,漳河、高关等 5 座大型水库临近死水位;11 座中型水库、近千座小型水库长期低于死水位,有 23.6 万口塘堰干涸、1600 余条山沟河溪断流。四川省 3 月底水利工程蓄水 69.58 亿 m^3,比 2011 年同期少蓄 6.43 亿 m^3,特别是 2011 年遭受特大夏伏连旱的川南和攀枝花西部地区,水利工程蓄水偏少,其中自贡、攀枝花、凉山、宜宾、泸州等 5 市州共比 2011 年同期少蓄 5.18 亿 m^3,比多年同期少蓄 3.42 亿 m^3,蓄水量分别仅占计划蓄水的 40%、41%、58%、62%、65%。

（3）人畜饮水困难

由于降水少，旱区部分城乡居民饮水受到影响。云南省连续 3 年干旱，一些地区供水水源短缺，人饮困难突出，5 月上旬高峰时因旱饮水困难人数达到 557 万，占全省总人口的 13%。湖北省农村有 76.5 万人、30.4 万头大牲畜饮水困难，广水、大悟、枣阳、应城、云梦、随州、京山等 7 个县市城关约 110 万居民生活用水困难，其中最长的广水、大悟累计 320 多天。四川省全省高峰有 126.56 万人、127.58 万头牲畜因旱饮水困难，特别是川南及攀枝花西部地区经过 2011 年长时间夏伏旱后，人畜饮水更加困难。

（4）农业旱情严重

降雨少、水库塘坝蓄水严重不足以及部分江河较长时间处于低水位运行，对农作物生产造成严重影响，农业旱情严重。湖北省旱区高峰累计受旱 124 万 hm²，其中 8 月中旬高峰期，襄阳、随州、荆门、孝感、武汉、宜昌、天门、鄂州、黄石、咸宁 10 市的 45 个县市受旱农田约 61.07 万 hm²。四川省全省冬干、春夏旱作物受旱面积 30.80 万 hm²（轻旱 18.31 万 hm²、重旱 10.15 万 hm²、干枯 2.34 万 hm²）；水田缺水 28.50 万 hm²，旱地缺墒 31.39 万 hm²。

（5）洪旱灾害并存

湖北省春旱、暴雨洪涝、夏季伏旱等旱涝灾害交替发生，并在一段时间内呈现旱涝并存态势。8 月初，受台风"苏拉"影响，湖北省前期受旱的十堰、襄阳、荆州、宜昌 4 市发生严重洪涝灾害，同时中部和北部地区持续晴热高温少雨天气，农作物旱情及人饮困难发展蔓延。

5.1.2　主要干旱过程

（1）西南地区冬春连旱

2011 年入冬至 2012 年 4 月，我国西南部分地区降水普遍偏少 1～5 成，云南部分地区偏少尤为突出。持续干旱少雨导致水利工程蓄水明显不足，云南省年初库塘蓄水总量较常年同期偏少近 3 成。2012 年 1 月中旬，云南东部和北部、四川南部等地旱情露头并迅速发展；2 月中旬后，重庆西南部、贵州西部相继出现旱情，西南地区旱情进一步蔓延发展；3 月下旬，云南、四川、贵州、重庆 4 省（直辖市）耕地受旱面积达到 1843.33 千 hm²。旱情最严重期间，云南、四川、贵州、广西 4 省（自治区）有 655 万人、338 万头大牲畜因旱发生临时饮水困难，分别占全国同期的 74.6%、58.0%。云南 16 州（市）均不同程度受旱，71% 的地区发生中度以上干旱，其中丽江、大理、楚雄、玉溪、昆明大部分、曲靖西部、红河及文山北部旱情严重。4 月中旬后,随着旱区相继进入雨季,降水逐渐增多,重庆市、贵州省旱情相继解除;6 月中旬,云南大部、四川西南部农业旱情基本缓解,因旱饮水困难明显缓和。

(2)湖北部分地区春夏秋连旱

2012 年 1—8 月,湖北北部降水量偏少 3～6 成,其中枣阳、随州、荆门、襄阳等市降水量为有气象记录以来的最小或倒数第 2 位。2 月,湖北北部旱情露头并迅速发展,4 月下旬旱情高峰时,全省耕地受旱面积达到 443.33 千 hm²,有 79 万人因旱发生饮水困难。6 月中旬,随着雨季到来,湖北北部农业旱情基本缓解。入伏后,中部和北部岗地持续晴热高温,降水比多年同期偏少 7～9 成,随州、荆州、孝感、襄阳 4 市水利工程蓄水同比偏少 5～7 成,前期缓解的旱情再次蔓延发展,全省有 5 座大型水库水位低于死水位,11 座中型水库、近千座小型水库长期低于死水位,有 23.6 万口塘堰干涸、1600 余条山沟河溪断流。8 月中旬旱情高峰时,全省作物受旱面积达到 610.67 千 hm²,有 76.5 万人、30 万头大牲畜因旱发生临时饮水困难,重旱区主要分布在荆门、随州、孝感等市。8 月下旬,旱区出现有效降水,农业旱情明显缓解,但局部地区人畜因旱饮水困难持续。

5.1.3 旱灾

根据湖北、四川、贵州、重庆、安徽等省(直辖市)防办上报的资料统计,2012 年长江流域农作物受旱面积 1694.43 千 hm²,农作物受灾面积 1044.45 千 hm²,粮食损失 141.26 万 t,经济作物损失 23.68 亿元。

5.2 抗旱及成效

5.2.1 长江防总抗旱情况

面对长江流域部分地区的严重干旱,长江防总在国家防总、水利部的领导下,以科学发展观为指导,积极主动应对,并结合实际情况开展了流域抗旱基础工作。

(1)深入现场,加强抗旱指导

干旱期间,长江防总两次派员参加或组成抗旱工作组,赴四川、湖北等省受旱地区进行抗旱检查和指导。工作组不仅及时了解了旱区旱情、灾情,为当地抗旱工作提出了建议和对策,而且及时向国家防总反映了抗旱救灾工作中存在的问题及地方政府的要求,为支持抗旱创造了有利条件。

2012 年 4 月 9—15 日，长江防总派员参加国家防总工作组，检查指导四川、湖北两省抗旱工作。工作组先后查看了受旱严重的四川省攀枝花仁和区、盐边县，凉山州会理县和湖北省孝感市大悟县、随州市广水市、十堰市茅箭区、襄阳市谷城县等县市区的人饮困难、农田干旱等旱情情况以及抗旱行动现场，与两省防指、水利部门和地方政府有关负责同志进行了座谈，并对做好当时和下一步抗旱工作提出了意见和要求。

2012 年 8 月 28—30 日，遵照国家防总领导指示，以长江水利委员会防办巡视员赵坤云为组长的国家防总工作组，赴湖北省旱情严重的襄阳枣阳市、随州随县、广水市、孝感大悟县、应城市、云梦县，重点检查了城镇供水水源严重不足和抗旱工作情况。工作组详细了解了城镇水源供水现状、应急抗旱措施及下一步工作安排等情况，就下一步抗旱工作交换了意见。

（2）加强协调，确保供水安全

受严重干旱的影响，湖北省大悟县唯一的生活供水水源界牌水库水位持续下降，至 2012 年 2 月 21 日，水库水位已与取水口持平，即将降至死水位以下。为保证大悟城区及沿线乡镇 20 万人供水安全，急需抽取界牌水库死库容库水量应急供水。当时，大悟县抽水设备已安装完毕，但大悟县和河南省罗山县因补偿问题多次协商未能达成协议，制约界牌水库应急供水的实施。为此，湖北省防办立即向长江防总反映情况，请求协调界牌水库供水矛盾。

2 月 21 日下午，长江防总会同湖北省水利厅和河南省水利厅紧急赶赴大悟县进行协调，主持召开了界牌水库供水矛盾协调会议。参加会议的有湖北省孝感市水利局、大悟县人民政府及其水利局，河南省信阳市水利局、罗山县人民政府及其水利局等单位领导和代表。经充分沟通，湖北、河南两省就大悟县从界牌水库抽取死库容水量向下游城区等地区供水和相应的应急抽水补偿有关问题达成了一致意见，确保了大悟县的供水顺利实施。

（3）开展了流域抗旱基础工作

一是开展长江流域旱限（旱警）水位（流量）的确定工作。按照国家防办于 2011 年 12 月印发的《关于开展旱限水位（流量）确定工作的通知》（办旱—〔2011〕32 号）的要求，长江防总组织有关单位编制了工作大纲，计划 3 年时间完成长江中下游干流、横江、赤水河、嘉陵江、乌江、汉江、青弋江、水阳江、滁河等支流上主要控制断面和陆水水库控制断面共计 35 个控制断面的旱限水位（流量）的确定工作。同时，按照国家防办要求,完成了长江中下游干流、嘉陵江和陆水水库等重要断面旱限水位(流量)的确定,并将成果上报国家防办和水利部水文局。

二是实施流域旱灾风险评估及风险图编制研究试点项目。根据水利部《全国干旱区划及旱灾风险评估研究项目任务书》,长江水利委员会承担"长江流域试点地区旱灾风险评估及风险图编制研究"项目。研究项目包括:确定适合于长江流域的干旱风险评估方法和风险图编制技术,选择典型流域和地区(如山区小流域、支流沿江城市、水库灌区),进行干旱风险评估,编制旱灾风险图等。长江水利委员会组织长江科学院、长江勘测规划设计研究院和水文局等单位开展相关工作,完成了长江流域试点地区旱灾风险评估和风险图编制研究工作大纲、湖南省和云南省相关试点项目资料的收集及相关研究工作。

5.2.2　有关省(市)抗旱情况

在 2012 年抗旱工作中,长江流域有关省(市)主要采取了以下抗旱措施。

(1)领导高度重视,提前部署

湖北省始终把抗旱作为保民生、保发展、保稳定、迎接党的十八大的大事来抓,湖北省委书记李鸿忠、湖北省长王国生等领导率领工作组,深入一线,指导抗旱,并调拨 1 亿多元专项资金,支持抗大旱。四川省 4 月前财政先后筹措下达省级抗旱救灾资金 6000 万元,并提前安排省级财政农村饮水安全项目资金 7000 万元,发改委下达川南五市州旱区 3200 万元,专项用于解决旱区因旱农村饮水问题,提前安排农机提灌专项资金 1120 万元,用于旱区农机提灌建设,旱区相关省(市)超前部署,牢牢把握了抗旱工作的主动权。

(2)主动应对,及时启动应急响应

随着旱情的发展,相关省(市)及时启动抗旱预案。湖北省防指和 17 个重旱县市及时启动了抗旱Ⅳ级、Ⅲ级应急响应,最长达 160 天。各旱区抗旱指挥人员普遍进岗到位,将抗旱作为农村工作的重中之重,实行承包责任制,组织发动 38.4 万名干部群众参加抗旱田管,临时架机 4.2 万台套,打井出水 342 口,各级财政投入资金 10.2 亿元支持抗旱。四川省自贡、攀枝花启动抗旱预案Ⅱ级响应,全省先后派出多个工作组深入旱区检查督导抗旱各项措施的落实,与当地部门的同志一道实地查看旱情,分析蓄用水形势,研究增蓄节水具体措施,同时督导旱区抗旱预案和抗旱责任人的落实,有力推动了抗旱减灾工作的进行。

（3）积极谋划，确保人畜饮水安全

四川省针对干旱情况，进行了应急水源工程建设，其中自贡等 5 个重点缺水城市应急水源工程建设发挥重要作用。特别是盐边县筹措资金 2660 余万元，在 7 个月内完成了红格抗旱提水应急水源工程建设，确保了红格镇 5 万余人的供水安全。湖北省广水市 2011 年 11 月投资 1500 万元，从飞沙河水厂新建 7km 管道与应山城区水厂对接，解决应山城区饮用水水源不足的问题；从高峰寺水库新建 7km 直径供水管网复线工程，确保了广水城区部分居民用水。云南省倒排工期，落实责任、强化措施，至 3 月底，全部建成 121 件增蓄应急重点项目，共完成投资 7.56 亿元，日供水量达 80 多万 m³，有效保障了 670 万人、52 万头大牲畜的饮水安全，并解决了 2 万多 hm² 的农田灌溉用水；各州（市）及县级自筹资金安排的应急供水工程已完成 3874 件，有效增蓄 4835 万 m³，保障了 260 多万人的饮水需要，全省虽然受连续 3 年干旱的叠加影响，但全省人畜饮水困难人数较 2010 年同期大幅减少。重庆市进行了荣昌、璧山等 30 个区县的抗旱水源工程建设，为人畜饮水安全提供了水源保障。

（4）科学调度，优化水源配置

湖北省狠抓抗旱水源的调度，一是上收调度权限，强化水源管理。随州、钟祥、京山等市县大中型水库放水协调由市县防指统一调度，小型水库由包联乡镇的县"四大家"领导协调调度，跨村水源由镇主要领导负责调度，堰塘坝由村"两委"主要负责人调度，使有限水源得以优化配置。二是河库联调，提引过境水入库抗旱。枣阳市启动大岗坡泵站，提引唐白河水，向刘桥水库补水，时间长达 40 多天，共计补水近 2100 万 m³，可满足城区 20 万人 200 天生活用水需求，解决了 2 万 hm² 中稻生长期用水需求。三是管网连通，应急调水抗旱。广水市应山城区水源地的许家冲水库因旱水量不足，水利部门在 2011 年底先后实施飞沙河、花山两库联合应急调水工程，有效保证了 18 万人的生活用水需求。四是置换水质，确保安全用水。随州市针对涢水下游浙河镇农田灌溉、城区生活用水水质没有保证的问题，先后 3 次下达命令，从 60km 外的大洪山、环潭两库向下游调水 2600 余万 m³，置换水质，保证了农业灌溉、城区生活用水安全。通过调度 1960 座水库放水、5763 座泵站提水、346 座骨干涵闸引水，全省累计提供抗旱用水约 62 亿 m³。四川省等旱区也加强了抗旱水源的调度工作。

（5）因地制宜，充分发挥抗旱服务队的作用

自 2011 年开始，国家防总下拨 1.38 亿元，支持湖北省 64 支抗旱服务队建设，购置机具设备，使抗旱日灌、送水服务能力，由现状的 0.14 万 hm² 增至 0.48 万 hm²、

260m³ 增至 840m³，分别提高 3.9 倍、3.2 倍。能力增强的抗旱队，在 2012 年的抗旱工作发挥了重要作用，共计出动 3 万人次，拉水 7146 车次，架机 6120 台套，浇灌农田约 10.87 万 hm² 次，解决 25.3 万人、6.9 万头大牲畜饮水困难，成为抗旱服务的中坚力量。

（6）部门积极配合，全力抗旱

旱区各级水文、气象、水利、农业、电力与石油等部门按省委、省政府分工要求，积极配合，确保了旱区抗旱工作的顺利进行。水文部门加强河道水位的观测，并实时上网发布相关信息。气象部门加强了对天气形势的预测预报，及时发布有关天气信息，并适时进行人工增雨作业。农业部门加强分类指导。电力石油部门保证抗旱春播用电用油供应。各级部门密切配合，通力协作，确保了抗旱工作的顺利进行。

5.2.3 抗旱成效

根据湖北、四川、贵州、重庆、安徽等省（直辖市）防办上报的资料统计，共投入抗旱 577.38 万人，投入抗旱设施机电井 21.24 万眼、泵站 2.15 万处、机动抗旱设备 161.97 万台套、装机容量 10073.68 万 kW、机动运水车辆 2.61 万，投入抗旱资金 23.48 亿元，其中中央拨款 2.1 亿元、省级财政拨款 2.04 亿元、地县级财政拨款 5.54 亿元、群众自筹 13.80 亿元，抗旱用电 22435.48 万 kW·h，抗旱用油 15083.74t。

统计资料表明，2012 年长江流域抗旱效益显著，抗旱浇灌面积 1322.13 千 hm²，解决了 297.65 万人、178.26 万头大牲畜的临时饮水困难，减少粮食损失 633.02 万 t，减少经济作物损失 53.44 亿元。

第 **6** 章　组织与协调

2012 年，长江流域降雨总体正常，但长江干流大部分江段及主要支流均发生不同程度的洪水，长江上中游干流先后出现了 5 次洪峰，长江上游干流宜宾—寸滩江段一度全线超保证水位，部分河段出现了 1954 年有实测资料以来最大洪水，三峡水库出现了成库以来最大的入库洪水。青弋江、水阳江、信江、饶河等支流发生了超警戒或超保证洪水。汛期有 6 个台风登陆，其中有 5 个集中在 8 月，而且两次出现双台风，为历史罕见。暴雨导致山洪灾害频繁发生，部分城市出现严重内涝。同时，云南、四川、重庆、湖北等省（直辖市）部分地区发生持续干旱，旱情严重。

面对复杂的水旱灾害形势，在党中央、国务院的正确领导下，按照国家防总的统一部署，长江防总和流域内各级防指坚持以人为本，依法防控、科学防控、群防群控，防汛抗旱工作组织有力、应对有序，取得了显著成效，夺取了长江防汛抗旱工作的新胜利。

6.1　领导重视

党中央、国务院高度重视长江流域防汛抗旱工作，时任中共中央总书记胡锦涛、国务院总理温家宝、国务院副总理回良玉等中央领导多次作出重要批示，明确要求做好长江防汛抗旱工作。在 2012 年长江防汛的关键时刻，时任国务院总理温家宝和副总理回良玉亲临湖北等省检查指导防汛抗洪工作。

6.1.1　温家宝总理视察长江防汛工作

2012 年 8 月 2 日上午，温家宝先后到长江北岸察看了荆江大堤尹家湾段，又到长江南岸公安县考察了南平镇松东河新城段和孟家溪镇金岗村，实地了解汛情，看望坚守在防汛一线的干部群众。荆江大堤尹家湾曾于 7 月 22 日出现管涌险情；松东河新城段已持续 22 天在警戒水位以上。温家宝说："1998 年抗洪之后，我们加固了长江大堤，防汛条件大大改善，但决不意味着可以高枕无忧，最近的险情就是对我们的提醒。"他要求当地进一步完善预警巡查措施，确保人民群众生命财产安全。他还要求有关部门迅速研究部署荆南四河等防洪薄弱环节治理工程建设,切实提高这一地区的防洪能力。2 日下午,温家宝还到三峡水利枢纽工程,考察了大坝泄洪腾库情况和三峡电站中控室。

温家宝在荆州听取长江水利委员会主任蔡其华、水利专家郑守仁、魏山忠和湖北省防汛抗洪工作汇报后指出,保障长江安全,关键要抓好两件事:一是切实做好三峡等重要防洪工程的科学调度。要把防汛保安全作为第一位的任务,坚持蓄泄兼筹、江湖两利、上中下游协调、左右岸兼顾、干支流配合,加强三峡工程调度,科学安排下泄流量。二是要加强堤防、湖库防汛应急值守和巡查排险。目前,长江中游部分干流河段和洞庭湖周边水位持续在警戒水位以上,要组织足够力量巡堤查险,特别要加强对险工险段、河势发生变化堤段的巡查,确保万无一失。他强调,在做好防汛工作的同时,要高度重视抗旱工作。现在长江中下游部分地区已经出现旱情,要加强中小河流调度,增加水库、塘坝蓄水,扩大抗旱水源。

温家宝强调,中小河流仍然是防汛抗洪的突出薄弱环节,要作为今后一个时期防洪建设的重点。对洪涝灾害易发、保护区人口密集、保护对象重要的河流及河段,尤其要加快治理步伐。要切实做好山洪及滑坡、泥石流等地质灾害防治,加快实施防灾避让和重点治理。要落实责任措施,完善预案体系,提高各级政府和基层的应急处置能力。

考察中温家宝专门强调,目前,许多城市对防洪、给排水地下管网等市政基础设施建设重视不够。必须深刻汲取教训,下决心加强城市防洪、排涝设施规划和建设,全面提高城市防洪排涝能力。城市建设必须科学规划,做到尊重自然,顺应自然,人水和谐,科学发展。沟塘、河道、湖泊、湿地等是城市蓄洪、排水的重要载体,不能随意填埋侵占。要逐步改变城市地面过度硬化的做法,增加绿地、砂石地面、可渗透路面和自然地面对雨水的吸纳能力。要加强城市地下管网建设,提高排水标准。要根据不同城市的实际情况,制定切合实际的强制性排水标准。新建城区要按照城市排水的国家标准进行规划和建设。现有城区要加大地下排水管网建设和管网雨污分流改造力度,提升排涝能力。要加强城市内涝应急管理,制定应急排水抢险预案,加强排涝巡护,切实减少城市内涝带来的损失。近年来,洪涝灾害伤亡人员绝大多数发生在小城镇和农村,要把保障小城镇和居民点的防洪安全放在更加突出的位置。

6.1.2　回良玉副总理视察长江防汛工作

2012 年 7 月,长江上游连降暴雨,上游干流和部分支流发生超保证洪水。7 月 24

日 20 时左右三峡水库迎来成库以来最大洪峰,长江流域防汛抗洪经受严峻考验。受党中央、国务院委派,中共中央政治局委员、国务院副总理、国家防汛抗旱总指挥部总指挥回良玉于 7 月 24—25 日来到三峡工程和长江干堤考察汛情,指导防汛抗洪工作,看望和慰问奋战在一线的广大军民。他强调,目前正值"七下八上"防汛抗洪的紧要期、关键期,各地区各有关部门要把抗灾救灾工作放在更加突出的位置,立足于防大汛、抢大险、抗大灾,切实加强组织领导,严格落实防控责任,强化各项应对举措,做好气象、水文监测预警和值守巡查,落实防汛抢险物资队伍,科学调度防洪工程,确保大江大河大湖、大型和重点中型水库、重要基础设施防洪安全,确保人民群众生命财产安全。

三峡工程是长江治理的关键性控制工程,建成投运以来,发挥了巨大的防洪、航运、发电、供水、保证灌溉及生态等综合效益。2012 年三峡工程在 7 月 7 日、7 月 12 日上游发生两次较大洪水过程后,7 月 24 日又发生了成库以来的最大洪水,三峡工程再次削峰蓄洪,为保证下游防洪安全发挥了重大作用。回良玉对三峡水库防洪调度工作给予充分肯定,他强调,当前要把防汛保安全作为第一任务,加强防洪调度,坚持蓄泄兼筹、江湖两利、上中下游协调、左右岸兼顾、干支流配合。在确保防洪安全的前提下,合理安排"拦、分、蓄、滞、排"措施,兼顾航运、发电的需要。要强化水库大坝、水电站、船闸、穿坝建筑物等安全监测和运行监管。

由于洪水来势迅猛,长江干支流一些堤段出现了险情,回良玉实地察看荆江大堤尹家湾管涌险情处置情况,仔细检查了观音矶险段的防守工作。他强调,当前长江干流部分河段和洞庭湖水位偏高,有些尚在警戒水位以上,随着高水位持续增长,出现险情的几率会进一步增加。要组织足够力量,切实加强堤防、湖库防汛应急值守和巡查排险,做到险情早发现、早处理,确保万无一失。

回良玉指出,目前全国正处在主汛期,各地区各有关部门务必保持高度警惕,坚决克服麻痹思想和侥幸心理,进一步做好防御流域性大洪水和强台风的各项准备工作。要在总结前一阶段经验教训的基础上,进一步完善各类防灾避灾减灾预案,尤其要落实人员转移安置预案。要加强对雨情、水情、汛情的监测,第一时间发布预报预警信息,及时转移受威胁地区群众。要高度重视城市暴雨内涝应对工作,切实加强学校校舍、工矿企业、铁路公路、旅游景区、低洼地区等部位的防洪保安,加大隐患排查整改力度,着力做好山洪、滑坡、泥石流等灾害预防工作,坚决避免群死群伤事件的发生。

回良玉要求,各地区各相关部门要认真落实防汛抗旱责任制,对各项防汛措施要再督促、再检查,确保落实到位。要进一步强化防汛抗洪指挥,形成防灾减灾合力,加强与人民解放军、武警部队的联系和协调,及时通报信息,有针对性地制定部队参加抗洪抢险和抗旱救灾的各种具体措施,做好各项保障和服务工作。

6.2 　汛前准备

汛前,长江防总和地方各级防汛抗旱指挥部及早对防汛抗旱工作进行动员部署,全面落实防汛抗旱责任制,认真开展汛前检查,组织修订洪水调度方案和防汛抗旱预案,及时补充防汛抗旱物资,落实抢险队伍,强化培训演练,不断加强各级防办自身能力。这些扎实有效的准备工作为夺取防汛抗旱的胜利奠定了坚实基础。

6.2.1 　动员部署

5 月 23 日,长江防总召开 2012 年长江防总指挥长视频会议。会议强调,要以高度的责任感和使命感,周密部署,强化措施,扎实工作,努力夺取长江防汛抗旱的新胜利,以优异成绩迎接党的十八大胜利召开。

长江防总总指挥、湖北省省长王国生在长江水利委员会主会场主持会议并讲话,时任长江防总常务副总指挥、长江水利委员会主任蔡其华作工作报告,国家防汛抗旱督察专员邱瑞田出席会议并讲话。长江水利委员会副主任杨淳宣读了调整后的长江防总成员名单。四川、湖南、湖北、江西分管防汛工作的副省长,以及解放军代表在会上发言。四川、重庆、湖南、江西、安徽、江苏、上海等省(直辖市)防汛抗旱指挥部设立了分会场。湖北省和长江水利委员会相关部门、单位负责人在主会场参加了会议。

王国生指出,兴水利、除水害,历来是治国安邦的大事。2011 年中央 1 号文件和中央水利工作会议对加快水利改革发展作出全面部署,对提高防汛抗旱应急能力、防治水旱灾害提出明确要求。我们要密切联系长江流域防汛抗旱实际,进一步增强防汛抗旱工作的责任感和紧迫感。各地区、各方面一定要保持清醒头脑,从讲政治、顾大局的高度,切实增强责任意识,克服麻痹思想和侥幸心理,把形势估计得更严峻些,把困难估计得更充分些,把工作做得更扎实些,为长江流域经济社会又好又快发展提供强力保障。

针对当前和下一阶段的防汛抗旱工作,王国生要求,要做到未雨绸缪,狠抓薄弱环节,牢牢把握防汛工作主动权。各地区在做好大江大河大湖、大中型水库、重要城市等防洪工作的同时,要注意"四个强化":一要强化"两小"工作,切实抓好中小河流

和小型水库防洪工作；二要强化"两防"工作，全力做好防御山洪灾害和台风灾害；三要强化"两预"工作，完善防汛预案，做好预报工作；四要强化"两备"工作，认真做好工程准备和应急抢险准备工作。与此同时，必须统筹兼顾，多措并举，全力做好抗旱保障工作。一是加快抗旱工程建设，千方百计开辟水源；二是加强水资源调度，确保供水安全；三是加大节水力度，遏制不合理用水需求；四是加强抗旱能力建设，充分发挥抗旱组织的作用。

王国生强调，搞好 2012 年长江流域防汛抗旱工作对流域乃至全国经济社会发展至关重要，要加强组织领导；加强协作配合；加强统一指挥，振奋精神，真抓实干，团结拼搏，努力夺取 2012 年长江防汛抗旱工作的全面胜利，以优异成绩迎接党的十八大胜利召开。

蔡其华在工作报告中系统回顾了 2011 年的长江防汛抗旱工作。她指出，2011 年长江流域气候异常，干旱、洪涝阶段性特征明显，并出现旱涝急转、洪旱并发的局面。面对复杂的水旱灾害形势，在党中央、国务院和国家防总的正确领导下，长江防总和流域内各级防指坚持以人为本、科学防控、依法防控、群防群控，防汛抗旱工作组织有力、应对有序，取得了显著成效，保证了长江干流、重要支流、大型水库、大中城市、主要交通干线和重点工矿企业的防洪安全，保障了供水安全，最大限度地减少了人员伤亡和财产损失。

蔡其华指出，目前长江流域防洪抗旱工程体系已初步形成，三峡工程已按设计条件进入试验性蓄水阶段，流域抗旱能力有所提高，但水旱灾害防御能力与经济社会发展水平仍不相适应，与 2011 年中央 1 号文件提出的当前和今后一个时期水利改革发展的目标任务仍有较大差距，防汛抗旱工作仍存在一些薄弱环节和突出问题，形势依然严峻，必须清醒认识到长江流域防汛抗旱工作的重要性、艰巨性、复杂性和长期性。一是防洪综合体系仍较薄弱，防洪形势依然严峻；二是抗旱基础设施亟待完善，抗旱形势不容乐观；三是大批水利工程投入运行，统一调度管理的需求日益迫切；四是新问题新要求不断呈现，长江防汛抗旱任重道远。

针对 2012 年长江防汛抗旱工作，蔡其华强调，当前长江流域即将全面进入主汛期，部分地区旱情仍然持续。全江防汛工作即将全面展开，两湖水系处于防汛关键时期，防汛形势日趋严峻。各级防汛部门一定要按照国家防总统一部署，结合流域实际，再动员、再部署、再落实，全面做好防汛抗旱各项工作。一要强化防汛抗旱责任制落实；二要强化预案修订完善；三要强化水毁工程修复和防汛应急工程建设；四要强化城市防洪排涝、中小河流洪水和山洪、台风灾害防御工作；五要强化水库水电站安全度汛；六要强化监测预报预警工作；七要强化水利工程科学调度；八要强化抢险物资储备和抢险队伍建设；九要强化防汛抗旱宣传工作。

国家防汛抗旱督察专员邱瑞田对长江防汛抗旱工作成绩给予了充分的肯定，并对 2012 年工作提出了明确要求。他指出，各地要切实落实防汛抗旱责任制，完善各类预案方案，强化监测预报预警，加强水库巡查和科学调度，夯实各地防汛抗旱救灾保障，正确引导舆论创造和谐氛围，努力夺取长江流域防汛抗旱工作的全面胜利，力争在以下四个方面有所突破：一是在长江上游水库群的联合调度方面有大的突破；二是在汉江流域统一调度方面有大的突破；三是在山洪灾害防御、减少人员伤亡方面有大的突破；四是在抗旱保供水方面有大的突破。

汛前，按照国家防总和长江防总的统一部署，在各级党委和政府的领导下，流域内各级防汛抗旱指挥部召开了本地区防汛抗旱工作会议，对 2012 年工作进行了动员部署。

6.2.2　防汛抗旱责任制落实

2012 年 5 月 24 日，国家防总、监察部联合对包括全国大江大河、大型及防洪重点中型水库、主要蓄滞洪区、重点防洪城市地方政府防汛行政责任人和抗旱行政责任人名单进行通报，接受社会监督。

通报要求各级防汛抗旱行政责任人按照防汛抗旱职责要求，及时上岗到位，熟悉防汛抗旱工程情况，督促落实各项防汛抗旱措施，切实履行防汛抗旱工作职责；坚守岗位，及时准确掌握汛情旱情，并根据防汛抗旱工作需要，及时作出部署；加强水利工程的科学调度，组织做好抗洪抢险和抗旱救灾工作，有效处置突发洪涝以及干旱灾害，防止重大水旱灾害事故发生。

通报指出，各级防汛抗旱行政责任人要严肃防汛抗旱纪律，严格责任追究，对因玩忽职守、工作不力等造成严重损失的防汛抗旱行政责任人，将按照《中华人民共和国防洪法》《中华人民共和国抗旱条例》《中华人民共和国行政监察法》和《国务院关于特大安全事故行政责任追究的规定》，依法依纪追究责任。

汛前，长江流域各省（自治区、直辖市）结合本地实际，逐级落实了本地区的江河、水库、蓄滞洪区、城市等的防汛行政责任人和抗旱行政责任人，并向社会通报，接受社会监督。

6.2.3　汛前检查

（1）国家防总检查长江流域防汛抗旱准备工作

2012 年 5 月 4—11 日，水利部党组成员、中纪委驻水利部纪检组组长董力率国家防总长江防汛抗旱检查组赴湖北、江西两省检查防汛抗旱准备工作。董力强调，目前长江流域已经全面入汛，流域各省要密切关注天气形势，加强应急值守巡查，及时预测预报预警，全面落实防大汛、抗大旱的各项工作措施，全力以赴做好各项防汛抗旱工作，以优异的成绩迎接党的十八大胜利召开。时任长江防总常务副总指挥、水利部长江水利委员会主任蔡其华陪同在湖北境内检查。检查组一行深入湖北、江西两省水利工程一线和基层水利单位，现场查看了三峡水利枢纽工程，中央防汛抗旱物资武汉仓库，以及两省长江干堤、蓄滞洪区、水库水电站、中小河流治理、城市防洪工程、山洪灾害防治点和基层防办。检查组顶烈日，冒暴雨，踏泥泞，登上大坝、堤防、干渠，走进闸室、库房、基层防办，仔细询问，详细了解防汛责任制落实、通信预警、闸门启闭、防汛物资储备、应急预案制定、干旱地区供水安全、抢险队伍组织以及机制建设等情况，分别听取湖北、江西两省关于 2012 年防汛抗旱准备情况汇报。湖北、江西省人民政府负责同志和两省防汛抗旱指挥部相关负责人分别一同检查。

（2）长江防总汛前检查

为督促沿江各省市做好 2012 年汛前准备工作，长江防总自 3 月 28 日开始先后派出 7 个检查组，分别对云南、贵州、四川、重庆、湖北、湖南、江西、安徽、江苏、上海等省（直辖市）防汛抗旱准备工作开展了检查。

3 月 28 日至 3 月 30 日，长江防总常务副总指挥、长江水利委员会主任蔡其华率长江防总江苏检查组，先后深入南京、扬州、泰州、苏州、无锡等市检查防汛准备工作，重点对汛前准备情况、水毁工程修复情况、病险水库加固工程的安全度汛措施、防汛预案编制与落实、防洪工程建设情况与在建工程安全度汛、防汛物资落实等情况进行了检查。水利部原副部长翟浩辉应邀参加了检查，长江水利委员会副主任杨淳陪同参加了检查，江苏省委常委、无锡市委书记黄莉新在无锡会见了检查组一行。

4 月 10 日至 4 月 14 日，长江防总秘书长、长江水利委员会副主任魏山忠率长江防总四川检查组，先后赴四川省宜宾、乐山、阿坝州、成都等地检查指导防汛准备工作。检查组重点检查了在建中的溪洛渡和向家坝工程，以及受"5.12"大地震影响的紫坪铺水利枢纽和映秀镇，并查看了宜宾、乐山、成都等城市防洪工程和有关涉河建设项目。四川省水利厅、省防办及相关州、市的有关负责人陪同检查，长江水利委员会副总工程师金兴平,长江水利委员会建管局、防办、长科院领导参加检查。

4月12—19日,长江水利委员会党组成员、纪检组长陈飞率长江防总检查组先后深入九江、赣州、吉安、鹰潭、池州、铜陵、芜湖、安庆等地,检查江西、安徽两省防汛准备工作。检查组实地查勘了九江、赣州、芜湖、安庆等城市防洪工程、应急除险工程,检查了万安水库、在建的峡江水利枢纽工程,查勘了东至县葛公镇大华村、永正村、西园村山洪灾害防御非工程措施建设,并检查了各地防汛物资仓库的防汛物料更新储备情况。长江水利委员会建管局、防办、监察局,江西、安徽省水利厅和防办,相关市县防指有关负责人参加检查工作。

4月15—18日,长江水利委员会副总工程师、长江防总办副主任金兴平率长江防总重庆检查组,在重庆市水利局、防办及相关区、县有关负责人的陪同下,先后赴重庆市合川、酉阳、彭水、巴南等地检查指导防汛准备工作。检查组重点检查了草街、酉酬、彭水水电站,以及合川、酉阳、彭水、巴南等城市防洪工程,还察看了委属罗渡溪、武胜水文站。长江水利委员会防办、水文局、长科院、网信中心有关领导和专家参加检查。

4月19—25日,长江水利委员会副主任杨淳率长江防总滇黔检查组先后深入云南省昭通市盐津县、彝良县和贵州省毕节市威宁县、赫章县、七星关区、黔西县等地检查云南、贵州两省防汛准备工作。检查组实地查勘了彝良县、七星关区等城市防洪工程、二塘河治理工程、赫章县砂石排洪工程,检查了渔洞水库、在建的双河水库、除险加固的林场水库、加高扩建的附廓水库的安全度汛工作,查勘了盐津县、威宁县、赫章县山洪灾害防御非工程措施建设情况。长江水利委员会水文局、防办、网信中心、设计院参加检查,云南省、贵州省水利厅、防办,相关市县有关负责人陪同检查。

4月21—26日,长江水利委员会副主任陈晓军率长江防总湘鄂检查组,先后赴湖南省岳阳市、益阳市、常德市、湖北省荆州市、随州市、孝感市和武汉市等地检查指导防汛准备工作。检查组在湖南省检查了黄盖湖铁山嘴电排、长江干堤临湘界牌河段崩岸险段、云溪区象骨港防汛砂石围、国家防汛物资岳阳定点仓库、君山区荆江门河段崩岸险段、华容河综合治理工程、南县育新电排、沱江洪道整治工程、沅江省级物资仓库、桃江县山洪预警平台、高桥乡山洪灾害广播预警主站、桃源县鹤峰水库除险加固、澧南垸大堤培修、紫水溪电排管改建;在湖北省查勘了荆江分洪区杨家厂转移码头、荆江大堤铁牛矶、西流堤险段、洪湖市新堤闸、新堤夹崩岸险段、随州市厥水河堤、白云湖水库、广水市飞沙河水库、花山水库、霞家河水库、孝感市观音岩水库和武汉市

汉江东菜园崩岸险段等工程。长江水利委员会建管局、防办相关负责人参加检查。

4月27—28日,长江防总秘书长、长江水利委员会副主任魏山忠率长江防总上海检查组,赴上海市检查防汛准备工作。检查组了解了上海市防汛指挥部汛前工作部署、防汛组织体系落实、防汛设施建设管理、防汛隐患排查整改等防汛准备工作情况;现场查勘了正在建设的崇明县东风西沙水库工程,听取了工程建设情况、度汛工作计划及防汛防台预案等汇报。检查组一行还查勘了浦东新区港城大堤防台风准备工作。长江水利委员会副总工程师金兴平,长江水利委员会建管局、防办、综管中心相关负责人参加检查。

6月5—6日,长江防总秘书长、长江水利委员会副主任魏山忠率长江防总丹江口水利枢纽检查组,在汉江集团公司总经理胡军、水源公司总经理王新友等有关负责人的陪同下,查勘了陶岔渠首、清泉沟泵站、丹江口大坝等在建工程,详细了解了工程建设进展、度汛准备及应急预案等方面的情况。长江水利委员会副总工程师金兴平及建管局、防办、水文局、设计院、水电总公司有关领导和专家参加检查工作。

6.2.4 方案预案完善

2012年汛前,长江防总及时组织编制了《2012年度长江上游水库群联合调度方案》、《汉江洪水与水量调度方案》、《三峡—葛洲坝水利枢纽2012年汛期调度运用方案》、《防御长江大洪水方案》,修订完善了《三峡水库生态调度方案》和《三峡水库库尾减淤调度方案》,组织审查并批复了丹江口、陆水、碧口、清江梯级、二滩、瀑布沟、向家坝、溪洛渡等水库(水电站)2012年汛期调度运行计划(方案)。其中《2012年度长江上游水库群联合调度方案》、《汉江洪水与水量调度方案》和《三峡—葛洲坝水利枢纽2012年汛期调度运用方案》得到了国家防总批复。

(1)《2012年度长江上游水库群联合调度方案》

为充分发挥长江上游水库群(含水电站、航电枢纽等水利工程)综合效益,统一规范水库群联合调度,2012年长江防总组织长江勘测规划设计研究院、水文局等单位研究编制了《2012年度长江上游水库群联合调度方案》,并上报国家防总审批。2012年8月13日国家防总以国汛〔2012〕11号文正式批复了《2012年度长江上游水库群联合调度方案》,这是国家防总批复的首个大江大河水库群联合调度方案,也为其他江河水库群联合调度管理提供了借鉴。

该方案统筹考虑上游与下游、汛期与非汛期、洪水与水量、单库与多库的调度,对三峡、二滩、紫坪铺、构皮滩、碧口等10座纳入2012年调度范围的水库的调度原则和目标、洪水调度、蓄水调度、应急调度、调度权限、信息报送和共享等方面进行了明确，为水库群联合统一调度提供了依据。该方案统筹协调各水库所在河流防洪、水量调度与长江中下游干流防洪、水量调度关系，在流域遭遇大洪水时，充分发挥水库群对长江流域的整体防洪作用；汛后或汛末实施有序逐步蓄水，提高水库蓄满率，同时避免集中蓄水对水库下游河段或长江中下游带来的不利影响。随着长江上游干支流其他水库的陆续建成运用，对该方案将及时进行修订。

国家防总批复中要求长江防总、流域内有关各省（市）防汛抗旱指挥部和有关发电集团公司，认真落实方案中确定的各项任务和措施，合理安排水库群的蓄、泄水时机，协调防洪与兴利的关系，确保防洪和供水安全，充分发挥水库群的综合效益。

（2）《汉江洪水与水量调度方案》

为加强汉江流域洪水与水量调度，充分发挥水利水电工程的防洪和抗旱供水效益，2012年长江防总组织长江勘测规划设计研究院、水文局等单位研究编制了《汉江洪水与水量调度方案》，并上报国家防总审批。8月27日，国家防总首次批复了《汉江洪水与水量调度方案》。

该方案主要包括汉江工程体系、设计洪水、洪水调度、水量调度、调度权限、信息报送和共享、附则七部分，统筹考虑了上游与下游、汛期与非汛期、洪水与水量以及各类工程的调度运用。该方案明确了丹江口、安康、石泉、蔺河口、潘口、黄龙滩、鸭河口等7座干支流控制性水库的联合调度运用方式和权限，对杜家台等蓄滞洪区及各分流河道的调度运用作了规定，以最大程度地利用水库群的防洪库容，充分发挥各类水利水电工程对流域洪水的整体防洪作用。同时，该方案还对水量调度、应急调度以及相应权限等进行了明确，尽最大可能保障枯水期和不同来水条件下的生活、工业、航运、农业、河道生态、突发事件处置等方面的需求。

国家防总在批复中要求长江防总、流域有关各省防指和有关发电集团公司认真落实方案中确定的各项任务和措施，做好汉江流域洪水与水量调度，确保防洪和供水安全，充分发挥水利水电工程的综合效益。

（3）《三峡—葛洲坝水利枢纽2012年汛期调度运用方案》

根据2009年10月国务院批准的《三峡水库优化调度方案》和2011年国家防总批复的《长江洪水调度方案》的相关规定，结合近年来汛期调度运用的实际，长江防总组织中国长江三峡集团公司研究编制了《三峡—葛洲坝水利枢纽2012年汛期调度运用方案》，并将审查修改完善后的方案上报国家防总批准。国家防总以国汛〔2012〕6

号文正式批复了《三峡—葛洲坝水利枢纽 2012 年汛期调度运用方案》。

该方案主要包括三峡—葛洲坝水利枢纽 2012 年防洪调度目标、主要建筑物的防洪标准、防洪调度方式、汛期运行水位控制、调度权限等内容。国家防总批复中要求长江防总加强对长江上中游水雨情的监测和分析预报,科学调度洪水,充分发挥三峡水库的防洪抗旱等综合效益。中国长江三峡集团公司要密切监视水雨情变化,加强对工程的监测和巡查,建立预警机制,严格执行长江防总的调度指令,及时向长江防总、有关省(市)防指和有关部门通报情况,确保防洪安全。

6.2.5　工程准备

湖北省大力夯实水利工程基础,防洪抗旱能力得到提升。一是强化农田水利建设。抢抓 2011 年中央和省委两个"一号文件"的重大历史机遇,掀起了新一轮冬春水利建设高潮,全省农田水利建设共开工 35 万处、完成土石方 9.8 亿 m^3、出动机械台班 800 多万台套、完成各类投资近 200 亿元,分别为 2011 年同期的 2 倍、2.2 倍、2.7 倍、1.4 倍,共修复水毁工程 3.6 万处,新增蓄水能力 30 亿 m^3;列入计划的山洪灾害防治县 67 个,完成 2010—2011 年度的 45 个项目县非工程建设任务,为应对水旱灾害,夯实了物质基础。二是整险除险取得成效。国家计划安排水库整险 2042 座,除年初下达计划 671 座小(2)型水库和 3 座中型水库待汛后开工外,已开工建设 1368 座,692 座已完成主体工程,占开工总数的 50.6%。中小河流治理第一批 52 个试点项目,新建加固堤防 276.3km,占计划的 68%,重点抓了 2011 年汉江秋汛期间突发的东菜园段等 6 处崩岸险情,以及洪湖江堤新堤夹崩岸险情的应急处置,基本控制了险情。三是挖塘扩堰规模空前。针对 2011 年大旱中暴露的水利工程薄弱环节,省委、省政府作出"万名干部进万村挖万塘"的决策,调动了各方面积极性;省委书记李鸿忠、省长王国生等 8 位省领导,身体力行,率先垂范,亲自参加挖塘堰劳动,激发了干部群众挖塘扩堰热情,形成了改革开放以来湖北省规模声势最大的塘堰整治会战。全省开工兴建塘堰 21 万口、小水池水窖 2.64 万个,实现了每个村民小组整治一口当家塘的目标,新增蓄水量 7.23 亿 m^3。

湖南省开展了大规模的水利建设,集中力量,加快水利工程建设扫尾。从 2011 年汛后至 2012 年 4 月底,全省已投入各类水利建设资金 138 亿元,投入劳动工日 4.4 亿个,移动土石方 7.3 亿 m^3,洞庭湖区共加固堤防长度 450km、加固穿堤建筑物 130 座、完成 15 处灌排泵站更新改造。山丘区小型病险水库除险加固 1731 座,是近些年最多的一年。治理水土流失面积 470km^2,53 个全国小农水利重点县建设全面完工。

全省修复水毁工程 5.35 万处,新增旱涝保收面积 4.298hm²,新增蓄水能力 3.45 亿 m³。汛前省市各级财政安排 6000 万元专门用于应急抢险,全省防灾减灾的工程能力进一步得到提升。

江西省狠抓落实在建工程度汛措施。汛前,江西省防指对全省在建工程进行了排查疏理,加强了安全监管,落实了度汛措施。对全省 635 座跨汛期施工的水库、圩堤、涵闸、桥梁等,逐座落实了防汛行政责任人、技术负责人、抢险队伍、防汛物资,制定了应急抢险方案和汛期巡查防守制度。积极做好防御超标准洪水的准备工作。康山、珠湖、黄湖、方洲斜塘 4 座蓄滞洪区承担分蓄长江超额洪水 25 亿 m³ 的分洪任务,为做好防御长江超标准洪水的准备,对各蓄滞洪区分洪指挥机构进行了调整,修订了蓄滞洪区分洪运用预案和群众安全转移方案,落实了分洪运用及群众转移措施,向区内群众发放了安全转移明白卡,做好了分洪准备。

安徽省高度重视在建工程安全度汛。2012 年,该省长江流域病险水库正在施工加固的 241 座,干支流堤防在建开口工程 13 处。为切实做好在建工程度汛工作,安徽省防指要求各建设单位充分利用汛前有利时机,合理调配施工力量,在确保工程质量的前提下,加快在建工程施工进度,保证汛前完成复堤任务或具备运用条件。自 3 月 1 日开始,安徽省防指对在建堤防和水库工程施工进度实行旬报制,督促加快进度,确保安全度汛,同时明确"在建工程属地管理",工程所在地防汛部门都要掌握在建工程进度,督促落实度汛方案和防汛抢险队伍、物资。目前,开口子工程已基本具备度汛条件。同时,安徽省加强了长江干流崩岸预警。受长江河势变化等多方面因素影响,安徽省长江崩岸不断发生,共有崩岸 76 处,崩岸区总长 418km。为提高长江崩岸防御的有效性,2011 年汛前,安徽省防办会同安徽省长江河道管理局分别向沿江各市发布长江崩岸预警,要求各地针对不同的预警级别,采取相应的应对措施,取得了良好效果。2012 年 4 月,根据长江崩岸的新变化,安徽省及时发布了 2012 年长江崩岸预警,其中 Ⅰ 级预警区 5 处、Ⅱ 级预警区 10 处,督促相关地区做好崩岸防范工作。

江苏省加强了防洪设施建设。长江南京河段堤防标准提升工程加快建设,滁河治理工程全面实施。流域内首期规划的病险水库除险加固已全面完成,新一轮除险加固工作加快推进。中小河流治理、大型灌排泵站水闸改造进展顺利。县乡河道疏浚、灌区节水改造、小型农田水利等农村水利建设持续推进。

四川省把江河防汛作为 2012 年防汛抗旱的重要任务,切实做好减灾保安工作。

一是做好大江大河防汛工作。抓紧修复水毁设施,力争主汛前完成;主汛前无法完工的,落实好巡查、抢护责任人和应急措施,确保险情早发现、早处置。二是加快中小河流治理。抓紧修复加固水毁堤防、险工险段等河道建筑物,加快推进中小河流治理试点、水文监测系统等项目的建设,进一步提高中小河流防洪标准和水情监测水平。三是抓好震损水库安全度汛。四川省 39 个地震极重灾县 1222 座震损水库已于 2011 年全面完成整治,2012 年汛期是这批水库面临的第一次大考。四川省狠抓落实水库度汛方案和大坝突发事件应急预案,保证标准内洪水不出事、超标准洪水有预案、突发情况下有应对措施,确保安全。

6.2.6 物资队伍准备

2012 年汛前,长江流域各省市防汛抗旱指挥部按照"分级储备、分级管理"的原则,全面督促落实好防汛物质储备,备齐、备足各类防汛抢险物资、器材,增强防汛储备物资的针对性和实用性,并加强防汛物资的管理。各级各类专业抢险队伍在做好充分的思想、组织、装备等准备的同时,将着力加强日常培训,并组织开展模拟演练,提高抢险队伍快速反应、专业处置的实战能力,随时承担急、难、险、重的抢险任务。

湖南省针对各级换届带来的干部异动多、提拔的年轻干部多,省防指专门举办 3 期防汛抗旱技术培训班,先后对 2010 年以来新任的 88 名县(市、区)水利局长和 90 名技术负责人、14 个市州 122 个县(市、区)防指指挥长、省防指 32 个成员单位负责人 500 余人进行了培训。各地对群众性的防守队伍重新摸排,登记造册,落实到人。在物资储备方面,省防指加强了对 122 个省级防汛物资储备点的日常管理,省财政安排专项经费更新补充省级防汛物资。汛前全省防汛物资储备总价值 3.8 亿元。

湖北省汛前省级储备各种抢险袋 2269 万条,无纺布和编织布 326.22 万 m²、救生衣 19.4 万件、救生圈 1.06 万只、救生抢险船 572 艘、砂石料 191 万 m³,对长江、汉江沿线 15 万防汛劳力进行了登记造册,对省市县 94 支专业防汛抗旱队加强了建设管理。

安徽省切实强化防汛抗旱应急保障措施。在防汛队伍方面,按照《安徽省长江淮河干支流主要堤防巡逻抢险规定》,全省已登记防汛民工约 200 万人,市级组建防汛抢险队伍 40 多支近万人,县级组建防汛抢险队伍约 800 支 6 万多人。省防指与省军区、省武警总队建立了正常的情况通报机制,5 月上旬已向部队通报了 2012 年的防汛抗旱形势、薄弱环节、防守重点和用兵需求,确保抢险工作顺利开展。在防汛物资方面,安徽省在长江江堤上储备了省级防汛物资,沿堤线分布在 69 个省级储备点上,主要包括各类防汛用袋 442 万条、土工布 15.7 万 m²、编织布 135 万 m²、黄砂 3.64 万 t、瓜子片 9.88 万 t、碎石 9.54 万 t、块石 20.2 万 t、橡皮船、冲锋舟 158 艘以及其他救生救灾物资设备。

江苏省加强防汛物资储备和防汛专业抢险队伍建设,目前流域内各级已储备沙袋 3305 万只、块石 102 万 t、土工布 209 万 m²、木材 10229m³,组建了 2 支国家重点防汛抢险机动队、4 支省重点防汛抢险机动队,联合省军区组建了 8 支抗洪抢险专业分队,联合省武警总队组建了前线哨所和基本指挥所 2 级抗洪抢险梯队。市县组建群众性巡堤查险抢险队 6955 支 45 万人,积极组织开展防汛抢险队伍专业演练,提高实战能力。

四川省汛前共备有防汛抢险队伍万余支、人员 42 万人,储备各类防汛物资总值约 3.2 亿元,随时投入抢险救灾。

重庆市完成市级以上抢险物资储备 6800 万元,每个区县分别储备 200 万元以上抢险物资。市抗洪抢险应急救援队正式成立,所有区县均组建了抗洪抢险应急救援分队,全市共组建专业与群防相结合的抢险队伍 2225 支。

上海市按照"分级储备、分级管理"的原则,加强了防汛抢险物资储备和管理,并组织落实了专业抢险队伍,开展了相关培训演练。

6.3 应急响应

2012 年汛期,长江流域极端天气频发、洪涝灾害严重。长江防总和流域内各省市防指超前谋划、周密部署,提前预报预警、及时启动响应,有效减轻了洪涝灾害损失和人员伤亡。

6.3.1 长江防总应急响应情况

2012 年汛期,长江防总根据流域内防汛形势发展,按照《长江流域防汛应急预案》有关规定,从 6 月 25 日开始先后启动了防汛Ⅳ级、Ⅲ级、Ⅱ级应急响应,以应对长江上游洪水和中游洪水以及第 10 号台风"海葵",至 8 月 14 日 10 时解除防汛Ⅲ级应急响应,响应持续时间长达 51 天,为 2006 年实施应急响应制度以来连续处于响应状态时间最长的一次。

6 月下旬,长江上游及两湖水系发生强降雨过程,局地大到暴雨,受强降雨影响,赣江、抚河和信江均发生超警戒洪水,根据当时汛情发展趋势,从 6 月 25 日 18 时起,长江防总启动了防汛Ⅳ级应急响应。

7月20日,长江中游城陵矶河段超警戒水位,长江防指要求湖南、湖北、江西、安徽等省加强巡堤查险,确保防洪安全,从18时起,将长江防汛Ⅳ级应急响应提高至Ⅲ级应急响应。

7月24日,长江上游发生大洪水,四川宜宾—重庆寸滩的干流河段全线超警戒水位,部分江段超保证水位,三峡水库将出现成库以来的最大入库洪水过程,长江中游监利—城陵矶江段水位持续超警戒水位。鉴于此,长江防总决定于24日10时起,将长江防汛应急响应从Ⅲ级提高到Ⅱ级,并要求相关省(市)防指强化防汛值守和巡堤查险,加强预测预报和防汛会商,科学调度水利工程。

7月末,长江上游干流控制站水位已退至保证水位以下,三峡入库流量已持续减退,从7月28日14时起,将长江防汛Ⅱ级应急响应调整为Ⅲ级应急响应。

8月7日,为应对第11号台风"海葵"对长江下游及鄱阳湖的影响,长江防总从7日22时起,将长江防汛应急响应从Ⅲ级提高至Ⅱ级,并下发紧急通知,要求上海、江苏、安徽、江西等省防办切实做好应对台风的各项工作。台风"海葵"登陆并减弱成热带低压后,长江防总于8月14日10时解除防汛Ⅲ级应急响应。

6.3.2 流域内各省市应急响应情况

流域内陕西、四川、重庆、湖北、湖南、江西、安徽、江苏等8个省(直辖市),为应对流域内发生的强降雨过程和防御台风带来的影响,超前部署,根据实时汛情、灾情发展趋势,及时启动了相应级别防汛应急响应。

7月下旬,受强降雨影响,四川多条江河出现大洪水,雅砻江上游干流及其支流出现超警戒水位洪水,部分市、州发生洪涝灾情造成人员伤亡;重庆的荣昌、永川、大足、璧山、铜梁、江津、潼南等7个区县的55个站点雨量超过100mm;长江中游干流、荆南四河河段水位复涨,据预报7月21日,监利—螺山江段将全线超警戒水位,汉口—九江江段将全线超设防。面对严峻的汛情,四川、重庆、湖北省防指于7月21日启动了Ⅲ级防汛应急响应,四川省防指于7月22日23时将防汛应急响应提升至Ⅱ级。

为积极应对第9号台风"苏拉"、第10号台风"达维",安徽、江苏省防指自8月1日16时和8月1日17时启动防台风Ⅲ级应急响应,按照省委、省政府的要求,各级各部门快速反应,迅速行动,全力投入防台风防汛抗洪战斗中。为应对台风"海葵",安徽省防指于8月7日22时将防台风应急级响应由Ⅲ级提升至Ⅱ级,并连续发出5次预警和60多份紧急通知,有针对性地指导各地防台风、防汛工作。江苏省防指于8

月 2 日 11 时起将应急响应提升至Ⅱ级。为防御台风"海葵"对江西带来的影响,8 月 6 日 12 时江西省防指启动全省防汛Ⅳ级应急响应,8 月 9 日 13 时,根据昌江、乐安河汛情,及时将应急响应级别提升至Ⅲ级。

8 月 31 日以来,陕西省汉江流域强降雨造成汉江干支流发生超警戒洪水过程,为积极应对汉中段的防汛紧急状态,陕西省防总决定 9 月 1 日 16 时启动汉中段Ⅱ级应急响应。

6.4　协调配合

目前,长江流域以三峡水库为核心的水库调度,需要考虑上下游、左右岸等不同区域需求,又要考虑水利、交通、电力、地质等多部门和多行业的需要,同时还要考虑不同区域、不同行业在汛期、非汛期等不同时段的不同需求,影响调度的因素很多,需要统筹兼顾,要相互协调配合,以达到最大限度地发挥水利水电工程的综合功能,取得水资源利用的最大综合效益。

6.4.1　长江中下游防洪调度协调

三峡工程是长江防洪体系的关键性骨干工程,极大地改善长江中下游防洪条件。发挥三峡工程防洪功能,保证长江中下游防洪安全是三峡工程调度的重要任务。长江中下游相关省市通常会对三峡工程调度提出不同的防洪需求,水库管理单位通常希望在保证防洪安全的前提下实现更大的发电效益,需要统筹兼顾,综合协调。

2012 年 7 月,三峡水库出现了 4 次超过 50000 m^3/s 的洪峰流量。其中,7 月 24 日出现了成库以来最大入库洪峰流量 71200 m^3/s。在 2012 长江 1 号洪峰形成初期,7 月 3 日中国长江三峡集团公司曾提出三峡水库按满发控泄,希望不弃水。但综合考虑预见期降雨情况,并参考中期预报成果,长江防总会商认为三峡水库入库流量将超过 50000 m^3/s,决定逐步加大三峡水库出库流量,以确保防洪安全。7 月 4 日,三峡水库出库流量由电站满发流量增加至 38000 m^3/s,7 月 5 日增加至 40000 m^3/s,7 月 7 日增加至 42000 m^3/s,有效控制了三峡水库上下游的防洪风险。

7 月 7 日,三峡水库下泄流量加大至 42000 m^3/s,湖北省防指曾提出因荆南四河超警戒河段长,防汛压力大,希望将三峡水库下泄流量降低至 40000 m^3/s 的要求。国家防总和长江防总综合考虑水库上下游相关省市意见,在综合风险评估分析的基础上,充分发挥三峡水库拦洪削峰作用,适时调整下泄流量,调度三峡水库按照不超过 45000 m^3/s 下泄,有效降低沙市、城陵矶(莲花塘)水文站洪水位 1.5～2m,确保了长

江中下游干流河道不超过警戒水位。

6.4.2　三峡江段滞留船舶疏散协调

根据三峡—葛洲坝水利枢纽两坝间汛期通航管理规定，三峡水库下泄流量大于25000 m³/s后两坝间中小船舶限制通航。7月7日至8月9日，交通部长江航务管理局多次致函长江防总办公室，商请控制三峡水库下泄流量，组织疏散两坝间滞留船舶。为保障防洪安全和通航安全，长江防总加强与交通部三峡通航管理局、国家电网和中国长江三峡集团公司的沟通协调，密切关注上游天气变化和水雨情发展趋势，有效调度三峡水库，适时控制水库下泄流量，为两坝间中小船舶通航创造条件。在应对长江上游4次洪峰过程中，长江防总有效调度三峡水库，共疏散船舶1500多艘。特别是7月31日，重庆市防指专门来电反映中国航油有限公司重庆分公司航油运输船只滞留在三峡江段，请求8月1日让滞留在三峡坝下的运油船只过坝，以缓解重庆机场航空用油之急。长江防总积极协调，抓住有利时机，适时控制三峡水库下泄流量，8月1—5日疏散了包括航油运输船在内的大功率船舶445艘。

6.4.3　上游水库群联合调度协调

（1）配合向家坝施工拦洪错峰调度协调

2012年7月中下旬，雅砻江流域遭遇持续强降雨天气，强降雨过程造成雅砻江干流出现2012年最大一次洪水过程，其中二滩水库于7月22日16时达到入库洪峰流量9000 m³/s。中国长江三峡集团公司请求长江防总调度二滩和金安桥两座水库为向家坝拦洪错峰，以满足金沙江下段工程施工和防洪安全的需要。7月23日凌晨，长江防总下令要求二滩水电站按6000 m³/s控制下泄流量，同时调度金安桥水电站维持出入库平衡，以缓解金沙江下段工程施工防洪压力。二滩水库共拦蓄洪量2.44亿m³，削减出库流量1700 m³/s，在确保二滩水电站自身安全的同时为下游防洪发挥了积极作用，保证了向家坝施工安全。

（2）汛末蓄水调度协调

2012年10月中旬，向家坝水电站开始初次蓄水，蓄水量约28亿m³，将影响三峡水库蓄水。为协调水库群汛末蓄水问题，长江防总安排上游的二滩、金安桥等水库在三峡蓄水前基本蓄满，瀑布沟水库在向家坝开始蓄水前基本蓄满。在向家坝水电站蓄水期间，为减小蓄水对川江和三峡水库蓄水的影响，长江防总调度瀑布沟水库按出入库平衡控制下泄。2012年长江上游大型水库蓄水情况总体良好，三峡水库于10月

30 日连续第三年成功实现蓄水 175m 的目标。

6.4.4　鄂豫界牌水库抗旱供水调度协调

受严重干旱的影响,湖北省大悟县唯一的生活供水水源界牌水库水位持续下降,至 2012 年 2 月 21 日,水库水位已与取水口持平,即将降至死水位以下。为保证大悟城区及沿线乡镇 20 万人供水安全,急需抽取界牌水库死库容库水量应急供水。当时,大悟县抽水设备已安装完毕,但大悟县和河南省罗山县因补偿问题多次协商未能达成协议,制约界牌水库应急供水的实施。为此,湖北省防办立即向长江防总反映情况,请求协调界牌水库供水矛盾。

根据长江防总领导指示,长江防总办会同湖北省水利厅和河南省水利厅于 2 月 21 日下午紧急赶赴大悟县进行协调,主持召开了界牌水库供水矛盾协调会议。湖北省孝感市水利局、大悟县人民政府及其水利局,河南省信阳市水利局、罗山县人民政府及其水利局等单位领导和代表参加了会议。经充分沟通,湖北、河南省就大悟县从界牌水库抽取死库容库水量向下游城区等地区供水和相应的应急抽水补偿有关问题达成了一致意见,确保了大悟县的供水顺利实施。

6.5　科学调度

在国家防总的直接领导下,长江防总与流域各省市防指一道,及时了解雨情水情工情旱情,严格按照防汛抗旱预案,在充分发挥河道泄洪能力的前提下,科学有效地调度洪水,通过提前预泄,及时拦洪、错峰、滞洪,充分发挥了水库的防洪减灾效益,较好地实现了水库综合利用。

6.5.1　长江防总

2012 年汛期,长江防总共组织 80 次防汛会商会,分别对三峡、瀑布沟水库下发了 40 道调度令,并向有关省市通报汛情和印发紧急通知等 13 份,三峡水库调度和长江上游水库群联合调度取得明显成效。

一是首次开展了三峡水库库尾减淤调度试验,重庆主城区河段河床冲刷强度有所加大,为实现三峡水库科学调度积累了宝贵经验。

二是以国家防总批复《2012 年度长江上游控制性水库群联合调度方案》为契机,积极推进长江上游水库群联合调度工作,实施了二滩和金安桥两座水库为向家坝水电站拦洪错峰调度,协调了上游水库群汛末蓄水调度,主要水库汛末蓄水顺利实现预

期目标,三峡水库连续第 3 次成功蓄至 175m。

三是在 2011 年首次实施生态调度试验的基础上,2012 年继续开展了三峡水库生态调度试验,为减轻三峡水库对"四大家鱼"自然繁殖的影响,优化生态调度方案积累了宝贵资料。

四是科学调度三峡水库,及时拦洪、适时泄洪,尽可能地发挥削峰、错峰作用,有效缓解了长江中下游地区的防洪压力。三峡水库最高蓄洪水位 163.11m,累计拦蓄洪水 200 亿 m³,降低沙市、城陵矶水位 1.5~2m,实现沙市水位不超警、与长江中游河段洪水错峰、有效疏散 2000 余艘待闸船只等多项调度目标,取得了明显的防洪减灾效益。

据初步分析,2012 年三峡水库的防洪效益约 640 亿元,因调度增发电量近 100 亿 kW·h,实现多赢。

6.5.2 流域相关省市防指

2012 年汛期,面对大渡河、渠江、岷江等流域发生的大洪水,四川省防指通过科学研判,及时调度,最终有力地化解了险情,极大减轻了灾害损失。"7·4"过程中,削减渠江流域州河洪峰流量 2600 m³/s,使达州城区减淹 2.6m,渠县减淹 1.9m;"7·21"过程中,通过调度大渡河流域的瀑布沟电站,共拦洪 1.8 亿 m³,削峰 1720 m³/s,使大渡河下游沙湾区减淹 0.8m,乐山城区减淹 0.5m,使原本 20 年一遇的洪水降为 7 年一遇。两次成功的洪水调度,最大程度地减轻了渠江及其支流和大渡河沿岸的洪灾损失。

重庆市防指密切监视汛情旱情变化,科学决策,精心调度,充分发挥了水利工程防洪抗旱效益。据统计,全市水利水电工程拦蓄洪水近 30 亿 m³,减少受灾人口 230 万,减淹耕地 60 千 hm²,防灾减灾效益超 25 亿元。在抗御 2012 年春旱和伏旱中,全市已成水库累计供水超过 30 亿 m³,确保了城乡居民饮水和农业灌溉用水。

湖北省坚持科学调度。在防洪方面,涵闸、泵站抢排入江涝水约 70 亿 m³,减淹基本农田 53.33 多万 hm²。全省水利工程减免粮食绝收 453.6 万 t,减少受淹人口 345.8 万,避免人员伤亡事件 263 次、21656 人,保护武汉、荆州、天门、仙桃、潜江等 18 个县级以上城市免遭洪水或渍涝之害,防洪减灾效益共计 253.6 亿元,其中水库减灾效益 55.5 亿元。在抗旱方面,调度 1960 座水库放水、5763 座泵站提水、346 座骨干涵闸引水,累计提供抗旱用水约 62 亿 m³。通过组织人力抗旱、人工增雨抗旱和调度水利工程设施抗旱,全省抗灌农田 109.33 万 hm²(4365 万亩次),占总数的 88.2%,全部解决了人畜饮水困难,兼顾了生态安全,没有发生严重危害生态事件,挽回粮食损失 106 亿元、经济作物损失 39.7 亿元,抗旱减灾效益 182.6 亿元。

湖南省防指充分发挥水利工程的防洪减灾效益,重点调度好各类水库、堤防、内江内湖、涵闸等。如在应对沅水洪水过程中,共联合调度凤滩水库和五强溪水库 5 次,有效减轻沅水下游汛情,特别是"7·11"强降雨过程中,五强溪水库出现超 10 年一遇入库洪峰 31500m³/s,为新世纪以来最大入库洪水,同时长江又出现了三峡水库建成后的最大洪水,省防指果断决策,先后 4 次调度五强溪水库下泄流量,通过加强与凤滩、碗米坡水库的联合调度,为下游拦洪 20.4 亿 m³,降低下游桃源站洪峰水位 3.5m,确保了工程及上下游、左右岸的防洪安全。洞庭湖区持续超警期间,湖区的柳叶湖柳叶闸、烂泥湖双庆闸、澧水小渡口闸、华容河六门闸相继开闸排渍,常德、益阳、岳阳市累计排出面积约 5.66 万 hm²,累计排渍 8.9 亿 m³,确保内江内湖安全度汛。

江西省加强水库调度,在确保水库安全的前提下,充分发挥水库拦蓄洪水和削峰、错峰作用。2012 年,江西省防总共 157 次对大中型水库进行调度,有效降低了下游洪水位,减轻了下游的防洪压力,充分发挥了防洪减灾效益。其中,廖坊水库最大入库流量 5530m³/s,最大下泄流量 4040m³/s,削减洪峰流量 1490m³/s;万安水库最大入库流量 10800m³/s,最大下泄流量 8000m³/s,削减洪峰流量 2800m³/s。8 月下旬,在江西省峡江水利枢纽围堰施工和大江截流的关键时期,省防总先后 4 次对峡江上游万安水库进行调度,最大限度地减轻了台风降雨对大江截流造成的影响,为赣江峡江调洪错峰及流量平稳控制提供了强有力支持,确保了 8 月 29 日峡江水利枢纽工程的成功截流。

安徽省科学调度港口湾、陈村水库和南漪湖分洪工程,成功处置了水阳江、青弋江洪水。为最大限度地发挥水利工程防洪减灾作用,在水阳江水位迅猛上涨之时,安徽省防指会同宣城市防指采取"上蓄、中分"等措施确保防洪安全,上游调度港口湾水库拦蓄洪水,共蓄滞洪水 1.15 亿 m³,削减洪峰 92.9%,降低宣城站洪峰水位约 0.8m,避免了宁国市城区严重受淹;中游调度马山埠闸和双桥闸向南漪湖分洪,始终将水阳江新河庄水位控制在 13.0m 以下,大大减轻了水阳江中下游的防洪压力,加之强有力的防守,保证了水阳江圩口无一溃破。池州市及时开启平天湖、杏花村两座排涝泵站排水,排水 750 万 m³,降低城区沟河水位,确保了城区不受淹。

6.6　加强指导

2012 年汛期,长江防总共派出防汛抗旱工作组和专家组 38 个,共计 154 人次,先

后深入西藏、新疆、云南、四川、重庆、湖北、湖南、江西、安徽、江苏等省（自治区、直辖市）灾区一线，协助指导抢险救灾和抗旱减灾工作，为防汛抗旱减灾作出了应有的贡献。

6.6.1 防洪抢险指导

5月7—8日，湖北省黄冈市蕲春县普降大到暴雨，局部发生特大暴雨，给该县造成较严重的损失。5月9日，国家防总派出以长江水利委员会防办巡视员赵坤云为组长的防汛抗洪救灾工作组赴湖北黄冈市蕲春县灾区检查受灾情况。工作组深入蕲春县灾区查勘了飞跃渠溃口、蕲河支流大公河河堤垮塌、莲花村老街道路冲毁、民房受损及农田水打沙压等受灾现场，听取了当地政府及有关部门情况的介绍，并对防汛工作提出了要求。

5月8—13日，湖南省发生强降雨过程，降雨覆盖湖南省大部分地区，暴雨主要集中于湘中以北地区，近300万人受灾。5月9—14日，长江水利委员会防办副巡视员王井泉率国家防总工作组紧急赶赴湖南，检查受灾情况，指导防汛抢险工作。工作组于5月9日晚赶赴湖南，与湖南省水利厅戴军勇厅长等厅领导交换意见后，立即启程，于5月10日凌晨4时10分赶到怀化市溆浦县查勘、了解五叉溪水库的险情及处置情况，之后又马不停蹄地赶赴怀化市沅陵县、辰溪县，查勘、了解梅子山、王泥田水库的险情及处置情况，以及常德、益阳市的受灾情况，并与湖南省防指进行了座谈，交换了意见。

6月8日开始，江西省发生入汛以来最强降雨过程，全省普降大到暴雨，局部地区出现特大暴雨，部分河流超警戒水位，部分地区遭受严重洪涝灾害。6月10日，国家防总派出以长江水利委员会防办巡视员赵坤云为组长的防汛工作组赴江西省检查防汛工作情况。工作组在江西防办了解全省汛情和灾情，对部分小型水库及乡镇防汛责任人在岗情况进行了随机电话抽查，奔赴遭受强降雨的吉安地区查看防汛工作情况并了解灾情，深入遂川县零田镇大饶村、珠田乡达西村和大坑村查看汛情和受灾情况，听取当地政府及有关部门情况的介绍，并对防汛工作提出了要求。

6月9—12日，湖南省大范围普降大到暴雨。受降雨影响，湘水干流各控制站水位出现明显上涨，部分支流及干流出现超警戒水位的洪水。6月10日，国家防总派出以长江水利委员会副总工夏仲平为组长的工作组，赴湖南灾区检查受灾情况，指导地方进行防汛抗洪救灾工作。工作组分别查勘了湘潭市湘潭县楠木冲水库、红卫水库，衡阳市衡山县清水塘水库，益阳市赫山区资江大堤小河口段等现场，听取了有关人员的汇报,与当地政府及有关部门进行了座谈,并对抗洪抢险工作提出了要求。

6 月 21—28 日,湖南省发生强降雨过程,沅水和洞庭湖水系部分支流出现了超警戒洪水。6 月 23 日,国家防总派出以长江水利委员会水文局副局长程海云为组长的工作组对湖南省防汛工作进行了检查指导,了解 6 月下旬以来雨水情、降雨造成的灾情及防灾救灾情况,并前往郴州市、常德市、岳阳市等地现场查勘了山洪灾害、农作物受淹及水库运行调度等情况。

6 月 23 日,西藏芒康县林芝河海通沟河段因暴雨引发大规模泥石流阻断河流与318 国道,导致川藏公路交通中断。国家防总高度重视,立即派出以长江水利委员会水政与安全监督局局长滕建仁为组长的工作组赴西藏芒康指导防汛抢险工作。工作组在西藏防办副主任吴如发的陪同下于 6 月 26 日抵达堰塞湖险情现场,先后听取情况介绍,实地查勘堰塞湖和泥石流冲沟,与西藏水利厅领导和技术人员深入交换意见,分析堰塞湖情势,协助制定应急处置方案。

6 月 25 日,贵州省出现入汛以来范围最广的暴雨天气,贵州省的东部、东北部、西部、东南部和南部等地相继降暴雨、大暴雨,部分地区遭受严重洪涝灾害,多座小型水库出险。6 月 29 日 6 时 20 分,黔东南州岑巩县还发生特大山体滑坡形成堰塞湖,威胁上下游人民群众生命财产安全。6 月 25 日,长江水利委员会砂管局局长徐勤勤率国家防总工作组紧急赶赴贵州,指导防汛抢险工作。工作组于 6 月 25 日晚抵达贵州后,与贵州省防办交换了意见。次日上午便起程前往贵阳市开阳、惠水县、黔南州长顺县和黔东南州锦屏县、岑巩县等地,指导防汛抢险工作。工作组实地查勘了翁井水库、开阳县山洪灾害监测预警系统、水打桥水库、涟江河道治理工程、抗旱排涝服务队仓库以及正在除险加固的冗介水库,及时赴现场了解黔东南州锦屏县九江水库溢洪道尾部侧墙倒塌的险情,在现场研究九江水库应急除险措施,第一时间抵达黔东南州岑巩县特大山体滑坡现场,提出了调整堰塞湖处置方案的建议。

6 月 29 日至 7 月 3 日,遵照国家防总指示,长江水利委员会副总工夏仲平率专家组,赴新疆协助处置伊犁州新源县则克台沟堰塞湖。专家组查勘了则克台沟堰塞湖现场,参加了新疆维吾尔自治区防汛抗旱总指挥部在新源县主持召开的则克台沟堰塞湖处置方案咨询会,听取了伊犁州水利电力勘测设计研究院、新源县水电局关于堰塞湖处置方案工程设计、排水预案等内容的汇报,对处置工程的必要性、工程方案等提出了技术咨询意见。

7 月 2—5 日,四川省普降大到暴雨,造成该省部分地区灾情严重。7 月 5,长江水

利委员会副总工程师刘振胜率领工作组，赶赴四川达州、广安等地调查受灾情况，协助指导当地抗洪救灾工作。工作组先后深入达州市渠县、广安市、广安县等地，现场查勘了城区洪涝、农作物受淹、道路中断和山洪灾害防治非工程措施项目运行等情况，分别听取了达州市关于"7·4"特大暴雨洪灾情况汇报和广安市关于渠江"7·5"洪水抗洪抢险工作汇报以及渠县、广安县关于当前防汛抗洪工作的报告，并就做好当前防洪抗灾工作与四川省防指和达州、广安等市防指交换了意见。

7月2—10日，汉江上游出现两轮强降雨过程，陕西省汉中、安康市遭受严重洪涝灾害。按照国家防总领导的要求，7月7日，长江水利委员会长科院副院长卢金友率国家防总工作组紧急赶赴陕西，指导防汛抢险工作。工作组先后到安康、汉滨区、石泉县、西乡县、汉中市等地指导防汛抢险工作。实地了解了安康水库、石泉水库的调度情况，实地查勘了汉滨区、石泉县、西乡县等地山洪灾害非工程措施建设质量情况。

6月29日以来，长江上游发生较强降雨，形成该年第1号洪峰。受三峡水库出库流量加大影响，荆州市长江干流河道及荆南四河水位上涨，湖北省公安县有212km堤防超警戒水位，荆江大堤有12.02km堤防超设防水位。按照国家防总领导的指示，7月8日，长江防总办派出以长江水利委员会水文局副局长李键庸为组长的防汛工作组，赴湖北荆州现场检查和指导防汛工作。工作组查勘了荆州市公安县松东河汇入虎渡河的串河中河口堤段、松东河港关堤段、松西河汪家汊堤段、松西河杨家垱堤段和松滋市松西河右岸镇江寺堤段外脱坡、松西河左岸保丰闸、采穴河右岸崩岸及荆江大堤熊河镇荆干村管涌险情等现场，听取了有关人员的汇报，与当地有关部门进行了交流，并对防汛和抢险工作提出了要求。

7月9日，四川省阿坝州黑水县俄瓜热十多沟发生大规模泥石流，阻塞岷江支流黑水河形成堰塞湖。国家防总高度重视，立即派出以长江水利委员会防办巡视员赵坤云为组长的工作组赶赴四川黑水县指导防汛抢险工作。工作组于7月11日抵达堰塞湖险情现场，在四川省防办副主任李东风陪同下，先后听取了阿坝州防办和黑水县情况介绍，实地查勘堰塞湖抢险施工进展和泥石流冲沟状况，与黑水县、毛尔盖公司、武警水电领导及技术人员深入交换意见，分析堰塞湖和毛尔盖水电站运行情势，协助制定应急处置方案。

7月11—14日，湖北省普降大到暴雨，造成该省部分地区灾情严重。受国家防总指派，7月14日，长江水利委员会水土保持局廖纯艳局长率工作组，在湖北省水利厅防办副主任胡正选的陪同下，赶赴湖北武汉、孝感、黄冈等地调查受灾情况，协助指导当地抗洪救灾工作。工作组先后深入武汉市黄陂区、孝感市孝南区、大悟县和黄冈市红安县等地,现场查勘了农作物受淹、道路中断和山洪灾害防治非工程措施项目运行等情况,分别听取了武汉市、孝感市和黄冈市关于"7·11"洪水抗洪抢险工作汇报以及黄陂区、孝南区和红安县关于当前防汛抗洪工作的报告,并就做好当前防洪抗灾工作与湖北省防指和武汉、孝感和黄冈等市防指交换了意见。

7月11—19日,贵州省部分地区遭受暴雨到大暴雨袭击,局部地区发生了较为严重的洪涝灾害。7月13—21日,遵照国家防总指示,长江防总派出了由长江水利委员会工程建设局局长袁宏全为组长的国家防总工作组,赶赴贵州省检查指导防汛工作。工作组在贵州省防办和地方政府及水利部门负责人的陪同下,深入六盘水市、黔南州、都匀市和铜仁市灾区现场,先后检查了六盘水市六枝特区山体滑坡灾害抢险救灾情况,在建工程黔中水利枢纽大坝施工及度汛工作情况,黔南州平塘县应对六硐河大洪水工作情况及山洪灾害防治预警预报系统运行状况,独山县李家寨小(1)型水库防汛工作情况,荔波县樟江防洪工程情况,都匀市茶园、绿茵湖两座中型水库和剑江河河道治理工程,铜仁市印江县翁谷溪小(2)型病险水库坝体坝基渗水应急处理情况,江口县官和乡水毁公路及抢修进展情况。检查期间,工作组与地方负责同志交换了意见,就下一步防汛工作提出了相关建议。

7月21—22日,受较强冷空气和西南涡的共同影响,长江上游金沙江、岷沱江和长江上游干流上段流域出现强降雨过程。受此强降水的影响,金沙江、岷沱江发生大洪水,洪水演进过程中,叠加长江上游其余各小支流及区间来水,致使长江上游干流沿线尤其是重庆市全面超过保证水位,防汛形势严峻。按国家防总指示精神,长江防总迅速成立了以长江勘测规划设计研究院副院长赵成生为组长的重庆工作组,并于7月23日晚到达重庆。7月24日起与重庆市防办一道先后查勘了重庆市主城区珊瑚坝、储奇门、朝天门、磁器口、寸滩水文站,巴南区木洞,江津区城区及白沙镇,永川区受灾最严重的朱沱镇、松溉镇等受灾现场,在与地方政府交换意见的基础上,对重庆沿江防汛抢险工作进行补充指导,并检查了解受灾情况。

7月20日,四川省遭遇强降雨过程,部分地区暴雨到大暴雨,造成长江干流、岷江、大渡河、青衣江、沱江、雅砻江等河流及其部分支流出现超警戒、超保证水位洪水。遵照国家防总领导的指示,7月21日,国家防总派出以长江科学院副院长汪在芹为组长的防汛工作组赴四川省检查防汛工作情况。工作组在四川防办了解全省汛情和灾情,奔赴遭受强降雨的乐山市查勘防汛工作情况并了解汛情、灾情;根据汛情发展,与

四川省水利厅副厅长胡云带队的四川省防汛工作组汇合,先后赶赴宜宾、泸州等地查勘汛情和受灾情况,听取当地政府及有关部门情况的介绍,并对防汛工作提出了要求。

8月4—6日,受第9号台风"苏拉"影响,湖北省十堰、襄阳、宜昌等地区遭受暴雨袭击,局部地区发生特大暴雨,引发严重的山洪灾害。8月8日,遵照国家防总领导指示,由国家防办和长江水利委员会防办组成的国家防总工作组一行3人,赴湖北省检查指导防汛救灾工作。8月8—11日,在湖北省防办副总工江炎生及十堰、襄阳市区政府、防汛部门负责人陪同下,工作组先后深入受灾较严重的十堰市茅箭区、丹江口市,襄阳市谷城县、保康县、南漳县,实地察看了台风暴雨灾情,听取了地方关于防汛救灾工作情况的汇报,与地方负责同志交换了意见。

受2012年第11号台风"海葵"登陆影响,青弋江、水阳江流域遭暴雨袭击。按照国家防总、长江防总领导的指示,8月8—11日,长江勘测规划设计研究院副院长仲志余率国家防总工作组赴青弋江、水阳江指导防汛工作。工作组先后察看了青弋江大砻坊水文站、水阳江新河庄水文站、马山埠闸、双桥河闸等防洪工程,了解南漪湖分洪调度运用情况,检查了青弋江、水阳江流域防汛责任制落实、巡堤查险、应急值守等情况,并与宣城市防指、相关管理单位进行了座谈,之后又随同国家防总办公室束庆鹏副主任检查指导了安徽秋浦河防汛抗洪工作。

8月13—14日,四川省雅安等地遭遇强降雨过程,局部地区降大暴雨,荥经县、石棉县因暴雨产生泥石流造成人员伤亡和财产损失。遵照国家防总领导指示,2012年8月14日,国家防总派出以长江水利委员会防办巡视员赵坤云为组长的防汛工作组赴四川省检查指导防汛工作。工作组及时赶赴遭受强降雨的雅安市查看防汛救灾工作情况,先后深入荥经、石棉等县实地查看受灾情况,听取当地政府及有关部门情况的介绍,并对防汛工作提出了要求。

8月15日,国家防总接到湖南省防指报告,反映该省岳阳市君山区长江荆江门险段发生重大崩岸险情,领导高度重视,并责成长江防总派出专家组赶赴现场,查看险情,协助当地指导应急抢护工作。根据国家防总和长江防总领导指示,8月16—17日长江水利委员会防办副主任陈敏率领长江工程建设局和长江科学院组成的专家组会同湖南省水利厅、省防办,查看了崩岸现场,了解了险情发展情况,并与岳阳市水务局和市长江修防处负责同志进行了座谈,听取了当地水利部门有关崩岸险情及应急处置工作介绍,初步分析了险情发生的原因,共同研究了应急抢护措施,对做好下阶段相关工作提出了建议。

8月30日开始,重庆市自西向东出现强降雨过程,受强降雨影响,重庆市境内长江、嘉陵江和部分中小河流水位快速上涨,部分河流超警戒水位,甚至超保证水位。暴雨洪灾造成重庆市 16 个区县、54.44 万人受灾。按照国家防总领导的指示,9月2日,长江防总办派出以长江水利委员会砂管局局长徐勤勤为组长的工作组,赴重庆灾区检查受灾情况,指导地方进行防汛救灾工作。工作组分别查勘了荣昌县茨竹沟水库、路孔古镇、县城新区防洪工程和老城区南门桥、合川区滨江路、北碚区城区、大足区龙水镇等险情、灾情和汛情,观看了大足区抗洪抢险录像,与当地防汛指挥部门及所在区(县)、镇(街)政府负责人进行了交谈,并对防汛与抢险工作提出了要求。

8月30日晚至9月2日凌晨,汉中市出现一次大范围强降雨过程,造成城固县、洋县等 10 县区受灾。按照国家防总、长江防总领导的指示,9月2日,长江水利委员会防办巡视员赵坤云率国家防总工作组赴陕西汉中协助指导防汛工作。工作组实地查勘了洋县谢村镇灾情、城固县湑水河五门堰坝头堤防护坡冲毁险情、千山水库溢洪道泄洪渠护坡垮塌险情、崔家山镇文川河堤水毁险情、汉台区渔塘沟水库大坝背水坡脱坡险情等,对防洪抢险工作提出了建议。

9月3日8时46分四川省凉山州喜德县热柯依达乡政府上游约 2km 处的依呷洛河左岸发生山体滑坡,阻断河流形成堰塞湖,造成热柯依达乡至喜德县城交通(50余 km)全线中断,设备和物质运输困难,电力、通信处于中断状态。遵照国家防总指示,9月5日长江防总派出以长江勘测规划设计研究院副院长赵成生为组长的工作组,赴四川省指导凉山州喜德县热柯依达乡依呷洛河堰塞湖处置工作。

9月9日20时至11日8时,四川省遂宁市普降大到暴雨,24 小时平均降雨达 200mm 以上,以遂宁市射洪县的青岗 333mm 为最大。短历时强降雨造成遂宁市 5个县(区)、103 个乡镇、98.11 万人不同程度受灾,7 人死亡,8 人失踪。遵照国家防总、长江防总领导的指示,9月10日,长江水利委员会长江科学院总工程师林绍忠率国家防总工作组紧急赶赴四川遂宁指导防汛工作。工作组实地查勘了射洪县沈水河沿岸、盈益种猪场、蓬溪县佛爷岩提灌泵站、常乐镇长乐小学、常乐菌种基地、槐花乡、赤城湖(中型)水库、大英县隆盛镇、鑫业纺织公司以及象山镇的受灾情况。

10月13日12时至14日6时,长江镇扬河段和畅洲北缘大窝塘发生特大窝崩坍江险情。接到险情报告后,国家防总、水利部高度重视,立即派出以长江水利委员会防办副主任陈敏为组长的工作组赶赴现场调查险情,指导应急抢险处置工作。

6.6.2　抗旱减灾指导

2012 年 8 月 28—30 日,遵照国家防总领导指示,长江防总派出以长江水利委员会防办巡视员赵坤云为组长的国家防总工作组,赴湖北省旱情严重的襄阳枣阳市、随州随县、广水市、孝感大悟县、应城市、云梦县,重点检查了城镇供水水源严重不足和抗旱工作情况。湖北省防办副主任徐少军及相关市县政府、防汛部门负责人陪同检查。

工作组深入抗旱一线,先后实地察看了枣阳市大岗坡泵站、农田灌溉打井取水点,随县万福店居民点拉水车送水、万福农场水厂、市场街居民打井点、干旱农田、龙脉水库,随州市先觉庙水库、广水市霞家河水库、大悟县界牌水库、城区居民应急供水打井点,应城市大富水盛滩取水口、短港水库,云梦县府河橡胶坝、桂花潭水厂等现场。工作组详细了解了城镇水源供水现状、应急抗旱措施及下一步工作安排等情况,充分肯定了地方积极抗旱、组织有力、科学调水、多措并举、成效显著,保障了城乡居民生活用水安全和农作物灌溉用水需求。工作组在现场检查中与地方就下一步抗旱工作交换了意见。

6.6.3　水利抗震抢险

2012 年 9 月 7 日,云南彝良与贵州威宁先后发生 5.7 级和 5.6 级地震,造成震区部分防汛基础设施、城乡供水工程、灌溉排涝设施等损毁。灾害发生后,长江防总及时派遣长江水利委员会水政与安监局局长滕建仁、长江水电总公司副总经理刘少林、长江水利委员会防办副主任陈敏、陈桂亚、长江勘测规划设计研究院田波、王大江等专家组成的工作组全力以赴支持灾区抗震救灾工作,深入震区实地查勘评估水利工程受损情况,及时编制应急水利工程修复和灾后恢复重建规划方案,为灾区人民恢复生活生产作出了重要贡献,受到水利部陈雷部长的充分肯定,国家防总还专门给长江防总发来慰问信。

6.7　新闻宣传

在做好防汛抗旱减灾工作的同时,按照国家防总对防汛抗旱宣传工作提出的新要求,进一步强化了长江防汛抗旱宣传报道和信息报送工作。

6.7.1　加强新闻宣传工作指导

6 月 20 日,国家防总以国汛〔2012〕7 号文印发了《国家防总关于加强防汛抗旱宣传工作的指导意见》(简称《指导意见》)。《指导意见》的出台,对于指导各地开展防汛抗旱宣传工作,营造有利于防汛抗旱工作的良好社会环境和舆论氛围,具有重要意义。长江防总深刻领会,在防汛宣传工作中积极贯彻落实,切实加强了长江防汛抗旱宣传与信息报送工作。

一是成立了长江防总办宣传组。负责指导长江防汛抗旱工作,组织策划专题宣传报道活动,协调防汛抗旱宣传事宜。宣传组由长江水利委员会办公室、防办和宣传出版中心相关负责人组成。

二是以长防总办〔2012〕86 号文及时向长江防总办各成员单位转发了《指导意见》,要求各单位认真学习领会,深入贯彻落实,切实做好长江防汛抗旱宣传工作。

三是制定了 2012 年长江防汛抗旱宣传报道与信息报送工作要点。

6.7.2　密切与中央主流媒体的沟通

长江防总着力加强了与中央主流媒体的沟通,对长江防总和流域有关省市防指开展的工作和成效进行了广泛宣传。据统计,2012 年汛期,中央电视台播发的有关长江防总防汛工作的新闻就有 26 条,主要在《新闻联播》、《新闻 30 分》、《朝闻天下》、《央视整点新闻》、《新闻直播间》、《中国新闻》等具有广泛影响力的权威栏目播出,其中《新闻联播》栏目播发了《国家防总:确保长江中下游不超过警戒水位》、《长江上游干流出现 2012 年首次超警洪水》、《三峡水利枢纽迎来建库以来最大洪峰》等 9 条重要消息。在光明日报上发表了《三峡水库如何实现科学调度》(访水利部长江水利委员会主任蔡其华)等 2 篇。在人民日报发表了《温家宝考察长江防汛:全面做好防汛抗灾各项工作》、《三峡工程将下游防洪标准提至百年一遇削峰 40％》。新华社发表了《新华网记者行走长江看洪峰日记(三)》、《三峡大坝拦洪削峰为下游水位减压》、《长江水利委员会回应三峡防洪质疑:不存在上下为难》等 13 篇报道。中新社发表《中国最大淡水湖鄱阳湖连续三天超警水位》、《三峡将现 7 万方入库流量　长江防总启Ⅱ级防汛应急》等 9 篇报道。

汛期,长江防总密切与主流媒体联系,接受了相关媒体记者的采访。据统计,2012 年汛期,长江防总共接待人民日报、新华社、中央人民广播电台、中央电视台、中国新闻社、中国日报、光明日报、经济日报、湖北日报、中国水利报、人民网、中国气象频道、湖北电视台、湖南卫视、武汉电视台等媒体的记者 40 多批 60 余人次。

6.7.3　强化长江防汛抗旱工作重点宣传

2012 年长江防总指挥长视频会议 5 月在长江水利委员会召开。作为主办单位,

长江防总办积极组织做好相关新闻媒体报道工作,邀请了新华社、人民日报、中央电视台等主流媒体参加,各媒体对 2012 年长江防汛形势的报道引起了社会的广泛关注。

进入主汛期后,长江防总办加强主流媒体的汛情通报工作,通过中央电视台、长江水利网和长江政务内网及时发布最新汛情 33 条、防汛抗旱简报 79 期,并及时回应、解答媒体有关长江防汛的问题。7 月中旬,长江防汛形势紧张,为及时回应社会关切,长江防总办于 7 月 24 日组织召开了长江汛情通报会,长江防总领导就 7 月以来长江流域暴雨情况、洪水情况以及暴雨洪水特点、三峡水库调度情况等向媒体记者进行了通报。来自人民日报、新华社、中央电视台、中央人民广播电台、中新社、中国日报、光明日报、经济日报、科技日报、人民网、新华网、香港文汇报、中国水利报、湖北日报、湖北电视台、湖北人民广播电台、长江日报等近 30 家媒体 40 余名记者参加了通报会。各大媒体对这次汛情通报会的相关内容进行集中报道,迅速掀起了强大的宣传声势。

7 月 12 日上午,根据中共中央宣传部、国家防总、水利部统一安排,由新华社、经济日报、中央人民广播电台、中央电视台、中国日报、中国水利报等媒体记者组成的中央媒体采访团到访长江防总,围绕三峡工程调度以及防洪效益发挥等内容与长江防总展开座谈。座谈会上,长江防总向采访团详细介绍了三峡工程从 2008 年试验性蓄水以来的调度及综合效益,还就当时防汛、三峡调度等方面接受了记者采访。

10 月下旬,为喜迎党的十八大胜利召开,长江防总与中央电视台联合策划了《高峡出平湖——三峡冲刺 175m 特别节目报道方案》,就社会关注的热点、焦点问题,长江防总多位领导和专家接受了记者的专题采访,采用坝区直播和库区船上直播两路进行,并配发相关新闻和调查,中央电视台等主流媒体连续进行了播报,取得了很好的效果。

6.7.4　积极做好防汛抗旱信息报送

2012 年汛期,长江防总办组织编发了 81 期简报,报送给国家防总、长江防总各成员单位和流域内各省市防指以及长江防总办各成员单位,及时向流域内有关省市通报汛情和下发紧急通知 15 份。另外,长江防总办在长江水利委员会门户网发布消息 23 条,积极宣传报道长江防汛抗旱工作动态。

第 **7** 章 防汛抗旱工作启示

2012 年,面对严重的洪旱灾害,长江防总和地方各级防汛抗旱指挥部在党中央、国务院和流域内各级地方党委、政府的领导下,超前部署、及早预警、科学调度,各地各部门紧急动员、团结协作,广大军民顽强拼搏、奋力抢险,社会各界密切配合、广泛参与,确保了人民群众生命安全,保证了长江干流、重要支流、大型水库、大中城市、主要交通干线和重点工矿企业的安全;最大限度地减少了人员伤亡和财产损失,夺取了防汛抗旱工作的全面胜利,但也暴露了一些亟待解决的问题。2012 年的防汛抗旱实践得出以下几点启示。

7.1 加快堤防体系达标建设刻不容缓

目前,长江干流堤防进行了加高加固,达到了《长江流域综合规划》确定的防洪标准,但仍有一些重要支流堤防及连江支堤还没有达标,成为长江防洪的短板。如荆南四河是长江干流分洪入洞庭湖的重要分洪道,其堤防防洪标准低,堤身低矮单薄,堤基质量差,穿堤建筑物老化,险情多,防守难,与其重要的防洪地位不相适应。2012年汛期,在三峡水库下泄流量 42000 m^3/s 时,沙市水位不到警戒水位,荆南四河堤防却险情不断,先后出现 106 处险情,严重制约着三峡水库的防洪调度。据统计,2012年汛期长江干流及主要支流堤防共出现险情 2134 处,其中长江干堤 77 处,湖区堤防201 处,主要支流及尾闾堤防 1856 处。特别是荆江大堤这样的 I 级堤防,在不到警戒水位情况下就出险 4 处,其中管涌险情 2 处,引起中央领导的高度重视。重要连江支堤的达标建设,必须引起高度重视,加大投入,加快建设,加强管理,形成完整的堤防工程体系。

7.2 进一步加强山洪灾害防御工作十分必要

2010 年以来,国家组织大规模开展山洪灾害防治非工程措施和工程措施建设工作,2012 年县级山洪灾害防御非工程措施建设基本完成,但仍存在一些薄弱环节,如

运行维护经费落实难、技术管理队伍不健全、群测群防体系效率低,等等。特别是地市级以上的山洪灾害防御非工程措施、山洪沟治理工程措施建设等尚未开展。此外,水利水电工程施工工地的山洪灾害防御问题突出。2012 年汛期出现了两起水利水电施工工地山洪灾害群死群伤事件,一起是 6 月 28 日四川省凉山彝族自治州宁南县白鹤滩水电站施工区发生特大泥石流灾害,造成 4 人遇难,36 人失踪。另一起是 8 月 30 日四川锦屏水电站施工区发生山洪泥石流灾害,造成 7 人死亡、3 人失踪。这两起事件充分暴露出防灾避险意识淡薄,建设单位与当地防汛指挥机构联系不够紧密,施工单位责任人缺乏灾害防御知识、责任心不强,监测预警和群测群防环节脱节。因此,在施工队伍多、人员复杂、居住集中、防灾避灾知识缺乏且意识不强的情况下,要切实加强山丘区施工工地防灾避灾管理,完善防灾预案,提升技术培训质量,强化监测与预警工作,严格落实责任追究制,把山洪灾害防御做到全覆盖,不留死角,严厉杜绝此类事件再次发生,保证施工安全。进一步加强山洪灾害防御工作,避免群死群伤事件的发生,有效减少人员伤亡,是一项十分重要且迫切的任务,必须引起高度重视。

7.3　加强中小水库安全度汛至关重要

2012 年汛期,流域内共有 402 座水库发生险情,其中中型水库 44 座,小型水库 358 座。这些出险水库绝大多数是病险水库,且有部分病险水库已纳入年度除险加固计划,但汛前尚未完成除险加固任务。特别是个别水库发生溃坝,须引起高度警惕和深刻反思。2012 年汛期发生溃坝的水库是湖南省桃江县八斗村小(2)型水库,位于桃江县马迹塘镇新塘村,属均质土坝,集雨面积 0.1km²,总库容 16.9 万 m³,5 月 25 日 18 时 20 分突然溃坝,当时水库蓄水只有 2 万 m³,造成 10hm² 稻田受损,所幸无人员伤亡。由于长江流域中小型水库众多,普遍存在防洪标准低、工程质量差、建筑物老化等问题,同时缺少必要的雨水情测报和通信预警等设施,交通不畅,抢险物资无保障,责任制不落实,机构不健全,监管不到位,一旦发生局部强降雨很可能出现问题,危险性极大。因此,汛期中小型水库安全度汛任务十分艰巨,必须进一步推进病险水库除险加固进程、加强监测与巡查、完善防洪应急预案、提升管理水平,确保安全度汛。

7.4　加快城市防洪排涝能力迫在眉睫

城市化进程的加速推进,导致城市不透水面积比例不断增加,局部地形和排水方式及排水格局发生了较大变化,加之城市排水的设计标准偏低,排涝设施建设滞后,与城市快速发展不匹配。因而,造成城市地面渗透和滞留雨水、调蓄能力大大降低;排水系统脆弱性增强,洪涝灾害承受能力降低。近年来,长江流域乃至全国多个城市多次发生严重的洪涝灾害,给当地人民生命财产、经济社会发展造成了重大损失,引起了党和政府的高度重视,社会各界对此高度关注。城市防洪排涝问题已经成为新形势下防洪减灾的又一重点和难点。随着城市的不断发展、居民生活水平的不断提高、财富的不断积累,对城市防洪排涝减灾的要求越来越高,一旦发生严重内涝,灾害损失将近一步增加。因此,要从规划、建设调度管理、运行维护等多方面着手,加快提高城市防洪排涝能力和应急处置水平。

7.5　进一步提高流域抗旱能力任务艰巨

目前,长江流域骨干水源工程缺乏,工程性缺水长期困扰着流域内的广大地区;应急备用水源工程不足,难以保障城乡居民饮水安全和农业生产用水需求;基层抗旱服务组织不健全,抗旱设施设备不足,影响抗旱机动能力提升;旱情监测预警水平不高,抗旱指挥调度信息化手段落后,制约了抗旱指挥和决策调度。近年来,长江流域阶段性、区域性严重干旱缺水越来越频繁、越来越突出,2012 年云南、四川南部、攀枝花西部、鄂北地区又出现严重干旱,连续发生严重的干旱进一步暴露出抗旱设施设备不足、抗旱手段不多、水源工程缺乏。必须加快水源工程建设、充实抗旱设施设备、建立健全抗旱队伍、提高旱情监测预警和信息化水平,不断提升抗旱能力,减小旱灾损失。

7.6　加快防汛抗旱指挥系统二期工程建设需求迫切

防洪非工程措施在防汛抗旱工作中发挥着越来越重要的作用,随着长江防汛抗旱指挥系统一期工程的投入运行,提高和改善了水雨情信息采集的技术装备、监测能力和报汛手段,提升和完善了信息传输的时效性、可靠性和稳定性,有力地增强了洪水预报的准确性,有效提高了长江防总防汛抗旱调度决策水平和整体实力。但近年来,局部地区突发强降雨以及区域性严重干旱等极端天气事件明显增多,往往是多灾并发、重灾频发,持续干旱,旱涝急转。2012 年长江出现 5 次洪峰,上游干流发生超历史洪水,两次出现双台风,为历史罕见。水旱灾害对经济社会稳定发展影响增加,社会和民众对自然灾害应急管理更加关注,保民生促发展的要求日益迫切,防汛抗旱任

务十分艰巨。

　　与防汛抗旱管理新要求相比，防汛抗旱指挥系统一期工程的监测预报预警能力尚有差距，旱情监测系统建设还处于起步阶段，应急通信与网络平台建设不够完善，采用视频监控进行重点工情监视管理尚未普及，抗洪抢险现代技术和装备水平建设相对滞后，抗旱监测预警和指挥调度手段不够完善，还不能满足防大汛、抗大旱、抢大险的要求。除此之外，随着向家坝、溪洛渡等干支流重点水库即将陆续投入运行，以三峡为核心的长江上游干支流水库群联合调度日益迫切。因此，需要加快二期工程建设，尽早完善旱情、工情监测网络，优化站网布局，加强视频监控应用，增强应急管理指挥能力，扩展网络与安全体系，深化气象雷达系统应用，加强雨水情监测预报，提高预报精准度和时效性，开展水库群联合调度系统建设，为防汛抗旱减灾工作提供更加强有力的支撑。